现代数学基础丛书 166

交换代数与同调代数
(第二版)

李克正 著

科学出版社
北京

内 容 简 介

交换代数与同调代数是代数学中的重要领域，也是代数几何、代数数论等领域的强大工具，因此是很多不同方向的研究生和研究人员所需要甚至必备的。

本书针对各方面读者的基本需要，内容包括多重线性代数、交换代数(包括“硬交换代数”)与同调代数等方面的基本理论，在取材上只注意这些学科中最重要且实用的基本内容，而不涉及很专门的课题。在内容的安排上，采取了“低起点，高坡度”的方式。在预备知识方面，只假定读者学过群论和域论(包括伽罗华理论)，而从环的基本理论讲起。每一章后面都有若干习题，标有星号的习题在附录B中有解答或提示。

本书适合作为高等院校数学及相关专业的教科书或参考书。

图书在版编目(CIP)数据

交换代数与同调代数/李克正著. —2版. —北京：科学出版社，2017. 3
(现代数学基础丛书；166)

ISBN 978-7-03-051940-5

I. ①交… II. ①李… III. ①交换环 ②同调代数 IV. ①O187.3 ②O154

中国版本图书馆CIP数据核字 (2017) 第040539号

责任编辑：陈玉琢／责任校对：彭　涛
责任印制：赵　博／封面设计：陈　敬

科学出版社出版
北京东黄城根北街16号
邮政编码：100717
http://www.sciencep.com

北京凌奇印刷有限责任公司印刷

科学出版社发行　各地新华书店经销

*

2017年3月第　一　版　开本：720×1000 1/16
2025年1月第八次印刷　印张：12 3/4
字数：240 000

定价：78.00元

(如有印装质量问题，我社负责调换)

《现代数学基础丛书》序

对于数学研究与培养青年数学人才而言，书籍与期刊起着特殊重要的作用。许多成就卓越的数学家在青年时代都曾钻研或参考过一些优秀书籍，从中汲取营养，获得教益。

20世纪70年代后期，我国的数学研究与数学书刊的出版由于文化大革命的浩劫已经破坏与中断了 10 余年，而在这期间国际上数学研究却在迅猛地发展着。1978 年以后，我国青年学子重新获得了学习、钻研与深造的机会。当时他们的参考书籍大多还是50年代甚至更早期的著述。据此，科学出版社陆续推出了多套数学丛书，其中《纯粹数学与应用数学专著》丛书与《现代数学基础丛书》更为突出，前者出版约40卷，后者则逾80卷。它们质量甚高，影响颇大，对我国数学研究、交流与人才培养发挥了显著效用。

《现代数学基础丛书》的宗旨是面向大学数学专业的高年级学生、研究生以及青年学者，针对一些重要的数学领域与研究方向，作较系统的介绍。既注意该领域的基础知识，又反映其新发展，力求深入浅出，简明扼要，注重创新。

近年来，数学在各门科学、高新技术、经济、管理等方面取得了更加广泛与深入的应用，还形成了一些交叉学科。我们希望这套丛书的内容由基础数学拓展到应用数学、计算数学以及数学交叉学科的各个领域。

这套丛书得到了许多数学家长期的大力支持，编辑人员也为其付出了艰辛的劳动。它获得了广大读者的喜爱。我们诚挚地希望大家更加关心与支持它的发展，使它越办越好，为我国数学研究与教育水平的进一步提高做出贡献。

杨　乐

2003 年 8 月

第二版前言

本书第一版于 1998 年出版, 1999 年第二次印刷时作了一些小修订。此后不久脱销, 但一直有持续的需求, 现在读者一般是用影印书或扫描版。多年来读者对本书有很多反馈意见, 且学科的发展也提出一些新的需求, 因此很有必要作全面的修订。

在过去的 17 年中, 多个学校采用了本书作为教科书或教学参考书, 例如，林节玄 (T. Y. Lam) 教授在美国加利福尼亚大学伯克莱分校, 黎景辉 (K. F. Lai) 教授在澳大利亚悉尼大学, 徐克舰教授在青岛大学教学中都使用本书, 均给予好评。仅徐克舰教授的讨论班就对本书指出数十处错误 (大多数为印刷错误)。特别是首都师范大学的研究生在交换代数讨论班中的报告质量相当高, 对于作者很有启发, 他们写的某些文章 (如 [27], [28], [29]) 可以作为本书的进一步读物; 而且他们严格地审读了本书第一版, 指出了很多缺点和错误。这些反馈意见对于作者都有很大的帮助。

第二版主要有下列修订:

(1) 根据徐飞教授的建议, 在第 II 章增加了“赋值与赋值环”一节。

(2) 鉴于近年来张量范畴日益受到重视, 增加了这方面的内容。在第 XII 章增加了“阿贝尔张量范畴”一节, 而将第 XIII.5 节改为对于一般张量函子的同调, 该节中原有的关于模的张量函子的内容则移到第 XIV 章作为第 1 节。

(3) 将哲学性的报告“同调代数的起源和发展”收入本书作为一个附录, 其内容并不是正文的直接需要, 但有助于对于同调代数的思想的理解。

(4) 某些章节增补了一些内容, 如 IX.3 节中的 Hensel 引理。

(5) 某些处理有所改动, 如命题 II.2.2 的证明。

(6) 增补了一些习题, 并相应地增补了一些习题解答。

(7) 对于所发现的原版中的错误均作了更正, 并作了全面的校订。

作者希望借此机会对所有提供帮助和建议的专家和学生表示感谢。

李克正

2016 年 9 月 5 日于北京

第一版前言

本书是由作者在中国科技大学研究生院讲授“近世代数 (II)”课程的讲义以及在南开大学代数几何年等学术活动中的有关讲义修订而成。写这本书的动因是学生对教科书一直有强烈的需求, 而在这方面又很难找到一本较为适合我国学生的外文教材。出了油印讲义后, 已使用过三年, 并给若干学校用作参考。现在修订出版, 目的是提供一本较为适合我国硕士和博士研究生的基础课教科书, 其中包括了学习代数几何与代数数论 (例如 [12]) 所必需的多重线性代数、交换代数和同调代数基础 (但对于做交换代数方面的研究工作则是远远不够的)。

基于上述目的, 在取材上只注意这些学科中最重要且实用的基本内容, 而不涉及很专门的课题。在多重线性代数方面, 有不少教科书可供参考, 但在本书中作了较系统的整理。在交换代数方面, 尤其是所谓“硬交换代数”方面, 作者认为松村英之的书 [22] 无论在取材上还是处理上都堪称上乘。本书在取材上很受 [22] 的影响, 但在处理上则有较大的不同, 这一方面是因为要采取尽可能简明的处理方式 (读者不难看到这一点), 另一方面也是出于我国学生的具体情况。例如, 国外的交换代数教材 (即使像 [1] 这样较为初等的) 常假定读者已熟悉代数同调论, 这使我国很多学生感到困难。因而本书前面有几章是“初等的”交换代数, 其中完全不用同调, 而把必须用同调的交换代数放在同调代数的后面。此外这方面还受到 A. Ogus 教授的代数几何课程的影响 (特别是第 XVI 章)。至于在同调代数方面, 作者尚未见到一本像 [22] 这样既精炼又现代化的书可供参考, 在这方面主要是参考了 A. Ogus 教授的同调代数课程讲义, 而对于关键的“蛇形引理”采用了作者的处理方式, 这也是为了使这部分内容尽可能简明。(读者可能会发现一般的同调代数教科书所包含的内容都远比本书多, 但所多的往往都是较为专门的内容, 而这是本书不拟涉及的。)

在教材的安排上, 采取了“低起点, 高坡度”的方式。在预备知识方面, 只假定读者学过群论和域论 (包括伽罗华理论), 而从环的基本理论讲起。前 5 章的内容基本上是一般抽象代数基础课程中的交换环论, 已学过这方面内容的读者当然不必细读。另一方面, 在正文中一般都是“主干”内容, 即最主要的且一般在后文中要用到的内容, 而一些重要的但在后文中用不到的内容则常放在习题中。

每一章后面都有若干习题, 这些习题是作者在教学中积累的。其中有些是作者的研究工作, 如习题 VI.5 的证明和习题 XVI.10。标有星号的习题在附录 C 中有解答或提示。

本书中的数学用语均参照全国自然科学名词审定委员会 1993 年公布的《数学

名词》, 对《数学名词》中未收入的词语一般采用一些暂定译名, 但对其中未收入的人名则保留英文原名。

作者希望借此机会感谢 A. Ogus 教授和不幸逝世的松村英之教授的教诲, 他们的学术思想不仅影响了作者, 也影响到本书的写作。

李克正

1996 年 9 月 5 日于北京

目　录

I 环与模

1. 环与代数

一个 (结合) *环*是一个具有两种运算 (*加法*和*乘法*) 的集合 R, 按加法为阿贝尔群, 满足如下条件 (其中 r, r', r'' 为 R 的任意元):

i) $(r' + r'')r = r'r + r''r$, $r(r' + r'') = rr' + rr''$ (分配律);

ii) $(rr')r'' = r(r'r'')$ (乘法结合律)。

环 R 称作*交换的*, 如果它还满足交换律

iii) $rr' = r'r$。

称为*有单位元的*, 如果存在*单位元* $1 \in R$, 使得

iv) $|r = r| = r$。

(显然此时单位元是唯一的。)

例如, 体都是有单位元的环, 域都是交换环。有理数域 $\mathbb{Q}$, 实数域 $\mathbb{R}$ 和复数域 $\mathbb{C}$ 之间有包含关系 $\mathbb{Q} \subset \mathbb{R} \subset \mathbb{C}$。一般地, 若环 R 的非空子集 R' 在减法和乘法下封闭, 则 R' 称为 R 的一个*子环*, 而称 R 为 R' 的*扩环*; 此时对任意子集 $S \subset R'$ 可以定义 S 在 R 上*生成的扩环* $R[S] \subset R'$, 即 R (在 R' 中) 的包含 S 的最小扩环 (参看习题 I.4)。

例 1.1. i) 整数环 $\mathbb{Z}$ 的子环 $2\mathbb{Z}$ 没有单位元。

ii) 任一集合 S 上的所有实值函数全体按加法和乘法组成一个有单位元的交换环。

iii) 对两个环 R 与 R' 可以定义*直积* $R \times R'$ (加法和乘法按分量)。

iv) 对任一正整数 n, $R = \mathbb{Z}/n\mathbb{Z}$ 是一个有限的有单位元的交换环。特别地, 对任意素数 p, $\mathbb{F}_p = \mathbb{Z}/p\mathbb{Z}$ 为一个有限域。若 n 非素数, 例如 $n = 18$, 则在 R 中有两个非零元 $\bar{2}$ 和 $\bar{9}$ 的积是 0, 此外有 $\bar{6}^2 = 0$。

两个环之间的一个映射 $f : R \to R'$ 称作 (环) *同态*, 如果它与加法和乘法交换, 即 $f(r + r') = f(r) + f(r')$, $f(rr') = f(r)f(r')$ (若我们讨论有单位元的环, 则我们还要求 $f(1) = 1$)。此时 R' 连同 f 称作一个 *R-代数*。若 f 还是一一映射, 则说 f

是 (环) 同构。与群论类似, 我们可以定义自同态、自同构、单同态、满同态等。设 $g: R \to R''$ 是另一个环同态 (因而 R'' 也是 R-代数), 一个环同态 $\phi: R' \to R''$ 称作一个 R-代数同态, 如果 $\phi \circ f = g$。

例 1.2. i) 对任一环 R 可以定义 R 上的 $n \times n$ 矩阵代数 $M_n(R)$, 当 $R = \mathbb{R}$, $n > 1$ 时这是一个典型的非交换环。

ii) 对任一环 R 可以定义 R 上的多项式代数 $R[x]$, 它由所有以 R 的元为系数的多项式组成。若 R 是交换的, 则 $R[x]$ 也是交换的。还可以定义多个变元的多项式环。次数、常数项、首一多项式、不可约多项式、零点等术语都可以用于 $R[x]$。用归纳法我们可以在 R 上建立多个变元的多项式代数。

iii) 定义一个 (非交换) $\mathbb{R}$-代数 Q 如下: 作为 $\mathbb{R}$-线性空间, Q 具有基 $\{1, i, j, k\}$, 且 $i^2 = j^2 = k^2 = -1$, $ij = -ji = k$, $jk = -kj = i$, $ki = -ik = j$。Q 称作 $\mathbb{R}$ 上的四元数代数。不难验证 Q 是一个体 (习题 2.i))。

对任一 R-代数 R' 及任一元 $a \in R'$, 存在唯一的 R-代数同态 $f: R[x] \to R'$ 使得 $f(x) = a$。这称作多项式代数的泛性。

例 1.3. 在交换环 R 上可以 (用拉普拉斯展开式) 定义行列式。设 $A = (a_{ij})$ 为 R 上的 $n \times n$-矩阵 $(n > 1)$, A_{ij} 为 A 的 (i, j)-代数余子式, 则 $\det(A_{ij}) = (\det A)^{n-1}$。证明很简单: 若 $R = \mathbb{Z}$ 而 $a_{ij} = x_{ij}$ 为独立变元, 这是线性代数中熟知的恒等式; 任意 R 都是 $\mathbb{Z}$-代数, 由多元多项式代数的泛性, 存在 $\mathbb{Z}$-代数同态 $f: \mathbb{Z}[x_{ij} | 1 \leqslant i, j \leqslant n] \to R$ 使得 $f(x_{ij}) = a_{ij}$ $(1 \leqslant i, j \leqslant n)$, 这就给出 R 中的等式

$$\det(A_{ij}) = (\det A)^{n-1}$$

设 R 为有单位元的交换环, $a \in R$。若存在 $b \in R$ 使得 $ab = 1$, 则称 a 为 R 的单位; 若 $a \neq 0$ 且存在非零元 $b \in R$ 使 $ab = 0$, 则称 a 为 R 的零因子; 特别地, 若 $a \neq 0$ 但存在正整数 n 使 $a^n = 0$, 则称 a 是幂零的 (参看例 1.1.iv)。若 R 中没有零因子且 $1 \neq 0$, 则称 R 为整环。此时我们可以把 R 按如下方法嵌入一个域 K。在集合 $R \times (R - \{0\})$ 中定义一个关系 $\sim$: $(r, s) \sim (r', s')$ 当且仅当 $rs' = sr'$, 易见 $\sim$ 是一个等价关系。令 $K = R \times (R - \{0\}) / \sim$, 则不难验证 R 的环结构诱导 K 的一个域结构, 而 $r \mapsto (r, 1)$ 将 R 等同于 K 的一个子环, 使得 K 的元都是 R 中元的商。我们称 K 为 R 的商域, 记为 $K = \text{q.f.}(R)$。

2. 理想

设 $f: R \to R'$ 为环同态, 则 f 的核 $I = \ker(f) = \{a \in R | f(a) = 0\}$ 为 R 的加法子群, 且满足

(∗) 对任意 $r \in R, a \in I$ 都有 $ar, ra \in I$。

满足 (*) 的加法子群 $I \subset R$ 称为 R 的**理想**。(更一般地, 若对任意 $r \in R, a \in I$ 都有 $ra \in I$, 则称 I 为**左理想**, 类似地可以定义**右理想**。)

设 I 为环 R 的理想, 则易见加法商群 R/I 具有诱导的环结构 ($a+I$ 与 $b+I$ 的积为 $ab+I$), 称作 R 模 I 的**剩余类环**。投射 $p: R \to R/I$ ($p(r) = r+I$) 是环的满同态 (从而可以将 R/I 看作一个 R-代数), 且显然 $\ker(p) = I$。若 I 是同态 $f: R \to R'$ 的核, 则 f 诱导一个单同态 $R/I \hookrightarrow R'$。

以下设 R 为有单位元的交换环。若 I, J 为 R 的理想, 则 $I+J, IJ, I \cap J$ 和 $(I : J) = \{a \in R | aJ \subset I\}$ 都是 R 的理想。包含一个子集 $S \subset R$ 的所有理想的交是一个理想, 称作 S **生成的理想**, 记作 (S)。作为一个加法群, (S) 由所有 rs ($r \in R, s \in S$) 生成。

一个理想 $P \subsetneq R$ 称作**素理想**, 如果 R/P 是整环; 称作**极大理想**, 如果 R 中除 R 和 P 外没有包含 P 的理想。易见一个理想 I 是极大的当且仅当 R/I 只有两个理想 R/I 与 0, 换言之 R/I 是域。故极大理想都是素理想。记 $\mathrm{Spec}(R)$ 为 R 中素理想全体的集合, 称为 R 的**谱**。若 A 也是有单位元的交换环且 $f: R \to A$ 为同态, 则对任意理想 $I \subset A$, $f^{-1}(I)$ 为 R 的理想, 且 f 诱导单射同态 $R/f^{-1}(I) \hookrightarrow A/I$; 特别地, 若 I 为素理想, 则 $R/f^{-1}(I)$ 是整环 (因为它同构于整环 A/I 的子环), 即 $f^{-1}(I)$ 为素理想, 故 f 诱导映射

$$\hat{f}: \mathrm{Spec}(A) \to \mathrm{Spec}(R)$$

$$P \mapsto f^{-1}(P)$$

若 $a \in R$ 不是单位, 则由佐恩引理存在极大理想包含 a。

一个元 $a \in R$ 称为**素的**, 如果 (a) 是素理想。若 R 为整环且每个非零非单位元都能分解成素元素的积, 则称 R 为**唯一因子分解整环** (简称 UFD)。若 R 是整环且每个理想都是由一个元素生成的, 则称 R 为**主理想环** (简称 PID), 例如 $\mathbb{Z}$ 和任一域 K 上的多项式环 $K[x]$ 都是主理想环。任一 PID 都是 UFD (见习题 III.1)。

以下引理的一个直接推论是 $\mathbb{Z}$ 或任意域上任意多个变元的多项式代数为 UFD。

引理 2.1. (高斯定理) 若 R 为 UFD, 则 $R[x]$ 亦然。

证. 令 $K = \mathrm{q.f.}(R)$, 则 $R[x]$ 可以看作 $K[x]$ 的子环。我们先来证明, $R[x]$ 中的素元为所有 R 中的素元及所有在 $K[x]$ 中不可约的多项式, 其系数的最大公因子为 1。

若 $a \in R$, 则 $R[x]/aR[x] \cong R/aR[x]$, 故 a 在 $R[x]$ 中是素的当且仅当它在 R 中是素的。设 $f \in R[x]$ 是素的且次数 > 0。易见 f 的系数不能有公共素因子; 若 f 在 $K[x]$ 中可分解, $f = gh$ ($g, h \in K[x]$, 且次数小于 f 的次数), 可取 $a, b \in R - \{0\}$ 使得 $ag, bh \in R[x]$, 从而在 $R[x]$ 中有 $abf = ag \cdot bh$, 而因 f 是素的, ag 或 bh 在 (f)

中, 这是不可能的。反之, 若 f 在 $K[x]$ 中不可约且其系数的最大公因子为 1, 则对任意 $g,h\in R[x]$ 使得 $gh\in(f)$, g,h 中必有一个在 $K[x]$ 中能被 f 整除, 不妨设 (在 $K[x]$ 中) $f|g$。于是存在 $a\in R-\{0\}$ 及 $g_1\in R[x]$ 使得 $ag=fg_1$。由于 f 的系数的最大公因子为 1, a 的任一素因子必为 g_1 的系数的公因子, 故由归纳法可将 a 约化为 1, 即 $g\in(f)$。因而 f 是素的。

对于 $R[x]$ 中的任一元 f, 先将它在 $K[x]$ 中分解成不可约多项式的积, 从而有 $af=bf_1\cdots f_r$, 其中 $a,b\in R-\{0\}$ 而 $f_1,\cdots,f_r\in R[x]$ 为次数 >0 的素元。不难得到 $a|b$, 从而 f 可以分解成素因子的积。证毕。

3. 模

一个环 R 上的模 (或称为一个 R-模) 是一个阿贝尔加群 M, 带有一个 R 的作用, 即一个映射

$$R\times M\to M$$
$$(r,m)\mapsto rm$$

满足下述条件:

i) $(r+r')m=rm+r'm,\ r(m+m')=rm+rm'$ (分配律);

ii) $(rr')m=r(r'm)$;

若讨论有单位元的环, 则我们还要求

iii) $1m=m$。

可以将 R-模 M 看作一个带有算子区 R 的阿贝尔加法群*, 由此就不难定义 R-子模 (在没有疑问时简称子模) 和商模、R-模的 R-同态 (在没有疑问时简称同态) 与同构、R-模的直和与直积等, 并可应用群论的同构定理等。任意多个 R (作为 R-模) 的拷贝的一个直和称为一个自由 R-模, n 个 R 的拷贝的直和记为 $R^{\oplus n}$, n 称为它的秩。

注 3.1. 若 R 不是交换环, 我们常把上面定义的模称为 R-*左模*, 而若在定义中将 ii) 改为 $(rr')m=r'(rm)$, 则所定义的模称为 R-*右模* (此时常将 rm 改记为 mr)。例如 R 中的左理想为左模而右理想为右模。

例 3.1. i) 任一理想 $I\subset R$ 可以看作 R-模。

ii) 任意 R-代数 A 具有 R-模结构, 而且任意 A-模也可以看作 R-模。特别地, 对任意理想 $I\subset R$, R/I 为 R-模。

iii) 设 M,N 为 R-模, 记 $Hom_R(M,N)$ 为所有从 M 到 N 的 R-同态的集合, 则 $Hom_R(M,N)$ 具有阿贝尔加群结构; 而当 R 为交换环时 $Hom_R(M,N)$ 具有 R-模

* 不了解带算子的群的读者可参看附录 A。

结构 (对 $r \in R$, $f \in Hom_R(M,N)$, $m \in M$, 令 $(rf)(m) = rf(m)$), $End_R(M) = Hom_R(M,M)$ 具有 R-代数结构 (这是例 1.2.i) 的推广)。

注意有限多个 R-模的直和与直积是同构的, 但无穷多个 R-模则不然, 例如可数多个 R-模 $M_1, M_2, \cdots$ 的直积为序列的集合 $M = \prod\limits_i M_i = \{(a_1, a_2, \cdots) | a_i \in M_i\ \forall i\}$, 而它们的直和 $\bigoplus\limits_i M_i$ 为 M 中所有只有有限多个非零分量的序列组成的子集。像这样给出结构的定义称作 “内在的” 定义。我们可以给直和与直积以 “外在的” (即通过与其他 R-模的关系) 定义如下。设 $\mathfrak{M} = \{M_i | i \in I\}$ 为一族 R-模, 其中 I 为指标集, 则 $\mathfrak{M}$ 中模的直和是一个 R-模 M, 带有同态 $f_i : M_i \to M$ $(i \in I)$, 使得对任一 R-模 M' 及任意同态 $f'_i : M_i \to M'$ $(i \in I)$, 存在唯一的同态 $\phi : M \to M'$ 使得 $f'_i = \phi \circ f_i$ $(i \in I)$; 而 $\mathfrak{M}$ 中模的直积是一个 R-模 N, 带有同态 $g_i : N \to M_i$ $(i \in I)$, 使得对任一 R-模 N' 及任意同态 $g'_i : N' \to M_i$ $(i \in I)$, 存在唯一的同态 $\psi : N' \to N$ 使得 $g'_i = g_i \circ \psi$ $(i \in I)$。这些分别是直和与直积的 “泛性”。

设 $f : M \to N$ 为 R-模同态, 则其核 $K = \ker(f) = \{m \in M | f(m) = 0\}$ 也具有泛性: 令 $i : K \to M$ 为包含映射, 对任意 R-模 K' 及任意同态 $g : K' \to M$, 若 $f \circ g = 0$, 则存在唯一同态 $\phi : K' \to K$ 使得 $g = i \circ \phi$。这也给出核的外在定义。我们有一串同态

$$0 \to K \xrightarrow{i} M \xrightarrow{f} N$$

其中 i 是单射且 $\ker(f) = \operatorname{im}(i)$, 这样的一串同态称作一个*左正合列*。类似地, 称 $C = N/f(M)$ 为 f 的*余核*, 我们有*右正合列* $M \to N \to C \to 0$, 且余核也有泛性, 可用作外在定义。

更一般地, 一串 R-模同态

$$\cdots \xrightarrow{f_{n-2}} M_{n-1} \xrightarrow{f_{n-1}} M_n \xrightarrow{f_n} M_{n+1} \xrightarrow{f_{n+1}} \cdots$$

称作一个*复形*, 如果对所有 n 都有 $f_n \circ f_{n-1} = 0$; 称作一个*正合列*, 如果对所有 n 都有 $\ker(f_n) = \operatorname{im}(f_{n-1})$。一个正合列 $0 \to M' \to M \to M'' \to 0$ 称作一个*短正合列*, 它相当于 M' 是 M 的子模且 $M'' \cong M/M'$。

若

$$0 \to N' \xrightarrow{f} N \xrightarrow{g} N'' \tag{1}$$

是一个左正合列, 则对任一 R-模 M 有 (阿贝尔群的) 左正合列

$$0 \to Hom_R(M, N') \xrightarrow{f_*} Hom_R(M, N) \xrightarrow{g_*} Hom_R(M, N'') \tag{2}$$

其中 f_* 的定义为 $f_*(\phi) = f \circ \phi$, g_* 的定义类似。理由很简单: 因为 f (或者说 N') 是 g 的核, 由核的泛性, 对任一 $\psi \in Hom_R(M,N)$, 若 $g \circ \psi = g_*(\psi) = 0$, 则存在唯

一的 $\phi \in Hom_R(M,N')$ 使得 $\psi = f \circ \phi = f_*(\phi)$, 这 (由内在定义) 正好说明 f_* 是 g_* 的核, 或者说 (2) 是左正合的。实际上我们说明了, (1) 是左正合当且仅当对任意 R-模 M, (2) 是 (阿贝尔加群的) 左正合列。

像这样的论证几乎是同义反复, 它只是把定义换个说法而已。我们把这样的论证称作**抽象废话**。最典型的抽象废话是外在定义的唯一性, 例如对 R-模的一个 R-同态 $f: M \to N$, 若 $i: K \to M$ 和 $i': K' \to M$ 都是 f 的外在意义下的核 (即满足泛性), 则存在唯一的 R-同构 $\phi: K' \to K$ 使得 $i' = i \circ \phi$。

类似地, 若

$$N' \xrightarrow{f} N \xrightarrow{g} N'' \to 0 \tag{3}$$

是一列 R-模同态, 则由抽象废话, (3) 是右正合当且仅当对任一 R-模 M, 下列 (阿贝尔群的) 同态列为左正合

$$0 \to Hom_R(N'',M) \xrightarrow{g^*} Hom_R(N,M) \xrightarrow{f^*} Hom_R(N',M) \tag{4}$$

其中 $f^*(\phi) = \phi \circ f$, 等等。总而言之有如下结论.

引理 3.1. 一个 R-模同态列 (1) 是左正合的当且仅当对任意 R-模 M, (2) 是 (阿贝尔群的) 左正合列。类似地, 一个 R-模同态列 (3) 是右正合的当且仅当对任意 R-模 M, (4) 是 (阿贝尔群的) 左正合列。

注意即使在 (1) 中 g 是满射, (2) 中的 g_* 也未必是满射。具体地说, 一个 R-同态 $\phi: M \to N''$ 未必能提升成 M 到 N 的同态。例如当 $R = \mathbb{Z}$, g 为投射 $\mathbb{Z} \to \mathbb{Z}/2\mathbb{Z}$ 时, $\phi = \mathrm{id}: \mathbb{Z}/2\mathbb{Z} \to \mathbb{Z}/2\mathbb{Z}$ 就不能提升成 $\mathbb{Z}/2\mathbb{Z}$ 到 $\mathbb{Z}$ 的同态。但如果 M 是自由模 (例如 $M = R^{\oplus n}$), 则当 g 为满射时 g_* 必为满射 (注意 $Hom_R(M,N) \cong N^{\oplus n}$, 在一般情形 g_* 等于一些 g 的拷贝的直积)。更一般地, 一个 R-模 M 称为**投射的**, 如果对任意满同态 $g: N \to N''$, 诱导的 (阿贝尔群) 同态 $g_*: Hom_R(M,N) \to Hom_R(M,N'')$ 都是满射。不难验证一个 R-模 M 是投射模当且仅当存在 R-模 M' 使得 $M \oplus M'$ 同构于一个自由模: 若 $F = M \oplus M'$ 是自由模, 则对任一满同态 $g: N \to N''$ 有 $Hom_R(F,N) \twoheadrightarrow Hom_R(F,N'')$, 故由

$$Hom_R(F,N) \cong Hom_R(M,N) \oplus Hom_R(M',N)$$

易见 $Hom_R(M,N) \twoheadrightarrow Hom_R(M,N'')$; 反之, 若 M 是投射模, 取自由模 F 使得存在满同态 $g: F \twoheadrightarrow M$, 则由投射模的定义存在同态 $h: M \to F$ 使得 $g \circ h = \mathrm{id}_M$, 由此可见 $F = h(M) + \ker(g) \cong M \oplus \ker(g)$。我们将看到投射模不一定是自由的 (见例 VII.1.2)。

类似地, 即使在 (3) 中 f 是单射, (4) 中的 f^* 也未必是满射。具体地说, 一个 R-同态 $\phi: M' \to N$ 未必能扩张成 M 到 N 的同态。例如当 $R = \mathbb{Z}$, $f = 2\cdot:$

$\mathbb{Z} \to \mathbb{Z}$, ϕ 为投射 $\mathbb{Z} \to \mathbb{Z}/2\mathbb{Z}$ 时, 不存在 $\psi : \mathbb{Z} \to \mathbb{Z}/2\mathbb{Z}$ 使得 $\phi = \psi \circ f$。一个 R-模 M 称为*内射的*, 如果对任意单同态 $f : N' \hookrightarrow N$, 诱导的 (阿贝尔群) 同态 $f^* : Hom_R(N, M) \to Hom_R(N', M)$ 都是满射。若 $R = \mathbb{Z}$, 不难验证 M 是单射模当且仅当 M 作为阿贝尔加群是可除的 (对充分性的证明需要用超限归纳法)。我们将看到对一般的 R 如何构造内射 R-模 (见例 VI.1.3)。

一个 R-模同态的图 (箭头图)

$$\begin{array}{ccc} A & \xrightarrow{e} & B \\ \downarrow{\scriptstyle f} & & \downarrow{\scriptstyle g} \\ C & \xrightarrow{h} & D \end{array} \tag{5}$$

称为*交换的*, 如果 $g \circ e = h \circ f$。更一般地, 一个箭头图称为交换的, 如果其中每个形如 (5) 的圈都是交换的。

引理 3.2. (蛇形引理) 设有 R-模的交换图

$$\begin{array}{ccccccccc} 0 \to & M' & \xrightarrow{g_1} & M & \xrightarrow{h_1} & M'' & \to 0 \\ & \downarrow{\scriptstyle f'} & & \downarrow{\scriptstyle f} & & \downarrow{\scriptstyle f''} & \\ 0 \to & N' & \xrightarrow{g_2} & N & \xrightarrow{h_2} & N'' & \to 0 \end{array} \tag{6}$$

其中的行都是正合的, 则有长正合列

$$\begin{aligned} 0 \to \ker(f') \to \ker(f) \to \ker(f'') \xrightarrow{\delta} \operatorname{coker}(f') \\ \to \operatorname{coker}(f) \to \operatorname{coker}(f'') \to 0 \end{aligned} \tag{7}$$

证. 将 (6) 扩大成下面的交换图

$$\begin{array}{ccccccc} 0 \to & \ker(f') & \xrightarrow{g_0} & \ker(f) & \xrightarrow{h_0} & \ker(f'') & \\ & \downarrow{\scriptstyle i'} & & \downarrow{\scriptstyle i} & & \downarrow{\scriptstyle i''} & \\ 0 \to & M' & \xrightarrow{g_1} & M & \xrightarrow{h_1} & M'' & \to 0 \\ & \downarrow{\scriptstyle f'} & & \downarrow{\scriptstyle f} & & \downarrow{\scriptstyle f''} & \\ 0 \to & N' & \xrightarrow{g_2} & N & \xrightarrow{h_2} & N'' & \to 0 \\ & \downarrow{\scriptstyle j'} & & \downarrow{\scriptstyle j} & & \downarrow{\scriptstyle j''} & \\ & \operatorname{coker}(f') & \xrightarrow{g_3} & \operatorname{coker}(f) & \xrightarrow{h_3} & \operatorname{coker}(f'') & \to 0 \end{array} \tag{8}$$

其中 g_0 是这样定义的: 对任意 $m\in\ker(f')$, $f(g_1(m))=g_2(f'(m))=0$, 故 $g_1(m)\in\ker(f)$, 这样 g_1 在 $\ker(f')$ 上的限制就诱导 $g_0:\ker(f')\to\ker(f)$。h_0,g_3 和 h_3 的定义类似。

设 L 为任一 R-模而 $\phi:L\to\ker(f)$ 为 R-同态使得 $h_0\circ\phi=0$, 则有 $h_1\circ i\circ\phi=0$。由于 $M'=\ker(h_1)$, 存在唯一的 $\psi':L\to M'$ 使得 $g_1\circ\psi'=i\circ\phi$。因为 $g_2\circ f'\circ\psi'=f\circ g_1\circ\psi'=f\circ i\circ\phi=0$ 而 g_2 是单射, 有 $f'\circ\psi'=0$, 故存在唯一的 $\psi:L\to\ker(f')$ 使得 $i'\circ\psi=\psi'$。于是

$$i\circ g_0\circ\psi=g_1\circ i'\circ\psi=g_1\circ\psi'=i\circ\phi$$

由于 i 是单射, 我们有 $g_0\circ\psi=\phi$。由核的外在定义我们有 $\ker(f')\cong\ker(h_0)$, 或者说 $0\to\ker(f')\to\ker(f)\to\ker(f'')$ 是左正合的。类似地可以证明 $\operatorname{coker}(f')\to\operatorname{coker}(f)\to\operatorname{coker}(f'')\to 0$ 是右正合的。

现在来定义 (7) 中的 δ。设 $m\in\ker(f'')$, 则因 h_1 是满射, 存在 $m'\in M$ 使得 $h_1(m')=m$。我们有 $h_2(f(m'))=f''(h_1(m'))=f''(m)=0$, 故 $f(m')\in N'$。令 $\delta(m)=j'(f(m'))$。我们首先验证这样定义的 $\delta(m)$ 与 m' 的选择无关: 若 $m''\in M$ 使得 $h_1(m'')=m$, 则 $n=m'-m''\in M'$, 故 $j'(f(n))=0$, $j'(f(m''))=j'(f(m'))$。不难验证 δ 是 R-同态。此外显然 $\delta\circ h_0=0$。另一方面, 若 $\delta(m)=0$, 则存在 $n\in M'$ 使得 $f'(n)=f(m')$。令 $m''=m'-n$, 则 $h_1(m'')=m$ 且 $f(m'')=0$, 即 $m''\in\ker(f)$。这说明 (7) 在 $\ker(f'')$ 处是正合的。类似地可以证明 (7) 在 $\operatorname{coker}(f')$ 处正合, 因而是正合列。证毕。

上面最后一段中的论证方法称为**图跟踪** (*diagram chase*)。

习 题 I

I.1 设 $T=\left\{\begin{pmatrix} a & b\\ -b & a\end{pmatrix}\middle| a,b\in\mathbb{R}\right\}$。证明存在 $\mathbb{R}$-代数同构 $T\cong\mathbb{C}$。

I.2 设 Q 为 $\mathbb{R}$ 上的四元数代数。

i) 对任一元 $\alpha=a_1+a_2i+a_3j+a_4k\in Q$ $(a_1,a_2,a_3,a_4\in\mathbb{R})$, 令 $\bar\alpha=a_1-a_2i-a_3j-a_4k$ (称为 α 的**共轭元**), $|\alpha|^2=\alpha\bar\alpha=\bar\alpha\alpha=a_1^2+a_2^2+a_3^2+a_4^2$。验证对任意 $\alpha,\beta\in Q$ 有 $\overline{\alpha\beta}=\bar\beta\bar\alpha$, 从而 $|\alpha\beta|^2=|\alpha|^2|\beta|^2$。

ii) 证明 Q 是可除环 (即体)。

iii) 设 $T=\left\{\begin{pmatrix} a & b\\ -\bar b & \bar a\end{pmatrix}\middle| a,b\in\mathbb{C}\right\}$, 其中 $\bar a$ 为 a 的复共轭。证明 T 同构于四元数环。

I.3 设 $\mathbb{R}$-代数 A 为有限秩的 (即 A 作为 $\mathbb{R}$-线性空间是有限维的)。假设对任意 $r\in\mathbb{R}$ 及 $\alpha\in A$ 有 $r\alpha=\alpha r$。若 A 无零因子, 则 A 同构于 $\mathbb{R}$, $\mathbb{C}$ 或四元数代数。按下列步骤证明这一事实。

i) 若 $\alpha \in A-\mathbb{R}$, 则 $\mathbb{R}[\alpha] \cong \mathbb{C}$。(提示: 若 $\dim_{\mathbb{R}}(\mathbb{R}[\alpha]) = n$, 则 $1, \alpha, \alpha^2, \cdots, \alpha^n$ 在 $\mathbb{R}$ 上线性相关。)

ii) 若 $\alpha \in A-\mathbb{R}$ 而 $\beta \in A-\mathbb{R}[\alpha]$, 则 $\mathbb{R}[\alpha, \beta]$ 同构于四元数代数。(提示: 取 $i \in \mathbb{R}[\alpha]$ 与 $j \in \mathbb{R}[\beta]$ 使得 $i^2 = j^2 = -1$。证明 $ij + ji \in \mathbb{R}$, 且 $|ij + ji| < 2$。设 $j' = ai + bj$, $a, b \in \mathbb{R}$. 取 a, b 使得 $j'^2 = -1$ 且 $ij' = -j'i$。)

iii) 若存在 $\alpha \in A-\mathbb{R}$ 及 $\beta \in A-\mathbb{R}[\alpha]$, 则 $\mathbb{R}[\alpha, \beta] = A$。(参看 ii) 的提示。)

I.4 证明: 一个 (有单位元的) 环中的任意多个子环的交仍是子环。设 R' 为 R 的扩环, 则对任意子集 $S \subset R'$ 可以定义 S 在 R 上生成的扩环 $R[S]$ 为 R' 中包含 R 和 S 的所有环的交, 若它由所有元 $rs_1 \cdots s_n$ $(r \in R, s_1, \cdots, s_n \in S)$ 的有限和组成。

I.5 设 R 为有单位元的交换环, A 为 R 上的 n 阶方阵, I 为 R 上的 n 阶单位阵。令 $\chi_A(x) = \det(xI - A) \in R[x]$。证明 $\chi_A(A) = 0$。(提示: 参看例 1.3。)

I.6 证明有限的整环必为域 (故其元素个数为素数的幂)。

I.7 设 I 为 $\mathbb{Z}[x]$ 中由 5 和 $x^2 + 2$ 生成的理想，证明 I 是极大的。

I.8 设 $R = \{a + bi | a, b \in \mathbb{Z}\}$, 其中 $i^2 = -1$.

i) 证明对任意 $\alpha, \beta \in R$, $\beta \neq 0$, 存在 $\gamma \in R$ 使得 $|\alpha - \gamma\beta| < |\beta|$。$\Big($提示: 对于 $\alpha, \beta \in R$, $\beta \neq 0$, 令 $\dfrac{\alpha}{\beta} = a + bi$, $a, b \in \mathbb{Q}$。取 $m, n \in \mathbb{Z}$ 使得 $|a - m| \leqslant \dfrac{1}{2}$, $|b - n| \leqslant \dfrac{1}{2}$, 且令 $\gamma = m + ni$。$\Big)$

ii) 证明 R 是 PID。

I.9* 设 R 为整环。一个非单位非零元 $a \in R$ 称作*不可约的* (或*不可分解的*), 如果它不等于两个非单位的积。一个非零元 $r \in R$ 称作*可唯一分解的*, 如果它可以分解为不可约元的积, 且若 $r = a_1 \cdots a_m = b_1 \cdots b_n$ 为这样两个分解, 则有 $m = n$, 且在适当改变 $b_1, \cdots, b_n$ 的次序后有 $a_i = b_i c_i$ $(1 \leqslant i \leqslant n)$, 其中 c_i 为单位。

证明 R 为 UFD 当且仅当 R 的每个非零元都是可唯一分解的, 且此时一个元是素的当且仅当它是不可约的。

I.10 设 k 为特征 $\neq 3$ 的域。证明 $(x^2 + xy + y^2 + z^2)$ 是多项式环 $k[x, y, z]$ 中的素理想。

I.11 设 $0 = M_0 \xrightarrow{f_0} M_1 \xrightarrow{f_1} \cdots \xrightarrow{f_{n-1}} M_n = 0$ 为 R-模正合列。证明:

i) 存在短正合列 $0 \to \ker(f_i) \to M_i \to \ker(f_{i+1}) \to 0$ $(0 < i < n-1)$。

ii) 若 R 为体而 M_i 为 R 上的 d_i 维线性空间 $(0 \leqslant i \leqslant n)$, 则 $d_0 + d_2 + \cdots = d_1 + d_3 + \cdots$。

I.12 设

$$(*) \quad 0 \to M' \xrightarrow{f} M \xrightarrow{g} M'' \to 0$$

为 R-模短正合列。我们说 $(*)$ *分裂*, 如果存在同构 $h: M \cong M' \oplus M''$ 使得在此等价之下 f 为到第一个因子的包含映射而 g 为到第二个因子的投射。一个 f 的*分拆*指的是一个 R-模同态 $\phi: M \to M'$ 使得 $\phi \circ f = \mathrm{id}_{M'}$; 一个 g 的*分拆*指的是一个 R-模同态 $\psi: M'' \to M$ 使得 $g \circ \psi = \mathrm{id}_{M''}$。证明

$$(*) \text{ 分裂} \Leftrightarrow f \text{ 具有分拆} \Leftrightarrow g \text{ 具有分拆}$$

I.13 证明 “5- 引理”: 设 R 为环。假设有一个 R-模交换图

$$\begin{array}{ccccccccc} M_1 & \longrightarrow & M_2 & \longrightarrow & M_3 & \longrightarrow & M_4 & \longrightarrow & M_5 \\ \downarrow f_1 & & \cong\downarrow f_2 & & \downarrow f_3 & & \cong\downarrow f_4 & & \downarrow f_5 \\ N_1 & \longrightarrow & N_2 & \longrightarrow & N_3 & \longrightarrow & N_4 & \longrightarrow & N_5 \end{array}$$

其中 f_2 与 f_4 为同构, f_1 为满射, 而 f_5 为单射，则 f_3 为同构。(提示: 这是蛇形引理的一个推论, 但也可直接证明。)

I.14 证明 “9-引理”: 设 R 为环。假设有一个 R-模交换图

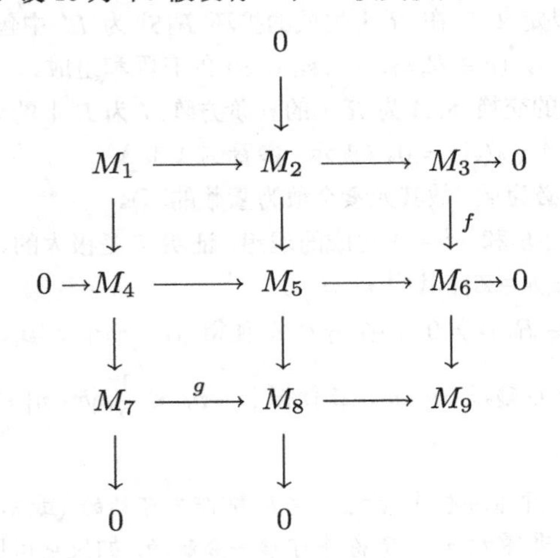

其中的行和列都是正合的，则 f 为单射当且仅当 g 为单射。

I.15* 证明 (加强的) Schanuel 引理: 设 P, P' 为投射 R-模, $K \subset P$, $K' \subset P'$ 为子模。若有 $P/K \cong P'/K'$, 则存在 $P \oplus P'$ 的自同构 ϕ 使得 $\phi(K \oplus P') = P \oplus K'$, 特别地有 $K \oplus P' \cong P \oplus K'$。

I.16 设 k 为域, $f \in k[x,y]$ 为不可约多项式使得 $R = k[x,y]/(f)$ 是有理的, 即 $\mathrm{q.f.}(R) \cong k(t)$($k$ 的纯超越扩张), 则存在 $\phi, \psi \in k(t)$ 使得 $R \cong k[\phi, \psi] \subset k(t)$。若 f 为下列多项式之一, 具体给出 ϕ, ψ:

i) $x^2 + y^2 - 1$;

ii) $y^2 - x^3 + x^2$;

iii) $x^3y - y - 1$ (或 $x^4 + x^3y - y$);

iv) $y^2 + x^2(x^2 + 1)$。

II 整 性

本章中讨论的环都是有单位元的交换环。

1. 整元与整扩张

定义 1.1. 设环 A 为环 R 的一个扩环。对任一 $a \in A$, 若存在首一多项式 $f(x) \in R[x]$ 使得 $f(a) = 0$, 则称 a 在 R 上是**整的**。对 A 的任一子集 S, 若 S 的所有元在 R 上都是整的, 则称 S 在 R 上是**整的**。

注意当 A 为整环时, 若 $a \in A$ 在 R 上是整的, 则 a 在 R 上是代数的 (即 a 在 $K = \text{q.f.}(R)$ 上是代数的)。

例 1.1. 下列事实是显然的:

i) 若 R 为域, 则 $a \in A$ 在 R 上是整的当且仅当 a 在 R 上是代数的;

ii) $R \subset A$ 在 R 上是整的;

iii) 若 R 为整环且 $a \in A$ 在 R 上是代数的, 则存在 R 中的非零元素 r 使得 ra 在 R 上是整的。

例 1.2. 设 $R = \mathbb{Z}$, $f(x) \in \mathbb{Z}[x]$ 为首一多项式, 而 $\alpha \in \mathbb{C}$ 为 $f(x)$ 的一个根, 则 α 在 $\mathbb{Z}$ 上是整的 (称作一个**代数整数**)。例如 $\sqrt{2}$ 和 $\dfrac{-1+\sqrt{-3}}{2}$ 是代数整数。

整性的一个判别准则是引理 1.1.

引理 1.1. 一个元素 $a \in A$ 在 R 上是整的当且仅当 A 中存在一个有限生成的 R-子模 $M \supset R$, 使得 $aM \subset M$。

证. 若 $a \in A$ 在 R 上是整的, 不妨设 $a^n + r_1 a^{n-1} + \cdots + r_n = 0$, 可令 M 为由 $1, a, a^2, \cdots, a^{n-1}$ 生成的 R-子模。显然 $aM \subset M$。

反之, 若 $M \supset R$ 为 A 中有限生成的非零 R-子模使得 $aM \subset M$, 取 M 的一组 R-生成元 $m_1, \cdots, m_n$, 则存在 $r_{ij} \in R$ $(1 \leqslant i, j \leqslant n)$ 使得

$$am_i = r_{i1}m_1 + r_{i2}m_2 + \cdots + r_{in}m_n \qquad (1 \leqslant i \leqslant n)$$

令

$$
f(x)=\begin{vmatrix} x-r_{11} & -r_{12} & \cdots & -r_{1n} \\ -r_{21} & x-r_{22} & \cdots & -r_{2n} \\ \vdots & \vdots & & \vdots \\ -r_{n1} & -r_{n2} & \cdots & x-r_{nn} \end{vmatrix}
$$

由线性代数 (参看例 I.1.3) 可知 $f(a)m_i=0$ $(1\leqslant i\leqslant n)$, 故 $f(a)M=0$, 特别地有 $f(a)\cdot 1=f(a)=0$。由于 f 是首一多项式, 这说明 a 在 R 上是整的。证毕。

命题 1.1. 若 $a,b\in A$ 在 R 上都是整的, 则 $a+b,ab\in A$ 在 R 上也是整的。

证. 不妨设 $f(a)=g(b)=0$, 其中 $f,g\in R[x]$ 分别为 m,n 次首一多项式。令 M 为由所有 a^ib^j $(0\leqslant i<m, 0\leqslant j<n)$ 生成的 R-子模, 则显然 $aM\subset M$, $bM\subset M$。于是 $(a+b)M\subset M$, $abM\subset M$, 故由引理 1.1 知 $a+b$ 和 ab 在 R 上是整的。证毕。

推论 1.1. 设 $B=\{a\in A|a$ 在 R 上是整的 $\}$, 则 B 是 A 的子环。

我们将称 B 为 R 在 A 中的整闭包。若 R 是域, 则 B 是 R 在 A 中的代数闭包, 即 A 中所有在 R 上代数的元组成的子环。

推论 1.2. 若 $a\in A$ 在 R 上是整的, 则 $R[a]$ 在 R 上是整的。

命题 1.2. 设 $f(x)=x^n+a_1x^{n-1}+\cdots+a_n\in A[x]$, 而 $a\in A$ 满足 $f(a)=0$。若 $a_1,\cdots,a_n$ 在 R 上是整的, 则 a 在 R 上是整的。

证. 令 M 为由所有 $a,a_1,\cdots,a_n$ 的单项式生成的 R-子模, 则易见 M 是有限生成的且 $aM\subset M$。故由引理 1.1 知 a 在 R 上是整的。证毕。

推论 1.3. 设 $B\supset A\supset R$ 为环扩张, 其中 A 在 R 上是整的, 则任一元 $a\in B$ 在 R 上是整的当且仅当它在 A 上是整的。特别地, 若 B 在 A 上是整的, 则它在 R 上是整的 (这称作 "整性的传递性")。

2. 整闭性

定义 2.1. 设 R 是整环, $K=\mathrm{q.f.}(R)$。若 R 在 K 中的整闭包为 R 本身, 则称 R 是整闭的。

例 2.1. $\mathbb{Z}[\sqrt{-3}]$ 不是整闭的, 因为 $\dfrac{-1+\sqrt{-3}}{2}\notin\mathbb{Z}[\sqrt{-3}]$ 在 $\mathbb{Z}$ 上是整的。我们来证明 $R=\mathbb{Z}\left[\dfrac{-1+\sqrt{-3}}{2}\right]$ 是 UFD, 从而由命题 2.1 可知 R 是整闭的。

对任意 $\alpha=a+b\sqrt{-3}\in\mathbb{Q}[\sqrt{-3}]$ $(a,b\in\mathbb{Q})$, 取 $a_0,b_0\in\mathbb{Z}$ 使得 $|a-a_0|,|b-b_0|\leqslant\dfrac{1}{2}$, 则有 $|\alpha-a_0-b_0\sqrt{-3}|\leqslant 1$, 且等号仅当 $|a-a_0|=|b-b_0|=\dfrac{1}{2}$ 时成立, 而此时 $\alpha\in R$。由此可见在任何情况下都存在 $\gamma\in R$ 使得 $|\alpha-\gamma|<1$。

若 $\alpha,\beta\in R$ 且 $0<|\beta|<|\alpha|$, 则可取 $\gamma\in R$ 使得 $\left|\frac{\alpha}{\beta}-\gamma\right|<1$, 即 $|\alpha-\beta\gamma|<|\beta|$。故在 R 中可以作辗转相除法, 因而 R 中任意两个元有最大公因子, 这说明 R 是 UFD (参看习题 I.9)。

例 2.2. 设 R 为整环, $K=\text{q.f.}(R)$, R^0 为 R 在 K 中的整闭包, 则 R^0 是整闭的。更一般地, 若 $L\supset K$ 为任意域扩张, 则 R 在 L 中的整闭包 A 是整闭的 (因为任一元 $a\in L$ 在 A 上是整的当且仅当它在 R 上是整的, 即 $\in A$)。

命题 2.1. 任一 UFD 是整闭的。

证. 设 R 为 UFD, $K=\text{q.f.}(R)$。设 $a\in K$ 在 R 上是整的, 明确地说

$$a^n+c_1a^{n-1}+\cdots+c_n=0\quad(c_1,\cdots,c_n\in R)\tag{1}$$

取互素的元 $r,s\in R$ 使得 $a=\frac{r}{s}$。代入 (1) 式得

$$r^n=s(-c_1r^{n-1}-c_2r^{n-2}s-\cdots-c_ns^{n-1})\tag{2}$$

若 t 是 s 的素因子, 则由 (2) 式 $t|r^n$, 故 $t|r$, 与 r,s 互素的假设矛盾。这说明 s 是单位, 故 $a\in R$。证毕。

由此可知 PID 都是整闭的 (参看习题 III.1)。

以下我们考虑伽罗瓦理论与整性的关系。

引理 2.1. 设 R 为整环, $K=\text{q.f.}(R)$。设 L 为 K 的有限扩域, A 为 R 在 L 中的整闭包, 则

i) 对任意 $\sigma\in\text{Gal}(L/K)$, 有 $\sigma(R)=R$, $\sigma(A)=A$;

ii) 若 R 整闭, 则 A 中任一元 α 在 K 上的定义多项式 (即满足 $\phi(\alpha)=0$ 的不可约首一多项式 $\phi\in K[x]$) 在 $R[x]$ 中。

证. i) 因 σ 保持 K 的元素不变, 故 $\sigma(R)=R$。设 $\alpha\in A$, 则存在首一多项式 $f(x)\in R[x]$ 使得 $f(\alpha)=0$。由于 $\sigma f(x)=f(x)$, 有 $f(\sigma(\alpha))=0$, 故 $\sigma(\alpha)\in A$。

ii) 任取有限扩域 $L'\supset L$ 使得 $L'\supset K$ 为正规扩张。令 $G=\text{Gal}(L'/K)$, $\{\alpha_1,\cdots,\alpha_n\}$ 为 α 的 G-轨迹 (即所有 $g(\alpha)$ $(g\in G)$)。令

$$\psi(x)=\prod_{i=1}^{n}(x-\alpha_n)$$

则由伽罗瓦理论可知 $\phi(x)$ 是 $\psi(x)$ 的一个幂 (若 $\phi(x)$ 是可分的, 则 $\phi(x)=\psi(x)$, 否则 $\phi(x)=\psi(x)^{p^r}$, 其中 $p=\text{char}(K)$, $r\geqslant 0$)。由 i) 每个 α_i 在 R 上是整的, 故由命题 1.1., $\phi(x)$ 的系数都是在 R 上整的。但 $\phi(x)\in K[x]$ 且 R 在 K 中整闭, 故 $\phi(x)\in R[x]$。证毕。

推论 2.1. 设 R 为整闭整环, $K=\mathrm{q.f.}(R)$, $f\in R[x]$ 为首一多项式, 则 f 在 $K[x]$ 中的首一因子都在 $R[x]$ 中。

证. 设 g 为 f 在 $K[x]$ 中的不可约首一因子。令 $L\supset K$ 为 f 的分裂域, α 为 g 在 L 中的一个根, 则 $f(\alpha)=0$ 说明 α 在 R 上是整的, 而 g 为 α 在 K 上的定义多项式, 故由引理 2.1.ii) 得 $g\in R[x]$。证毕。

命题 2.2. 设 $R[x]$ 为整环 R 上的多项式环, $K=\mathrm{q.f.}(R)$, 则 $a\in K(x)$ 在 $R[x]$ 上是整的当且仅当 $a\in K[x]$ 且 a 的每个系数在 R 上是整的。特别地, 若环 R 是整闭的, 则 $R[x]$ 也是整闭的。

证.(Bourbaki) 充分性是显然的, 我们来证必要性。

设 $a\in K(x)$ 在 $R[x]$ 上是整的, 则它在 $K[x]$ 上是整的。由于 $K[x]$ 是整闭的, 我们有 $a\in K[x]$, 故可令 $a=c_0x^m+\cdots+c_m$ $(c_0,\cdots,c_m\in K)$。存在多项式 $f(y)=y^n+f_1(x)y^{n-1}+\cdots+f_n(x)\in R[x][y]$ 使得 $f(a)=0$, 取一个大于所有 $\deg(f_i)$ 的整数 N 并令 $g(y)=f(y-x^N)=y^n+g_1(x)y^{n-1}+\cdots+g_n(x)\in R[x][y]$, 则易见 $(-1)^ng_n(x)$ 为 x 的首一多项式, 而 $g(a+x^N)=0$, 由此可得一个首一多项式 $h(x)\in K[x]$ 使得 $(-1)^ng_n(x)=(a+x^N)h(x)$。令 $R'\subset K$ 为 R 的整闭包, 则由推论 2.1 可见 $a+x^N\in R'[x]$, 这说明 $c_0,\cdots,c_m$ 都是在 R 上整的。证毕。

推论 2.2. 设 $k\subset K$ 为域扩张且 k 在 K 中代数闭, 则 $k(t)$ (纯超越扩张) 在 $K(t)$ 中代数闭。

证. 设 $f(t)\in K(t)$ 在 $k(t)$ 上是代数的, 则可取 $g(t)\in k[t]$ 使得 $g(t)f(t)$ 在 $k[t]$ 上是整的, 由命题 2.2 可知 $g(t)f(t)\in K[t]$ 且系数都是在 k 上整的, 而由 k 在 K 中代数闭可见这些系数都在 k 中, 即 $g(t)f(t)\in k[t]$, 从而 $f(t)\in k(t)$。证毕。

例 2.3. 我们来证明 $R=\mathbb{Z}\left[\dfrac{1+\sqrt{5}}{2}\right]$ 是整闭的。设 $\alpha=r+s\sqrt{5}\in\mathbb{Q}[\sqrt{5}]=\mathrm{q.f.}(R)$ $(r,s\in\mathbb{Q},s\neq 0)$, 则 α 在 $\mathbb{Q}$ 上的定义多项式为

$$\begin{aligned}\phi(x)&=(x-r-s\sqrt{5})(x-r+s\sqrt{5})\\&=(x-r)^2-5s^2\\&=x^2-2rx+r^2-5s^2\end{aligned}$$

若 α 在 R 上是整的, 则 α 在 $\mathbb{Z}$ 上是整的 $\left(\text{因为 }\dfrac{1+\sqrt{5}}{2}\text{ 在 }\mathbb{Z}\text{ 上是整的}\right)$, 故 $\phi(x)\in\mathbb{Z}[x]$。由此可得 $2r\in\mathbb{Z}$, $r^2-5s^2\in\mathbb{Z}$。若 $r\in\mathbb{Z}$, 则 $5s^2\in\mathbb{Z}$, 故 $s\in\mathbb{Z}$, $\alpha\in\mathbb{Z}[\sqrt{5}]\subset R$; 若 $r\notin\mathbb{Z}$, 则 $\beta=\alpha-\dfrac{1+\sqrt{5}}{2}$ 是在 R 上整的, 由上所述 $\beta\in\mathbb{Z}[\sqrt{5}]$, 故 $\alpha\in R$。

例 2.4. 设 $f(x_1,\cdots,x_n)$ 为环 R 上 (n 个变量) 的对称多项式 (即对 $x_1,\cdots,x_n$

的任意置换 τ 都有 $\tau f = f$)。我们知道 $f \in R[\sigma_1, \cdots, \sigma_n]$, 其中 $\sigma_1, \cdots, \sigma_n$ 为 $x_1, \cdots, x_n$ 的初等对称多项式。我们用整性理论给这个事实一个证明, 这个方法的优点是不需要复杂的计算, 故可用于处理更复杂的类似问题。

先考虑 $R = \mathbb{Z}$ 的情形。令 $K = \mathbb{Q}(\sigma_1, \cdots, \sigma_n)$, $L = \mathbb{Q}(x_1, \cdots, x_n)$, 则易见 $[L : K] \leqslant n!$。任一 $x_1, \cdots, x_n$ 的置换诱导 L 的一个自同构且保持 K 的元素不变, 故 $|\mathrm{Gal}(L/K)| \geqslant n!$。由伽罗瓦理论, 可知 $[L : K] = |\mathrm{Gal}(L/K)| = n!$ 且 K 是 $\mathrm{Gal}(L/K)$ 的不变子域。于是 $f \in K$。另一方面, 这说明 $\sigma_1, \cdots, \sigma_n$ 在 $\mathbb{Q}$ 上代数无关, 故 $\mathbb{Z}[\sigma_1, \cdots, \sigma_n]$ 同构于 $\mathbb{Z}$ 上的多项式环, 因而是整闭的 (命题 2.2)。由于 $x_1, \cdots, x_n$ 都是多项式 $\phi(x) = x^n - \sigma_1 x^{n-1} + \cdots + (-1)^n \sigma_n \in \mathbb{Z}[\sigma_1, \cdots, \sigma_n, x]$ 的零点, 故都是在 $\mathbb{Z}[\sigma_1, \cdots, \sigma_n]$ 上整的。因而 f 在 $\mathbb{Z}[\sigma_1, \cdots, \sigma_n]$ 上是整的 (命题 1.1), 故属于 $\mathbb{Z}[\sigma_1, \cdots, \sigma_n]$。

对一般的 R, 考虑 $x_1, \cdots, x_n$ 的所有单项式 $x_1^{i_1} \cdots x_n^{i_n}$ 的集合 S。对任意 $\alpha \in S$, 所有元素 $\tau\alpha$ (其中 τ 为 $x_1, \cdots, x_n$ 的一个置换) 组成 S 的一个有限子集, 称作一个*置换轨迹*。由 $R = \mathbb{Z}$ 的情形可知, 一个置换轨迹中所有元素的和等于 $\sigma_1, \cdots, \sigma_n$ 的一个整系数多项式, 称为一个*轨迹和*。若 $\alpha \in S$ 在 f 中出现 (即系数不为 0), 则 f 的对称性说明对 $x_1, \cdots, x_n$ 的任一置换 τ, $\tau\alpha$ 也在 f 中出现, 且 $\tau\alpha$ 的系数等于 α 的系数。所以 f 等于一些轨迹和在 R 上的线性组合, 故属于 $R[\sigma_1, \cdots, \sigma_n]$。

3. 理想与整扩张

一个环 R 的一个子集 S 称作*乘性子集*, 如果 S 中任两个元的积都在 S 中, 且 $1 \in S$, $0 \notin S$。利用乘性子集我们可以将商域的构造方法推广。首先在集合 $R \times S$ 中定义一个关系 $\sim$:

$(a, r) \sim (b, s)$ 当且仅当存在 $t \in S$ 使得 $t(as - br) = 0$。

不难验证 $\sim$ 是一个等价关系。记 $S^{-1}R = R \times S/\sim$, 一个元 $(a, r) \in R \times S$ 在 $S^{-1}R$ 中的象记为 $\overline{(a, r)}$。不难验证 $S^{-1}R$ 具有一个环结构, 其加法和乘法分别由 $\overline{(a, r)} + \overline{(b, s)} = \overline{(as + br, rs)}$ 及 $\overline{(a, r)} \cdot \overline{(b, s)} = \overline{(ab, rs)}$ 给出。我们称 $S^{-1}R$ 为环 R (被 S) 的*局部化*。此外, 映射

$$R \to S^{-1}R$$
$$r \mapsto \overline{(r, 1)}$$

是一个 "典范" 同态, 在这个意义上我们将 $S^{-1}R$ 看作一个 R-代数。注意 S 的元在典范同态下映到 $S^{-1}R$ 的单位。

上述定义不难推广到模, 以建立一个 R-模 M 被 S 的*局部化* $S^{-1}M$, 它是一个 $S^{-1}R$-模, 也可以 (通过典范同态 $R \to S^{-1}R$) 看作一个 R-模。若 $0 \to M' \to M \to$

$M'' \to 0$ 是一个 R-模的正合列, 则不难验证其局部化 $0 \to S^{-1}M' \to S^{-1}M \to S^{-1}M'' \to 0$ 也是正合的。

例 3.1. 若 P 是 R 的一个素理想, 则 $S = R - P$ 是一个乘性子集。记 $R_P = S^{-1}R$。易见 R_P 只有一个极大理想 PR_P。具有唯一极大理想的环称作局部环。

设 S 是 R 的乘性子集, I 是 R 的理想, 则当 $I \cap S \neq \varnothing$ 时 $I \cdot S^{-1}R = S^{-1}R$, 而当 $I \cap S = \varnothing$ 时 $I \cdot S^{-1}R$ 是 $S^{-1}R$ 的理想。不难验证 $S^{-1}R$ 的理想都可以这样得到, 因此我们有满映射

$$\{R \text{ 中与 } S \text{ 不相交的理想 }\} \to \{S^{-1}R \text{ 中的理想 }\}$$

一般说来这个映射不一定是单射, 但不难验证它在 $\{P \in \mathrm{Spec}(R) |\ P \cap S = \varnothing\}$ 上的限制是一一对应 (其逆为典范同态诱导的映射 $\mathrm{Spec}(S^{-1}R) \to \mathrm{Spec}(R)$)。

定理 3.1. 设 R 是环 A 的子环且 A 在 R 上是整的, 则

i) (卧上定理, 简记为 LO) 对 R 的任一素理想 p, 存在 A 的素理想 P 卧于其上, 即 $P \cap R = p$。

ii) 若 A 的两个素理想 P, P' 均卧于 $p \subset R$ 上, 则 $P \not\subset P'$。特别地, 若 R 为局部环且 p 为 R 的极大理想, 则 A 中卧于 p 上的素理想恰为 A 的全部极大理想。

iii) (上行定理, 简记为 GU) 设 P 为 A 的素理想, $p \subset q$ 为 R 的素理想且 $P \cap R = p$, 则存在 A 的素理想 $Q \supset P$ 使得 $Q \cap R = q$。

iv) (下行定理, 简记为 GD) 设 R 为整闭整环且 R 的非零元在 A 中都不是零因子。若 P 为 A 的素理想, $p \supset q$ 为 R 的素理想且 $P \cap R = p$, 则存在 A 的素理想 $Q \subset P$ 使得 $Q \cap R = q$。

v) 若 R, A 为整闭整环且 $L = \mathrm{q.f.}(A)$ 为 $K = \mathrm{q.f.}(R)$ 的正规扩域, 则对任两个卧于 $p \subset R$ 上的素理想 P, P', 存在 $\sigma \in \mathrm{Gal}(L/K)$ 使得 $\sigma P = P'$。

证. i) 设 m 为 $A_p = (R - p)^{-1}A$ 的一个极大理想, 则 $p' = m \cap R_p \subset pR_p$。由于 A_p/m 是域且 R_p/p' 是 A_p/m 的子环, R_p/p' 的任一非零元 a 在 A_p/m 中有逆。因为 A 在 R 上是整的, 易见 A_p/m 在 R_p/p' 上是整的, 故 a^{-1} 满足一个等式 $(a^{-1})^n + c_1(a^{-1})^{n-1} + \cdots + c_n = 0$ $(c_1, \cdots, c_n \in R_p/p')$。因而 $a^{-1} = -c_1 - c_2a - \cdots - c_na^{n-1} \in R_p/p'$, 即 R_p/p' 是域。由此 p' 为 R_p 的极大理想, 故 $p' = pR_p$。令 P 为 m 在典范同态 $A \to A_p$ 下的原象, 则有 $P \cap R = p' \cap R = p$。

ii) 用反证法, 设 $P \subset P'$。由于 R_p/pR_p 是域而 A_p/PA_p 是 R_p/pR_p 的扩环且在 R_p/pR_p 上是整的, 对 A_p/PA_p 的任一非零元 b 存在等式 $b^n + c_1b^{n-1} + \cdots + c_n = 0$ $(c_1, \cdots, c_n \in R_p/pR_p, c_n \neq 0)$, 故 $b^{-1} = -c_n^{-1}(b^{n-1} + c_1b^{n-2} + \cdots + c_{n-1}) \in A_p/PA_p$。这说明 PA_p 是极大理想, 因此 $PA_p = P'A_p$, 从而 $P = P'$, 矛盾。

若 R 为局部环而 $p \subset R$ 为极大理想, 则由此可得卧于 p 上的素理想 $P \subset A$ 必

为极大的; 另一方面, 由 i) 的证明可见 A 的极大理想均卧于 p 上。

iii) 令 $R' = R/p, A' = A/P, q' = q/p$, 则 A' 在 R' 上是整的。故由 i) 存在 A' 中的素理想 Q' 卧于 q' 上。取 Q 为 Q' 在 A 中的原象即满足要求。

iv) 首先我们注意下述事实。设 S 为 A 的乘性子集, $\mathfrak{P}_S$ 为 A 中与 S 不相交的理想全体, 以包含关系为序, 则由佐恩引理 $\mathfrak{P}_S$ 有极大元 I。不难证明 I 是素理想: 若 $ab \in I$ 而 $a, b \notin I$, 则由 I 的极大性有 $(a, I) \cap S \neq \varnothing$, 即存在 $x \in (a, I) \cap S$, 同理存在 $y \in (b, I) \cap S$, 于是 $xy \in I \cap S$, 矛盾。

取 $S = \{d\delta | d \in R - q, \delta \in A - P\}$, 由上所述我们只需验证 $qA \cap S = \varnothing$, 从而 $\mathfrak{P}_S$ 中包含 qA 的任一极大元 Q 即满足 iv) 的要求。

用反证法, 设 $t = d\delta \in qA, d \in R - q, \delta \in A - P$。设 $t = \sum\limits_{i=1}^{n} a_i b_i$ $(a_i \in q, b_i \in A, 1 \leqslant i \leqslant n)$。因为 $b_1, \cdots, b_n$ 在 R 上是整的, $R[b_1, \cdots, b_n]$ 作为 R-模是有限生成的, 令 $s_1, \cdots, s_m$ 为一组生成元。由于 $tR[b_1, \cdots, b_n] \subset qR[b_1, \cdots, b_n]$, 存在 $a_{ij} \in q$ $(1 \leqslant i, j \leqslant m)$ 使得 $ts_i = \sum\limits_j a_{ij} s_j$ $(1 \leqslant i \leqslant m)$, 由此 $\det(t\delta_{ij} - a_{ij}) \cdot s_i = 0$ $(1 \leqslant i \leqslant m)$, 故 $\det(t\delta_{ij} - a_{ij}) = 0$。令 $f(T) = \det(T\delta_{ij} - a_{ij}) = T^m + c_1 T^{m-1} + \cdots + c_m$, 则易见 $c_1, \cdots, c_m \in q$。由上所述 $f(t) = 0$。令 $g \in R[T]$ 为使 $g(t) = 0$ 的一个次数最低的多项式, $K = \text{q.f.}(R)$, 则由辗转相除法 (及 R 的非零元在 A 中都不是零因子) 在 $K[T]$ 中有 $g | f$。由推论 2.1 可设 g 是首一的, 于是 $h = \dfrac{f}{g} \in R[T]$。由于 $f \equiv T^m \pmod{q}$, 模 q 分解 $f = gh$ 即可见 g 模 q 与某个 T^r 同余, 换言之, $g(T) = T^r + d_1 T^{r-1} + \cdots + d_r$, 其中 $d_1, \cdots, d_r \in q$。另一方面, δ 在 R 上是整的, 存在多项式 $\phi(T) = T^s + e_1 T^{s-1} + \cdots + e_s \in R[T]$ 使得 $\phi(\delta) = 0$。于是 $t = d\delta$ 满足 $(d\delta)^s + e_1 d (d\delta)^{s-1} + \cdots + e_s d^s = 0$。由 g 的次数的极小性, 在 $K[T]$ 中有 $g(T) | d^s \phi(T/d)$, 或 $d^{-r} g(dT) | \phi(T)$。故由推论 1.4 得 $d^{-r} g(dT) \in R[T]$, 或 $\dfrac{d_i}{d^i} \in R$ $(1 \leqslant i \leqslant r)$。因而 $\dfrac{d_i}{d^i} \in qR_q \cap R = q$ $(1 \leqslant i \leqslant r)$, 从而 $\delta^r \in qA \subset P$, 矛盾。

v) 先考虑 $L \supset K$ 为有限扩张的特殊情形。用反证法, 设对任一 $\sigma \in \text{Gal}(L/K)$ 都有 $\sigma P \neq P'$。令 $P_1, \cdots, P_n$ 为所有形如 σP $(\sigma \in \text{Gal}(L/K))$ 的理想, 则由 ii) 可取 $a_i \in P' \prod\limits_{j \neq i} P_j - P_i$ $(1 \leqslant i \leqslant n)$。令 $a = \sum\limits_{1 \leqslant i \leqslant n} a_i$, 则对任一 $\sigma \in \text{Gal}(L/K)$ 都有 $\sigma(a) \notin P$。令 $b = \prod\limits_{\sigma \in \text{Gal}(L/K)} \sigma(a)$, 则 $b \in P' - P$, 且对任一 $\sigma \in \text{Gal}(L/K)$ 都有 $\sigma(b) = b$, 故存在 $n > 0$ 使得 $b^n \in R$。于是 $b^n \in P' \cap R = p \subset P$, 矛盾。

现在考虑 $L \supset K$ 是无限扩张的情形。先任取 L 的一个良序 $\prec$, 其中 0 为首元而 1 为末元。用超限归纳法对每个 $\alpha \in L$ 定义一个 K 的正规扩域 $K_\alpha \subset L$ 如下: 令 $K_0 = K$; 若 $\alpha \in L$ 是 $\beta \in L$ 的后继, 则令 $K_\alpha \supset K$ 为包含 $K_\beta[\alpha]$ 的最小正规扩

张 (它可由 K_β 添加 α 在 K 上的定义多项式的所有零点得到, 故为 K_β 的有限扩张), 而若 α 非后继, 则令 $K_\alpha \supset K$ 为包含 $K'_\alpha = \bigcup\limits_{\beta \prec \alpha} K_\beta$ 和 α 的最小正规扩张 (与 α 为后继的情形类似地可见此时 K_α 为 K'_α 的有限扩张)。特别地有 $K_1 = L$。

再用超限归纳法对每个 $\alpha \in L$ 定义一个元 $\sigma_\alpha \in \mathrm{Gal}(K_\alpha/K)$, 使得对 $\beta \prec \alpha$ 有 $\sigma_\beta = \sigma_\alpha|_{K_\beta}$, 且 $\sigma_\alpha P_\alpha = P'_\alpha$, 其中 $P_\alpha = P \cap K_\alpha$, $P'_\alpha = P' \cap K_\alpha$。方法如下: 令 $\sigma_0 = \mathrm{id}_K$。若 $\alpha \in L$ 是 $\beta \in L$ 的后继, 则因 $\mathrm{Gal}(K_\beta/K)$ 是 $\mathrm{Gal}(K_\alpha/K)$ 的商群, 可以将 σ_β 提升到 $\sigma' \in \mathrm{Gal}(K_\alpha/K)$, 于是 P'_α 和 $P''_\alpha = \sigma' P_\alpha$ 均卧于 P_β 上, 从而由上述有限扩张的情形存在 $\sigma'' \in \mathrm{Gal}(K_\alpha/K_\beta)$ 使得 $\sigma'' P''_\alpha = P'_\alpha$, 令 $\sigma_\alpha = \sigma''\sigma'$ 即可。若 α 非后继, 则所有 σ_β ($\beta \prec \alpha$) 合起来给出一个元 $\sigma'_\alpha \in \mathrm{Gal}(K'_\alpha)$ 使得 $\sigma'_\alpha(P \cap K'_\alpha) = P' \cap K'_\alpha$, 再仿照上述 α 为后继的情形即可将 σ'_α 提升为 $\mathrm{Gal}(K_\alpha/K)$ 的一个元 σ_α 使得 $\sigma_\alpha P_\alpha = P'_\alpha$。

这样, 由超限归纳法最终得到 $\sigma_1 \in \mathrm{Gal}(L/K)$ 使得 $\sigma_1 P = P'$。证毕。

注 3.1. 在定理 3.1 中, LO, GU 和 GD 成立的条件都不是必要的, 我们将看到使它们成立的一些其他条件 (届时将简称 "GU 成立" 等)。

4. 赋值与赋值环

绝对值在复数的研究中起着重要作用, 下面是对绝对值的一种推广。

定义 4.1. 一个域 K 的一个*广义绝对值**是指一个函数 $\phi: K \to \mathbb{R}$ 使得对任意 $a, b \in K$ 有

i) $\phi(a) \geqslant 0$, 且若 $a \neq 0$, 则 $\phi(a) > 0$;

ii) $\phi(ab) = \phi(a)\phi(b)$;

iii) ("三角不等式") $\phi(a+b) \leqslant \phi(a) + \phi(b)$。

若对某个整数 n 有 $\phi(n \cdot 1_K) > 1$, 则称 ϕ 为*阿基米德的*, 否则称 ϕ 为*非阿基米德的*。若 ϕ' 是 K 的另一个广义绝对值, 则当 ϕ' 与 ϕ 有相同的序 (即 $\phi(a) > \phi(b)$ 当且仅当 $\phi'(a) > \phi'(b)$) 时称 ϕ' 与 ϕ 等价。

由定义易见 $\phi(1_K) = 1$, 从而对任意非零元 $a \in K$ 有 $\phi(a^{-1}) = \phi(a)^{-1}$; 此外对任意 $a, b \in K$ 有 $|\phi(a) - \phi(b)| \leqslant \phi(a-b)$ (习题 II.9)。若对任意 $a \neq 0$ 都有 $\phi(a) = 1$, 则称 ϕ 是*平凡的*。

例 4.1. 设 $K = \mathbb{Q}$。任取素数 p。注意任一非零元 $a \in K$ 可以表为 $p^r m/n$, 其中 $m, n, r \in \mathbb{Z}$ 且 $p \nmid m$, $p \nmid n$, 定义 $\phi(a) = p^{-r}$, 并定义 $\phi(0) = 0$。不难验证 ϕ 满足定义 4.1 的各条件, 称为 $\mathbb{Q}$ 的 *p-进绝对值*。

---

*在较早的文献中这称为"赋值", 现代的多数文献中"赋值"一词的用法与此不同 (见下文), 但"阿基米德绝对值"仍常称为"阿基米德赋值"。本书采用现代的用法。

引理 4.1. 设 ϕ, ϕ' 为域 K 的广义绝对值。

i) 若 ϕ' 与 ϕ 等价, 则存在正实数 s 使得 $\phi'(a) = \phi(a)^s$ $(\forall a \in K)$;

ii) 若 ϕ 是非阿基米德的, 则 $\phi(a+b) \leqslant \max(\phi(a), \phi(b))$ $(\forall a, b \in K)$。

证. i) 不妨设 ϕ 不是平凡的, 则可取 $b \neq 0 \in K$ 使得 $\phi(b) < 1$。令 $s = \phi'(b)/\phi(b)$。设 $a \neq 0 \in K$ 使得 $\phi(a) < 1$, 则对任意正整数 m, n, 若 $\dfrac{m}{n} > \dfrac{\ln \phi(a)}{\ln \phi(b)}$, 则 $n \ln \phi(a) > n \ln \phi(b)$, 这等价于 $\phi(a^n) > \phi(b^m)$, 故由 ϕ' 与 ϕ 等价有 $\phi'(a^n) > \phi'(b^m)$, 而这又等价于 $m/n > \dfrac{\ln \phi'(a)}{\ln \phi'(b)}$。同理若 $m/n < \dfrac{\ln \phi(a)}{\ln \phi(b)}$, 则 $m/n < \dfrac{\ln \phi'(a)}{\ln \phi'(b)}$, 故 $\dfrac{\ln \phi(a)}{\ln \phi(b)} = \dfrac{\ln \phi'(a)}{\ln \phi'(b)}$, 从而 $\ln \phi'(a) = \ln \phi(a) \dfrac{\ln \phi'(b)}{\ln \phi(b)} = s \ln \phi(a)$。由此即可见 $\phi'(a) = \phi(a)^s$ 对任意 $a \in K$ 成立。

ii) 由所设对任意正整数 n 有

$$\begin{aligned} \phi(a+b)^n &= \phi\left(a^n + \binom{n}{1} a^{n-1} b + \cdots + b^n\right) \\ &\leqslant \phi(a)^n + \phi(a)^{n-1}\phi(b)b + \cdots + \phi(b)^n \\ &\leqslant (n+1) \max(\phi(a), \phi(b))^n \end{aligned} \tag{3}$$

再由 n 的任意性及 $\lim\limits_{n \to \infty} (n+1)^{1/n} = 1$ 即得 $\phi(a+b) \leqslant \max(\phi(a), \phi(b))$。证毕。

推论 4.1. 设 ϕ 为域 $\mathbb{Q}$ 的广义绝对值。若 ϕ 是阿基米德的, 则它与寻常的绝对值 $|\cdot|$ 等价; 若 ϕ 是非平凡非阿基米德的, 则它与某个 p-进绝对值等价。

证. 先考虑 ϕ 是阿基米德的情形。由定义易见对任意正整数 a 有 $\phi(a) \leqslant a$。对任意整数 $m, n > 1$, 将 m 表为 $a_0 + a_1 n + \cdots + a_k n^k$ $(0 \leqslant a_0, \cdots, a_k < n,\ a_k \neq 0)$, 则由定义有

$$\begin{aligned} \phi(m) &\leqslant \phi(a_0) + \phi(a_1)\phi(n) + \cdots + \phi(a_k)\phi(n)^k \\ &< n(1 + \phi(n) + \cdots + \phi(n)^k) \\ &< n(k+1) \max(1, \phi(n)^k) \end{aligned} \tag{4}$$

注意 $k \leqslant \dfrac{\ln m}{\ln n}$, 由 (4) 得

$$\phi(m) < n\left(\frac{\ln m}{\ln n} + 1\right) \max(1, \phi(n))^{\ln m/\ln n} \tag{5}$$

用 m^r 取代 m, 可见对任意正整数 r 有

$$\phi(m)^r < n\left(\frac{r \ln m}{\ln n} + 1\right) \max(1, \phi(n))^{r \ln m/\ln n} \tag{6}$$

故

$$\phi(m) < \left[n\left(\frac{r\ln m}{\ln n}+1\right)\right]^{1/r} \max(1,\phi(n))^{\ln m/\ln n} \tag{7}$$

令 $r\to\infty$ 取极限即得

$$\phi(m) \leqslant \max(1,\phi(n))^{\ln m/\ln n} \tag{8}$$

注意 m 的任意性, 由所设可取 m 使得 $\phi(m)>1$, 从而由 (8) 可见对任意 $n>1$ 有 $\phi(n)>1$, 再互换 m,n 的位置, 由 (8) 即得 $\phi(m)=\phi(n))^{\ln m/\ln n}$, 从而 $\phi(m)^{1/\ln m}=\phi(n))^{1/\ln n}$。这说明 $\phi(n))^{1/\ln n}$ 是一个与 n 无关的常数, 记为 s。由此易见对任意 $a\in\mathbb{Q}$ 有 $\phi(a)=|a|^s$, 从而 ϕ 与 $|\cdot|$ 等价。

再考虑 ϕ 是非平凡非阿基米德的情形。令 $P=\{n\in\mathbb{Z}|\phi(n)<1\}$, 则由引理 4.1.ii) 可见 P 是 $\mathbb{Z}$ 的一个非零理想。由因子分解可见至少有一个素数 p 使得 $p\in P$, 从而 $P=(p)$。由此可见对任意 $a=p^r m/n\in\mathbb{Q}$ $(m,n,r\in\mathbb{Z}, p\nmid m, p\nmid n)$ 有 $\phi(a)=\phi(p)^r$, 从而 ϕ 与 p-进绝对值等价。证毕。

命题 4.1. 设 K 为 $\mathbb{Q}$ 的有限生成扩域, ϕ 为 K 的阿基米德绝对值 (即 $|\cdot|_{\mathbb{Q}}$ 的扩张), 则存在域的单同态 $f: K\to\mathbb{C}$ 使得 ϕ 由 $|\cdot|_{\mathbb{C}}$ 在 $f(K)$ 上的限制给出。

证. 取代数无关元 $x_1,\cdots,x_r\in K$ 及 $x_{r+1}\in K$ 使得 $K=\mathbb{Q}(x_1,\cdots,x_r,x_{r+1})$ 且 x_{r+1} 在 $\mathbb{Q}[x_1,\cdots,x_r]$ 上是整的。令 $R=\mathbb{Q}[x_1,\cdots,x_r,x_{r+1}]$。

首先可将 $\phi|_R$ 连续地扩张为一个映射 $\phi_1: A=R\otimes\mathbb{R}\to\mathbb{R}$: 对任意 $f=\sum\limits_{(i)} c_{(i)}x^{(i)}\in A$ $(c_{(i)}\in\mathbb{R})$, 对每个 (i) 取有理数列 $\{c_{(i),j}\}$ 使得 $\lim\limits_{j\to\infty} c_{(i),j}=c_{(i)}$, 并令 $f_j=\sum\limits_{(i)} c_{(i),j}x^{(i)}\in R$ $(j=1,2,\cdots)$, 则由三角不等式可见 $\{|f_j|_K\}$ 为基本列, 定义 $\phi_1(f)=\lim\limits_{j\to\infty}|f_j|_K$, 由三角不等式不难验证这个定义与各有理数列 $\{c_{(i),j}\}$ 的选择无关。此外不难验证 ϕ_1 是乘性的且满足三角不等式。其次, 可再将 ϕ_1 连续地扩张为一个映射 $\phi_2: B=R\otimes\mathbb{C}=A\otimes_{\mathbb{R}}\mathbb{C}\to\mathbb{R}$: 对任意 $h=f+gi\in B$ $(f,g\in A)$, 令 $\phi_2(h)=\sqrt{\phi_1(f)^2+\phi_1(g)^2}$, 不难验证 ϕ_2 仍是乘性的且满足三角不等式, 且 ϕ_2 在 $\mathbb{C}$ 上的限制为 $\mathbb{C}$ 的绝对值。

令 $I=\{\alpha\in B|\phi_2(\alpha)=0\}$, 则由乘性和三角不等式不难验证 I 是一个理想, 故有诱导单同态 $K\to B/I$。只需证明 $B/I=\mathbb{C}$ 即可, 即对任意 $\alpha\in K$ 存在 $a\in\mathbb{C}$ 使得 $\phi_2(\alpha-a)=0$。

用反证法, 设对任意 $a\in\mathbb{C}$ 有 $\phi_2(\alpha-a)>0$, 注意 $\lim\limits_{|a|\to\infty}\phi_2(\alpha-a)=\infty$, 可见下界 $r=\inf\limits_{a\in\mathbb{C}}\phi_2(\alpha-a)$ 可达到, 即存在 $c\in\mathbb{C}$ 使得 $\phi_2(\alpha-c)=r$, 故 $r>0$。易见集合 $S=\{c\in\mathbb{C}|\phi_2(\alpha-c)=r\}$ 为有界集, 且为闭集, 故为紧致集。取 $b\in S$ 使得 b 在 S 中具有最小的实部, 并令 $\beta=\dfrac{\alpha-b}{r}$, 则 $\phi_2(\beta)=1$, 且对任意 $c\in\mathbb{C}$ 使得 $\mathrm{Re}(c)>0$ 有 $\phi_2(\beta-c)>1$, 故存在 $\epsilon>0$ 使得当 $\mathrm{Re}(c)\geqslant 0.5$ 时有 $\phi_2(\beta-c)>1+\epsilon$。而对任

意 $c \in \mathbb{C}$ 都有 $\phi_2(\beta - c) \geqslant 1$。于是对任意正整数 n 有

$$2 \geqslant \phi_2(\beta^{3n} - 1) = \prod_{j=0}^{3n-1} \phi_2\left(\beta - \exp\left(\frac{2j\pi i}{3n}\right)\right) \geqslant (1+\epsilon)^n \tag{9}$$

当 $n \to \infty$ 时得到矛盾。证毕。

对于 $\mathbb{Q}$ 的有限生成扩域的非阿基米德绝对值, 迄今仅有部分的结果 (参看 [15])。

设 ϕ 为域 K 的非阿基米德绝对值, 则由引理 4.1.ii) 可见函数 $v = -\ln \circ \phi : K - \{0\} \to \mathbb{R}$ 满足 $v(ab) = v(a) + v(b)$, $v(a+b) \geqslant \min(v(a), v(b))$。这样的函数可以推广如下。

定义 4.2. 一个域 K 的一个**赋值**是指乘法群 $K^* = K - \{0\}$ 到一个有序 (加法) 群 G 的同态 v, 满足条件 $v(a+b) \geqslant \min(v(a), v(b))$ $(\forall a, b \in K^*,\ a+b \neq 0)$。

为简单起见, 以下设 v 是满同态, 从而 G 是阿贝尔群, 称为 v 的**值群**。若 G 同构于 $\mathbb{Z}$ 的有序群结构, 则称赋值 v 是**离散的**。

由上所述一个非阿基米德绝对值等价于一个赋值, 其值群为 $\mathbb{R}$ 的加法子群。

引理 4.2. 设 $v : K^* \to G$ 为域 K 的一个赋值, 则 $R = \{a \in K^* | v(a) \geqslant 0\} \cup \{0\}$ 为 K 的整闭局部子环, 其极大理想 $P = \{a \in K^* | v(a) > 0\} \cup \{0\}$, 且对任意 $a \in K^*$, 或者 $a \in R$ 或者 $a^{-1} \in R$, 特别地 $K = \mathrm{q.f.}(R)$。

反之, 设 R 为一个局部整环, 其极大理想为 P, 使得对任意 $a \neq 0 \in K = \mathrm{q.f.}(R)$, 或者 $a \in R$ 或者 $a^{-1} \in R$, 则 K 有一个赋值 v 使得 $R = \{a \in K^* | v(a) \geqslant 0\} \cup \{0\}$, 而 $P = \{a \in K^* | v(a) > 0\} \cup \{0\}$。

证. 先证第一个断言。由定义不难验证 R 是子环而 P 是 R 的理想。若 $a \in R - P$, 则 $v(a) = 0$, 故 $v(a^{-1}) = 0$, 从而 $a^{-1} \in R$, 即 a 是单位。由此可见 K 是局部环而 P 是 R 的极大理想。对任意 $a \in K^*$, 或者 $a \in R$ 或者 $a^{-1} \in R$, 故 $K = \mathrm{q.f.}(R)$。若 a 在 R 上是整的, 换言之存在首一多项式 $f(x) = x^n + c_1 x^{n-1} + \cdots + c_n \in R[x]$ 使得 $f(a) = 0$, 则有

$$\begin{aligned} nv(a) &= v(-c_1 a^{n-1} - \cdots - c_n) \\ &\geqslant \min(v(-c_1 a^{n-1}), \cdots, v(-c_n)) \\ &\geqslant \min((n-1)v(a), \cdots, 1) \end{aligned} \tag{10}$$

由此可见 $v(a) \geqslant 0$, 从而 $A \in R$。这就证明了 R 是整闭的。

再证第二个断言。令 $H \subset K^*$ 为所有单位组成的子群, $G = K^*/H$ (看作加法群)。易见 $S = (R - \{0\})/H$ 是 G 的一个子半群, 且 $G = S \cup (-S)$, $S \cap (-S) = \{0\}$。故 S 给出 G 的一个有序群结构。不难验证投射 $v : K^* \to G$ 为赋值, 且 $R = \{a \in K^* | v(a) \geqslant 0\} \cup \{0\}$, $P = \{a \in K^* | v(a) > 0\} \cup \{0\}$。证毕。

引理 4.2 中的环 R 称为一个赋值环, 若 v 为离散赋值, 则称 R 为离散赋值环, 简记为 DVR。

例 4.2. 设 G 为有序加法阿贝尔群, k 为域。记 $k[G]$ 为 G 的 k-群代数, 它可看作以所有形式元 x^g $(g \in G)$ 为基的 k-线性空间, 其乘法由 $x^g x^h = x^{g+h}$ $(g, h \in G)$ 给出。由 G 的有序性不难验证 $k[G]$ 为整环, 令 $K = \mathrm{q.f.}(k[G])$。任一非零元 $a \in k[G]$ 可唯一地表为 $a_1 x^{g_1} + \cdots + a_n x^{g_n}$, 其中 $a_1, \cdots, a_n \in k^*$, $g_1, \cdots, g_n \in G$ 且 $g_1 < g_2 < \cdots < g_n$。定义映射 $v : k[G] - \{0\} \to G$ 为 $v(a) = g_1$, 不难验证 v 可唯一地扩张到 K^*, 从而给出 K 的一个赋值, 其值群为 G。由此可见任一有序加法阿贝尔群都是某个赋值的值群。

命题 4.2. 设 R 为整环而 $P \subset R$ 为素理想, 则存在 $K = \mathrm{q.f.}(R)$ 的一个赋值 v 使得 R 在 v 的赋值环 A 中, 且 A 的极大理想 Q 满足 $Q \cap R = P$。

证. 令 S 为所有对 (R', P') 的集合, 其中 R' 为 K 中包含 R 的子环, P' 为 R' 的素理想使得 $P' \cap R = P$。在 S 中有一个偏序 $\prec$: 若 $(R', P'), (R'', P'') \in S$, 则 $(R', P') \prec (R'', P'')$ 当且仅当 $R' \subsetneq R''$ 且 $P'' \cap R' = P'$。易见 S 的任一全序子集有上界, 故由佐恩引理 S 有一个极大元 (A, Q)。易见 $(A_Q, QA_Q) \in S$, 故由 (A, Q) 的极大性有 $A = A_Q$, 即 A 为局部环。

以下证明 A 是赋值环, 由引理 4.2 只需证明对任意 $a \in K^*$, 若 $a^{-1} \notin A$ 则 $a \in A$。

首先我们说明 $QA[a^{-1}] \cap R \neq P$, 因若不然, 令 Q' 为 $A[a^{-1}]$ 中包含 $QA[a^{-1}]$ 且与 R 的交为 P 的理想中的极大元, 则不难验证 Q' 为 $A[a^{-1}]$ 的素理想, 从而 $(A[a^{-1}], Q') \in S$ 且 $(A, Q) \prec (A[a^{-1}], Q')$, 与 (A, Q) 的极大性矛盾。这样就可取 $c_0, \cdots, c_n \in Q$ 使得 $b = c_0 + c_1 a^{-1} + \cdots + c_n a^{-n} \in R - P$。注意 $b - c_0$ 为 A 中的单位, 令 $d = (b - c_0)^{-1}$ 即得 $a^n = d(c_1 a^{n-1} + \cdots + c_n)$, 从而 a 在 A 上是整的, 再由命题 1.1 可知 $A[a]$ 在 A 上是整的。由定理 3.1.i) 可知存在素理想 $Q_1 \subset A[a]$ 使得 $Q_1 \cap A = Q$, 从而 $Q_1 \cap R = P$, $(A[a], Q_1) \in S$, 故由 (A, Q) 的极大性有 $A = A[a]$, 换言之 $a \in A$。证毕。

习 题 II

II.1 设 $\alpha = \dfrac{(\sqrt[3]{2}+1)^2}{\sqrt{-3}} \in \mathbb{Q}(\sqrt[3]{2}, \sqrt{-3})$。证明 α 在 $\mathbb{Z}$ 上是整的。

II.2 设 A 为整环, R 为 A 的子环, $K = \mathrm{q.f.}(R)$, S 为 R 中的乘性子集。证明:

i) 若 A 在 R 上是整的, 则 $S^{-1}A$ 在 $S^{-1}R$ 上是整的;

ii) 若 R 是 (在 K 中) 整闭的, 则 $S^{-1}R$ 亦然。

II.3 设 $K \subset L$ 为伽罗瓦扩张。设 A 为 L 的子环使得 $\mathrm{q.f.}(A) = L$ 且对任意 $\sigma \in \mathrm{Gal}(L/K)$ 有 $\sigma(A) = A$。令 $R = A \cap K$。证明:

i) A 在 R 上是整的;

ii) 若 A 是整闭的, 则 R 亦然。

II.4 设整数 n 为平方自由的 (即不能被任意素数的平方整除)。设 R 为 $\mathbb{Z}$ 在 $\mathbb{Q}(\sqrt{n})$ 中的整闭包。证明当 $n \equiv 1 \pmod 4$ 时 $R = \mathbb{Z}\left[\dfrac{1+\sqrt{n}}{2}\right]$, 而当 $n \equiv 2$ 或 $3 \pmod 4$ 时 $R = \mathbb{Z}[\sqrt{n}]$。(提示: 参看例 2.3。)

II.5* 设 $\sigma_1, \cdots, \sigma_n \in \mathbb{Z}[x_1, \cdots, x_n]$ 为 $x_1, \cdots, x_n$ 的初等对称多项式。令

$$\tau = \sum_{\rho \in A_n} x_{\rho(2)} x_{\rho(3)}^2 \cdots x_{\rho(n)}^{n-1}$$

其中 A_n 为 $1, \cdots, n$ 的所有偶置换组成的群。令 $\tau' = \rho'(\tau)$, 其中 ρ' 为 $x_1, \cdots, x_n$ 的一个奇置换, 且令 $\Delta = (\tau - \tau')^2 = \prod\limits_{i<j}(x_i - x_j)^2$。证明:

i) Δ 等于 $\mathbb{Z}[\sigma_1, \cdots, \sigma_n]$ 中的一个不可约多项式;

ii) 若 f 为 $\mathbb{Z}$ 上 n 个变量的多项式使得 $(x_1 - x_2) | f(\sigma_1, \cdots, \sigma_n)$, 则 $\Delta | f(\sigma_1, \cdots, \sigma_n)$ (提示: 考虑 f^2);

iii) 对任意域 K, $K(x_1, \cdots, x_n)$ 为 $K(\sigma_1, \cdots, \sigma_n, \tau)$ 的伽罗瓦扩张, 其伽罗瓦群同构于 A_n;

iv) 对任意环 R, 一个多项式 $f \in R[x_1, \cdots, x_n]$ 在 $x_1, \cdots, x_n$ 的任意偶置换下不变当且仅当 $f \in R[\sigma_1, \cdots, \sigma_n, \tau]$;

v) 若 R 为整闭整环, 则 $R[\sigma_1, \cdots, \sigma_n, \tau]$ 为整闭的 (提示: 利用习题 III3.ii))。

II.6 设 k 为域, $R = k[x, y]/(x^2 - y^3)$。验证 R 不是整闭的, 并给出 R 在 q.f.(R) 中的整闭包。

II.7 设 R 为环而 $S \subset R$ 为乘性子集。证明典范同态 $\phi: R \to S^{-1}R$ 具有如下泛性: 对任意环同态 $f: R \to A$, 若 f 将 S 的元映到单位, 则存在唯一环同态 $f': S^{-1}R \to A$ 使得 $f = f' \circ \phi$。

II.8 设 k 为域, $R = k[x(x-1), x^2(x-1), y] \subset A = k[x, y]$。证明 LO 和 GU 对 $R \subset A$ 成立, 但 GD 不成立。

II.9 设 ϕ 为域 K 的一个广义绝对值。证明 $\phi(1_K) = 1$, 从而对任意非零元 $a \in K$ 有 $\phi(a^{-1}) = \phi(a)^{-1}$, 对 K 中的任一单位根 ζ 有 $\phi(\zeta) = 1$, $\phi(\zeta a) = \phi(a)$; 此外对任意 $a, b \in K$ 有 $|\phi(a) - \phi(b)| \leqslant \phi(a - b)$。

II.10 验证下列赋值环的例子。

i) 设 $k(x)$ 为域 k 的超越扩张, $K = k(x, x^{1/2}, x^{1/3}, \cdots)$, 则存在 K 的赋值 v 使得 $v(x^{1/n}) = \dfrac{1}{n}$。

ii) 设 $R = k\left[x, \dfrac{y}{x^n}, \forall n > 0\right]_P \subset k(x, y)$, 其中 $P = \left(x, \dfrac{y}{x^n}, \forall n > 0\right)$, 则 R 是赋值环。它对应的赋值是什么?

iii) 设 $K = \mathbb{C}(x, y)$。对任意 $f(x, y) \in K^*$, 在 $x = 0$ 附近有洛朗展开 $f(x, e^x) = c_n x^n + c_{n+1}x^{n+1} + \cdots$, 其中 $c_n \neq 0$。令 $v(f) = n$, 则 v 为离散赋值。

诺特环和阿廷环

本章中讨论的环都是有单位元的交换环。

1. 诺特环

定义 1.1. 一个环 R 称为诺特环, 如果在 R 中没有无限长的理想列 $I_1 \subsetneq I_2 \subsetneq \cdots$ (这个条件称作理想的升链条件, 简称 ACC)。一个环 R 称为阿廷环, 如果在 R 中没有无限长的理想列 $I_1 \supsetneq I_2 \supsetneq \cdots$ (这个条件称作理想的降链条件, 简称 DCC)。

例 1.1. 任一域既是诺特环也是阿廷环; 任一主理想环是诺特环。一个诺特 (阿廷) 环模任一理想所得的剩余类环仍是诺特 (阿廷) 环。由局部化的定义 (见 II.3), 可见一个诺特 (阿廷) 环的任意局部化仍是诺特 (阿廷) 环。

引理 1.1. 一个环 R 是诺特环当且仅当 R 的每个理想都是有限生成的 (即存在由有限多个元素组成的一个生成元组)。

证. 若 R 是诺特环而 I 是 R 的一个理想, 任取 $a_1 \in I$, 若 $(a_1) \neq I$ 再取 $a_2 \in I-(a_1)$, 若 $(a_1, a_2) \neq I$ 再取 $a_3 \in I-(a_1, a_2)$, 等等。这样我们就得到一个理想列 $(a_1) \subsetneq (a_1, a_2) \subsetneq \cdots$, 由 ACC 它必是有限的, 即存在 n 使得 $(a_1, \cdots, a_n) = I$。

反之, 若 R 的每个理想都是有限生成的而 $I_1 \subsetneq I_2 \subsetneq \cdots$ 是 R 中的一个理想列, 令 $I = \bigcup\limits_i I_i$, 则 I 是 R 的一个理想, 故存在 I 的一组有限生成元 $a_1, \cdots, a_n$。取 m 使得 $a_1, \cdots, a_n \in I_m$, 则 $I_m = I$, 故不存在 I_{m+1}, 即理想列不是无限长的。证毕。

定理 1.1. (希尔伯特基定理) 若 R 是诺特环, 则 R 上的多项式代数 $R[x]$ 也是诺特环。

证. 由引理 1.1, 只需证明 $R[x]$ 的任一理想 I 是有限生成的。

令 $J \subset R$ 为 I 中所有元的首项系数的集合, 则不难证明 J 是 R 的理想: 若 $a, b \in J$, $c, d \in R$, 由定义存在 $f(x), g(x) \in I$ 使得 $f(x), g(x)$ 的首项系数分别为 a, b; 记 $m = \deg(f), n = \deg(g)$, 则 $cx^n f(x) + dx^m g(x) = (ca+db)x^{m+n} +$ 低次项, 故 $ca + db \in J$。

类似地, 令 J_d 为 I 中所有次数不大于 d 的元的 d 次项系数的集合, 则 J_d 也

是 R 的理想。

因 R 是诺特环, 可取 J 的一个有限生成元组 $a_1, \cdots, a_r$ (引理 1.1)。由定义存在 $f_1(x), \cdots, f_r(x) \in I$ 使得 $f_i(x)$ 的首项系数为 a_i $(1 \leqslant i \leqslant r)$。记 $m = \max_i(\deg(f_i))$。类似地, 对每个 J_d $(d < m)$ 存在 I 中有限多个 d 次元 $f_{dj}(x)$, 它们的首项系数生成 J_d。

若 $f(x) \in I$ 的次数 $n \geqslant m$, 首项系数为 a, 取 $c_1, \cdots, c_r \in R$ 使得 $c_1a_1 + \cdots + c_ra_r = a$ 且令 $n_i = n - \deg(f_i)$ $(1 \leqslant i \leqslant r)$, 则 $f(x) - c_1x^{n_1}f_1(x) - \cdots - c_rx^{n_r}f_r(x) \in I$ 的次数小于 n。由归纳法可知对任意 $f(x) \in I$, 存在 $g_1, \cdots, g_r \in R[x]$ 使得 $h = f - g_1f_1 - \cdots - g_rf_r \in I$ 的次数小于 m。再用归纳法可得一组 $g_{dj} \in R$ 使得 $h = \sum\limits_{d,j} g_{dj}f_{dj}$。由此可见 I 由所有 f_i 和 f_{dj} 生成。证毕。

一个环 R 上的任一多项式代数 $R[x_1, \cdots, x_n]$ 模任一理想的剩余类环 A 称作一个*有限生成的* R-代数, 此时称同态 $R \to A$ 为*有限型的*。由定理 1.1 立得如下结论。

推论 1.1. 若 R 是诺特环, 则任一有限生成的 R-代数也是诺特环。

设 R 为诺特环, M 为由一个元生成的 R-模, 则存在满同态 $f: R \to M$。令 $I = \ker(f)$, 则 $M \cong R/I$。注意 M 的一个 R-子模对应于 R/I 的一个理想, 所以 M 中没有无限长的子模升列 $N_1 \subsetneq N_2 \subsetneq \cdots$。更一般地, 若 M 为有限生成的 R-模, 则存在有限过滤 $0 = M_0 \subset M_1 \subset \cdots \subset M_n = M$ 使得每个因子 M_i/M_{i-1} 由一个元生成。对 M 的一个无限子模列 $N_1 \subset N_2 \subset \cdots$, 注意每个 $N_i \cap M_j/N_i \cap M_{j-1}$ 可以看作 M_i/M_{i-1} 的子模, 由于 M_i/M_{i-1} 中没有无限长的子模升列, 当 i 充分大时有 $N_i \cap M_j/N_i \cap M_{j-1} = N_{i+1} \cap M_j/N_{i+1} \cap M_{j-1}$ $(1 \leqslant i \leqslant n)$, 从而 $N_i = N_{i+1}$。这说明 M 的 R-子模满足升链条件 (ACC), 即 M 中不存在无限长的 R-子模升列。故我们称 M 为*诺特模*。反之, 由引理 1.1 的证法立见满足 ACC 的模都是有限生成的。显然诺特模的子模和商模都是诺特模。此外若 $0 \to M' \to M \to M'' \to 0$ 是 R-模正合列且 M' 和 M'' 是诺特模, 则 M 是诺特模。

2. 阿廷环

引理 2.1. (中山正引理) 设 R 为任一环, M 为有限生成的 R-模, $I \subsetneq R$ 为理想。若 $IM = M$, 则存在 $a \in I$ 使得 $(1 + a)M = 0$。

证. 设 $v_1, \cdots, v_n$ 为 M 的一组生成元, 则 $IM = M$ 意味着存在 $c_{ij} \in I$ $(1 \leqslant i, j \leqslant n)$ 使得 $v_i = \sum\limits_j c_{ij}v_j$ $(1 \leqslant i \leqslant n)$, 或 $AV = 0$, 这里

$$A=\begin{pmatrix}1-c_{11} & -c_{12} & \cdots & -c_{1n}\\ -c_{21} & 1-c_{22} & \cdots & -c_{2n}\\ \vdots & \vdots & & \vdots\\ -c_{n1} & -c_{n2} & \cdots & 1-c_{nn}\end{pmatrix},\quad V=\begin{pmatrix}v_1\\ v_2\\ \vdots\\ v_n\end{pmatrix}$$

由行列式理论 (参看例 I.1.3) 有 $\det(A)v_i=0$ $(1\leqslant i\leqslant n)$, 故 $\det(A)M=0$。易见 $\det(A)=1+a$, $a\in I$。证毕。

注 2.1. 一个特殊情形是 R 为局部环, 此时 $1+a$ 是单位 (因为它不在 R 的唯一极大理想中), 故 $IM=M$ 蕴涵 $M=0$。在一般情形, 令 $J(R)$ 为 R 的所有极大理想的交, 称为 R 的*贾柯勃逊根*。则上述讨论可推广到 $I\subset J(R)$ 的情形: 注意对任意 $a\in J(R)$, $1+a$ 是单位, 因为它不含于任何极大理想中。

推论 2.1. 设 M 为环 R 上的模; N,N' 为 M 的子模, 其中 N' 是有限生成的; I 为 R 的理想且 $I\subset J(R)$。若 $M=N+IN'$, 则 $M=N$。

证. 将引理 2.1 及注 2.1 的讨论用于 M/N 立得。证毕。

由 I.2, 任一环 R 上的模 M 可以看作是带有算子区 R 的一个阿贝尔加法群。故由若尔当-霍尔德定理 (参看附录 A), 若 M 中存在极大 (不可加密) 子模列 $0=M_0\subsetneq M_1\subsetneq\cdots\subsetneq M_n=M$, 则任一子模列都可加密成极大子模列, 每个极大子模列的长度都等于 n, 且极大子模列的因子 (即 $\{M_i/M_{i-1}|1\leqslant i\leqslant n\}$) 若不计次序与极大子模列的选择无关。我们称 n 为模 M 的*长度*, 记为 $l(M)$ (若 M 中不存在有限长的极大子模列, 则令 $l(M)=\infty$)。若 $0\to M'\to M\to M''\to 0$ 为 R-模正合列, 则有 $l(M)=l(M')+l(M'')$。若 R 本身作为 R-模具有有限长度 (也就是有不可加密的理想链), 我们就说 R 是*有限长的*。显然有限长的环既是诺特环也是阿廷环。此外, 我们注意每个极大子模列的因子 N 都是 R-单模 (即除 (0) 和本身外没有其他 R-子模), 故必由一个元生成, 亦即存在 R-模的满同态 $\rho: R\to N$; 于是 $I=\ker(\rho)$ 是 R 的理想 (注意 $N\cong R/I$), 又因 N 是单模 I 必为极大理想。

命题 2.1. 一个环 R 是阿廷环当且仅当它是有限长的。阿廷环必是诺特环且只有有限多个素理想, 这些素理想都是极大的。

证. 先证明第一个断言。充分性由上所述是显然的, 我们来证必要性。

设 R 为阿廷环, 则 R 只有有限多个极大理想, 因若有无限多个极大理想 $P_1,P_2,P_3,\cdots$, 则有无限长的理想列 $P_1\supsetneq P_1P_2\supsetneq P_1P_2P_3\supsetneq\cdots$, 与 DCC 矛盾。设 $P_1,P_2,P_3,\cdots,P_n$ 为 R 的所有极大理想。令 $I=P_1P_2\cdots P_n$。由 DCC 存在 $r>0$ 使得 $I^r=I^{r+1}$。令 $J=(0:I^r)$, 则 $(J:I)=((0:I^r):I)=(0:I^{r+1})=J$。我们来证明 $J=R$。若不然, 则由 DCC 可取理想 $J'\supsetneq J$ 使得 J' 和 J 之间没有其他理想, 于是对任意 $x\in J'-J$ 有 $J+(x)=J'$。由于 $I\subset J(R)$, 由推论 2.1 可知 $Ix+J\neq J'$, 故 $Ix+J=J$。这说明 $x\in(J:I)=J$, 矛盾。

由 $J=(0:I^r)=R$ 得 $I^r=0$, 故我们有理想列

$$R\supset P_1\supset P_1P_2\supset\cdots\supset I\supset IP_1\supset\cdots\supset I^2\supset\cdots\supset I^r=0 \tag{1}$$

其中的每个因子都可看作某个域 R/P_i 上的模, 即线性空间。每个这样的线性空间都是有限维的, 否则其中可以找到线性子空间的无穷降链, 从而得到 R 中理想的无穷降链, 与 DCC 矛盾。注意每个 R/P_i 都是 R-单模, 故可将 (1) 加密成 (有限长的) 极大的理想链。

因此 R 是诺特环。由 $I^r=0$ 可见 R 的任一素理想必包含某个 P_i, 从而等于 P_i。证毕。

习　题　III

III.1 证明任一 PID 是 UFD。

III.2* 设 k 为域。证明 $k[x_1,\cdots,x_n]$ 的任一极大理想由 n 个元生成。特别地, 若 k 是代数闭的, 则 $k[x_1,\cdots,x_n]$ 的任一极大理想可表为 $(x_1-a_1,\cdots,x_n-a_n)$, 其中 $a_1,\cdots,a_n\in k$。

III.3 证明任一阿廷环同构于若干个局部环的直积, 而阿廷整环为域。

III.4* 设环 R 的每个素理想都是有限生成的。证明 R 是诺特环。(提示: 先证明对任意理想 $I\subset R$ 及任意 $b\in R$, 若 (I,b) 和 $(I:b)$ 都是有限生成的, 则 I 亦然。然后用佐恩引理。)

III.5 设 k 为域, K 为 $k(x)$ 的代数闭包, 而 $R\subset K$ 为由所有 $x^{1/n}$ $(n>0)$ 生成的 k-子代数。证明 R 不是诺特环。

III.6 设 R 为局部环, 其极大理想为 P, 而 $k=R/P$。设 M 为有限生成 R-模使得 M/PM 作为 k-线性空间为 d 维的。证明 M 由 d 个元生成。

III.7 设 R 为所有在 $(0,\cdots,0)\in\mathbb{C}^n$ 的某个邻域有定义的解析函数组成的环。证明 R 是诺特环。

III.8 设 R 为有单位元的非交换环, $I\subset R$ 为双边理想而 M 为有限生成的 R-左模。设对任意 $a\in I$, $1+a$ 具有左逆 (即存在元 $b\in R$ 使得 $b(1+a)=1$)。证明: 若 $M=IM$, 则 $M=0$。

诺特环与整性

本章中讨论的环仍是有单位元的交换环。

1. 零点定理

引理 1.1. (诺特正规化引理) 设 R 为一个域 k 上的有限生成代数, 则存在 R 中的 k-子代数 R', 同构于 k 上的一个多项式代数, 且 R 在 R' 上是整的。

证. 设 $R = k[x_1, \cdots, x_n]$。若 $x_1, \cdots, x_n$ 之间没有代数关系, 则 R 本身同构于 k 上的 n 元多项式代数; 否则存在 k 上的非零多项式 $f(X_1, \cdots, X_n)$ 使得 $f(x_1, \cdots, x_n) = 0$。设 $d = \deg(f) + 1$。对于 f 的一个单项式 $\alpha = aX_1^{d_1} \cdots X_n^{d_n}$, 令 $l(\alpha) = dd_1 + d^2d_2 + \cdots + d^{n-1}d_{n-1} + d_n$, 则易见对 f 的不同的单项式 α, β 有 $l(\alpha) \neq l(\beta)$。令 $y_i = x_i - x_n^{d^i}$ $(1 \leqslant i \leqslant n-1)$, 则有

$$f(y_1 + x_n^d, y_2 + x_n^{d^2}, \cdots, y_{n-1} + x_n^{d^{n-1}}, x_n) = 0 \tag{1}$$

展开 (1) 式左边, 每个单项式 $\alpha = aX_1^{d_1} \cdots X_n^{d_n}$ 给出一个项 $ax_n^{l(\alpha)}$, 由上所述这些项不会相互抵消。若将 (1) 式左边按 x_n 的幂合并, 则 x_n 的最高次项的系数在 k 中。所以 x_n 在 $k[y_1, \cdots, y_{n-1}]$ 上是整的, 因而 R 在 $k[y_1, \cdots, y_{n-1}]$ 上是整的。由 (对 n 的) 归纳法在 $k[y_1, \cdots, y_{n-1}]$ 中存在 k-子代数 R', 同构于 k 上的一个多项式代数, 且 $k[y_1, \cdots, y_{n-1}]$ 在 R' 上是整的。于是 R 在 R' 上是整的。证毕。

注 1.1. 我们取 $y_i = x_i - x_n^{d^i}$ $(1 \leqslant i \leqslant n-1)$ 的目的是使 (1) 式左边 x_n 的最高次项的系数在 k 中。若 k 是无限域, 则可令 $y_i = x_i - c_i x_n$ $(c_i \in k,\ 1 \leqslant i \leqslant n-1)$, 不难验证对适当选取的 c_i $(1 \leqslant i \leqslant n-1)$, 在 $f(y_1 + c_1X_n, \cdots, y_{n-1} + c_{n-1}X_n, X_n)$ 作为 X_n 的多项式的展开式中首项系数在 k 中, 从而 x_n 在 $k[y_1, \cdots, y_{n-1}]$ 上是整的。这就给出引理 1.1 的另一个证明。若 R 是整环且 f 至少对一个变量是可分的 (不妨设对 X_n 可分), 则适当选取 c_i $(1 \leqslant i \leqslant n-1)$ 还可以使 x_n 在 $k(y_1, \cdots, y_{n-1}) \subset \text{q.f.}(R)$ 上是可分的。

在一般情形我们有下述较弱的结果: 若 R 是整环, 令 $K = \text{q.f.}(R)$, 取 k 的一个有限 (纯不可分或平凡) 扩域 k_1 并令 $K_1 = K(k_1)$。适当选取 k_1 及 $c_i \in k_1$

$(1 \leqslant i \leqslant n-1)$ 可以使 x_n 在 $R_2 = k_1[x_1 - c_1x_n, \cdots, x_{n-1} - c_{n-1}x_n] \subset K_1$ 上是整的并在 q.f.(R_2) 上是可分的。(在上面的讨论中, 若 f 对每一个变量都不可分, 则 f 是 $X_1^p, \cdots, X_n^p$ 的多项式, 其中 $p = \mathrm{ch}(k)$。取 k_1 包含 f 各项系数的 $\frac{1}{p}$ 次幂, 则存在 $g \in k_1[X_1, \cdots, X_n]$ 使得 $f = g^p$, 故可用 g 代替 f。重复这个过程最终可使得 f 对某个变量可分。) 故由归纳法, 对适当选取的有限扩域 $k_1 \supset k$, $R_1 = k_1[x_1, \cdots, x_n] \subset K_1$ 中存在在 k_1 上代数无关的元素 $y_1, \cdots, y_r$ 使得 R_1 在 $k_1[y_1, \cdots, y_r]$ 上是整的, 且 K_1 在 $k_1(y_1, \cdots, y_r)$ 上是可分的。

推论 1.1. (*弱零点定理*) 设 R 为一个域 k 上的有限生成代数。若 R 是域, 则 R 是 k 的有限扩张。

证. 由引理 1.1, 存在 R 中的 k-子代数 R', 同构于 k 上的一个多项式代数, 且 R 在 R' 上是整的。我们只需要证明 $R' = k$ 即可。若不然, 设 $R' = k[x_1, \cdots, x_n]$ $(n \geqslant 1)$, 则 $x_1^{-1} \in R - R'$ 在 R' 上是整的, 这与 R' 的整闭性矛盾。证毕。

一个环 R 的所有素理想的交记作 $N(R)$。显然 R 的所有幂零元都在 $N(R)$ 中。事实上 $N(R)$ 中的元都是幂零元, 这是因为若 $a \in N(R)$ 不是幂零的, 则 $S = \{1, a, a^2, \cdots\}$ 是乘性子集; 取 $S^{-1}R$ 的一个素理想 P 并令 P' 为 P 在典范同态 $R \to S^{-1}R$ 下的原象, 则 P' 为 R 的素理想且 $a \notin P'$, 矛盾。我们称 $N(R)$ 为 R 的*幂零根*。

定理 1.1. (*希尔伯特零点定理*) 若 R 是一个域 k 上的有限生成代数, 则 $J(R) = N(R)$。

证. 用反证法。设 $a \in J(R) - N(R)$, 则 $S = \{1, a, a^2, \cdots\}$ 是乘性子集。取 $S^{-1}R$ 的一个极大理想 P 并令 P' 为 P 在典范同态 $R \to S^{-1}R$ 下的原象, 则 $S^{-1}R/P$ 是有限生成的 k-代数且是域, 故由推论 1.1 知它是 k 的有限扩张。由于 R/P' 是 $S^{-1}R/P$ 的 k-子代数, 它也是域 (对任意非零元 $\alpha \in R/P'$, 令 $x^n + a_1x^{n-1} + \cdots + a_n$ 为 α 在 k 上的定义多项式, 则有 $\alpha^{-1} = -a_n^{-1}(\alpha^{n-1} + a_1\alpha^{n-2} + \cdots + a_{n-1}) \in R/P'$)。故 P' 是 R 的极大理想。但 $a \notin P'$, 与 $a \in J(R) \subset P'$ 矛盾。证毕。

注 1.2. 希尔伯特零点定理原是这样叙述的: 设 $f_1, \cdots, f_m, f$ 为代数闭域 k 上的 n 元多项式。若对 $f_1, \cdots, f_m$ 的任一公共零点 $(a_1, \cdots, a_n)$ 都有 $f(a_1, \cdots, a_n) = 0$, 则存在 $r > 0$ 及 n 元多项式 $g_1, \cdots, g_m$ 使得 $f^r = g_1f_1 + \cdots + g_mf_m$。我们后面 (例 VIII.1.1) 将看到这种表述与定理 1.1 的一致性。

2. 整闭包的有限性

定理 2.1. 设 R 是诺特整环, $K = \mathrm{q.f.}(R)$, $L \supset K$ 是有限域扩张, A 是 R 在 L 中的整闭包。假设 R 整闭且 $L \supset K$ 是可分扩张, 或 R 是一个域上的有限生成代

数, 则 A 作为一个 R-模是有限生成的。

证. 我们先考虑 R 整闭且扩张 $L \supset K$ 是可分的情形。由域论我们知道迹映射 $\mathrm{tr}: L \to K$ 非零, 即存在 $\alpha \in L$ 使 $\mathrm{tr}(\alpha) \neq 0$。对任意 $a, b \in L$, 定义 $\langle a, b \rangle = \mathrm{tr}(ab)$。易见映射 $\langle , \rangle : L \times L \to K$ 是 K-双线性的, 而且是非退化的, 因为对任意非零元 $a \in L$ 有 $\left\langle a, \dfrac{\alpha}{a} \right\rangle \neq 0$。取 $a_1, \cdots, a_n \in A$ $(n = [L : K])$ 使得它们组成 L 的一组 K-基。这样就有 $b_1, \cdots, b_n \in L$ 使得 $\langle a_i, b_j \rangle = \delta_{ij}$ $(1 \leqslant i, j \leqslant n)$。令 M 为 $b_1, \cdots, b_n$ 在 L 中生成的 R-子模。对任意 $\beta \in A$ 及 i $(1 \leqslant i \leqslant n)$, 由引理 II.2.1.ii) 可知 $c_i = \langle a_i, \beta \rangle = \mathrm{tr}(a_i \beta) \in R$, 故 $\beta = c_1 b_1 + \cdots + c_n b_n \in M$。这说明 $A \subset M$。注意 R 是诺特环而 A 是有限生成的 R-模 M 的 R-子模, 故为有限生成的。

下面我们考虑 R 为一个域 k 上的有限生成代数的情形。取 A 的一个有限生成的 R-子代数 A' 使得 $\mathrm{q.f.}(A') = L$, 则 A 为 A' (在 L 中的) 整闭包。用 A' 代替 R, 我们就把问题简化为 $K = L$ 的情形。

以下设 $K = L$。由引理 1.1 和注 1.1, 存在 k 的有限 (纯不可分或平凡) 扩域 k_1 使得 $R_1 = k_1 R \subset K_1 = K(k_1)$ 中包含一个 k_1-多项式代数 R', R_1 在 R' 上是整的, 而且 K_1 在 $K' = \mathrm{q.f.}(R')$ 上是可分的。令 A_1 为 R_1 在 K_1 中的整闭包, 则由上述 (R 整闭且 $L \supset K$ 可分的) 情形, A_1 是有限生成的 R'-模, 故为有限生成的 R_1-模。再注意 R_1 是有限生成的 R-模, 故 A_1 也是有限生成的 R-模。最后, A 是 A_1 的 R-子模, 所以也是有限生成的。证毕。

3. 戴德金环

在讨论下面的问题时我们要用到如下定理。

定理 3.1. (中国剩余定理)　设 $I_1, \cdots, I_n$ 为环 R 的理想, 其中任两个理想的和等于 R, 则

i) 存在 $a_i \in I_1 I_2 \cdots I_{i-1} I_{i+1} \cdots I_n$ $(1 \leqslant i \leqslant n)$ 使得 $a_1 + a_2 + \cdots + a_n = 1$;

ii) $I_1 I_2 \cdots I_n = I_1 \cap I_2 \cap \cdots \cap I_n$;

iii) 典范同态 $f : R/I_1 \cap I_2 \cap \cdots \cap I_n \to R/I_1 \times \cdots \times R/I_n$ 是同构。

证.　i) 我们对 n 用归纳法, 当 $n = 1$ 时无须证明, 以下设 $n > 1$。

由归纳法存在 $a'_i \in I_1 I_2 \cdots I_{i-1} I_{i+1} \cdots I_{n-1}$ $(1 \leqslant i \leqslant n-1)$ 使得 $a'_1 + \cdots + a'_{n-1} = 1$。由于 $I_i + I_n = R$ $(1 \leqslant i \leqslant n-1)$, 我们可取 $b_i \in I_i, c_i \in I_n$ 使得 $b_i + c_i = 1$ $(1 \leqslant i \leqslant n-1)$。于是 $1 = \prod_{i=1}^{n-1} (b_i + c_i) = b_1 b_2 \cdots b_{n-1} + c$, 其中 $c \in I_n$。令 $a_i = a'_i c$ $(1 \leqslant i \leqslant n-1)$, $a_n = 1 - c$, 不难验证 i) 的要求满足。

ii) 若 $a \in I_1 \cap I_2 \cap \cdots \cap I_n$, 则对每个 i $(1 \leqslant i \leqslant n)$, $a a_i \in I_1 I_2 \cdots I_n$, 故

$a = aa_1 + \cdots + aa_n \in I_1 I_2 \cdots I_n$。

iii) 显然 f 是单射, 我们来证明 f 是满射。我们需要证明对任意 n 个元 $b_1, \cdots, b_n \in R$, 存在 $b \in R$ 使得 $b - b_i \in I_i$ $(1 \leqslant i \leqslant n)$。不难验证取 $b = b_1 a_1 + \cdots + b_n a_n$ 即可。证毕。

定义 3.1. 一个不是域的整闭整环 R 称作*戴德金环*, 如果对每个非零元 $a \in R$, $R/(a)$ 是阿廷环。

由定义易见戴德金环是诺特环, 而且戴德金环的局部化仍是戴德金环 (参看习题 II.2.ii) 和例 III.1.1)。

例 3.1. PID 都是戴德金环。但反之不然, 例如 $\mathbb{Z}[\sqrt{-5}]$ 是戴德金环, 但它的理想 $(2, 1+\sqrt{-5})$ 不是主理想。

例 3.2. 设域 k 上的有限生成代数 R 是戴德金环, K 是 q.f.(R) 的有限扩域, 则由定理 2.1, R 在 K 中的整闭包是戴德金环。

例 3.3. 设 R 为离散赋值环 (见 II.4), v 为其赋值, m 为 R 的唯一极大理想。对任一非零理想 $I \subset R$, 令 $a \in I$ 为 I 中具有最小赋值的非零元, 则对任意 $b \in m - \{0\}$ 有 $v(b) \geqslant v(a)$, 从而 $v(b/a) \geqslant 0$, $b/a \in R$。由此可见 $I = (a)$。由定义可知存在 $t \in m$ 使得 $v(t) = 1$, 故 $m = (t)$。若 $n = v(a)$ 则 $v(a/t^n) = 0$, 从而 a/t^n 是单位且 $(a) = (t^n) = m^n$。特别地离散赋值环是局部 PID, 从而为戴德金环。

反之, 我们有如下结论。

引理 3.1. 任一戴德金局部环是离散赋值环。

证. 设 R 为戴德金局部环, P 为 R 的唯一极大理想, $K = $ q.f.(R)。设 $a \neq 0 \in P$, 则由定义存在 n 使得 $P^n \subset (a)$ (因为阿廷环的贾柯勃逊根是幂零的)。由此可见 P 是 R 中的唯一非零素理想。

取 $a \neq 0 \in P^2$, 由推论 III.2.1 $P \neq P^2$, 故存在 n 使得 $P^n \not\subset (a)$ 而 $P^{n+1} \subset (a)$。取 $b \in P^n - (a)$, 则 $s = \dfrac{b}{a} \in K - R$ 而 $sP \subset R$。不难验证 sP 是 R 的理想。事实上 $sP = R$, 因若不然 $sP \subset P$, 由引理 II.1.1 知 s 在 R 上是整的, 再由 R 的整闭性 $s \in R$, 矛盾。于是 $t = s^{-1} \in R$ 且 $P = (t)$。

由定义 $\bigcap_n P^n = (0)$, 因若有非零元 $a \in \bigcap_n P^n$, 则 $R/(a)$ 不是阿廷环。故对任意非零元 $b \in R$, 存在 $n \geqslant 0$ 使得 $b \in P^n - P^{n+1}$。于是 $c = \dfrac{b}{t^n} \in R - P$, 即 c 为单位。由此及例 3.3 可见 R 是离散赋值环。证毕。

定理 3.2. 一个戴德金环中的任一非零理想可以分解成极大理想的积, 并且这种分解若不计次序是唯一的。

证. 设 R 为戴德金环。首先我们证明下述事实: 若非零理想 $Q \subset R$ 只含于一个极大理想 P 中, 则有 $d > 0$ 使得 $Q = P^d$。由定义 R/Q 是阿廷环, 且只有一个极大理想, 故投射 $R \to R/Q$ 将 $R-P$ 的元映到 R/Q 的单位, 这样就有诱导同态 $\phi: R_P \to R/Q$。显然 $\ker(\phi) = QR_P$, 故 $QR_P \cap R = Q$。由引理 3.1, 存在 $d>0$ 使得 $QR_P = P^dR_P$。注意上述讨论当 $Q=P^d$ 时也成立, 即有 $P^dR_P \cap R = P^d$。所以 $Q=P^d$。

设 I 为 R 中的非零理想, 则 $R' = R/I$ 为阿廷环, 故只有有限多个素理想 $P'_1, \cdots, P'_n$, 它们全是极大理想, 且对足够大的 m 有 $P'^m_1 \cdots P'^m_n = (0)$。故由定理 3.1.iii) 有 $R' \cong R'/P'^m_1 \times \cdots \times R'/P'^m_n$。令 P_i 为 P'_i 在 R 中的原象, Q_i 为 P'^m_i 在 R 中的原象 $(1 \leqslant i \leqslant n)$, 则 $P_1, \cdots, P_n$ 恰为 R 的所有包含 I 的极大理想, 且 $R/I \cong R/Q_1 \times \cdots \times R/Q_n$。注意对每个 i, $R/Q_i \cong R'/P'^m_i$ 只有一个极大理想, 因而 Q_i 只含于一个极大理想 P_i 中。故由上所述存在 $d_i > 0$ 使得 $Q_i = P_i^{d_i}$。再由定理 3.1.ii) 得 $I = Q_1 \cap \cdots \cap Q_n = Q_1 \cdots Q_n = P_1^{d_1} \cdots P_n^{d_n}$。显然这种分解是唯一的, 因为 $P_1, \cdots, P_n$ 是 R 中所有包含 I 的极大理想, 而 d_i 满足 $P_i^{d_i} R_{P_i} = IR_{P_i}$ $(1 \leqslant i \leqslant n)$。证毕。

习　题　IV

IV.1 利用习题 I.8 证明: 对任意素数 $p \equiv 1 \pmod 4$, 存在 $a, b \in \mathbb{Z}$ 使得 $a^2+b^2=p$。(提示: 首先可取一个 $c \in \mathbb{Z}$ 使得 $p|c^2+1$, 然后应用习题 I.8.ii) 于理想 $(c+\sqrt{-1}, p)$。)

IV.2 证明戴德金环中的任一理想由两个元生成 (事实上, 对任一非零理想 I 及任一非零元 $a \in I$, 存在 $b \in I$ 使得 $I = (a, b)$)。

IV.3* 设 R 为戴德金环。R 的一个*分式理想*是指 $K = \mathrm{q.f.}(R)$ 的一个有限生成的非零 R-子模。例如, 对任意非零理想 $I \subset R$ 令 $I^{-1} = \{a \in K | aI \subset R\}$, 则 I^{-1} 为分式理想。(作为 R-模 $I^{-1} \cong Hom_R(I, R)$。) 证明所有分式理想组成一个乘法群 (称为 R 的*除子群*, 记为 $\mathrm{Div}(R)$), 且任一分式理想可以分解为乘积 $P_1^{i_1} \cdot P_n^{i_n}$, 其中 $P_1, \cdots, P_n \subset R$ 为极大理想而 $i_1, \cdots, i_n \in \mathbb{Z}$。

IV.4 设 R 为 K 中的赋值环, 对应于赋值 $v: K - \{0\} \to G$。证明 R 是 DVR $\Leftrightarrow G \cong \mathbb{Z} \Leftrightarrow$ R 是诺特环。故习题 II.10.i) 和 ii) 中的赋值环不是诺特环。

IV.5 设 R 为环而 $P_1, \cdots, P_n \in \mathrm{Spec}(R)$ 使得 $P_i \not\subset P_j$ $(\forall i \neq j)$。证明对任意理想 $I \subset R$, 若 $I \not\subset P_i$ $(\forall i)$, 则 $I \not\subset P_1 \cup \cdots \cup P_n$。

IV.6 环 R 中的一个元 a 称作*幂等的*, 如果 $a^2 = a$。证明对任意理想 $I \subset N(R)$, 投射 $R \to R/I$ 诱导从 R 的幂等元集到 R/I 的幂等元集的一一对应。

IV.7* 设 A 为域 k 上的有限生成代数且为整环, $L = \mathrm{q.f.}(A)$, $K \supset k$ 为 L 的子域且 $K \subset L$ 为伽罗瓦扩张, $R = A \cap K$。假设对任意 $\sigma \in \mathrm{Gal}(L/K)$ 有 $\sigma(A) = A$。证明 R 也是有限生成的 k-代数。(提示: 用定理 2.1 的证明中的方法。)

IV.8 设 A 为域 k 上的有限生成代数且为戴德金环, $L = \mathrm{q.f.}(A)$, $K \supset k$ 为 L 的子域且 $K \subset L$ 为伽罗瓦扩张, $R = A \cap K$。证明 R 也是戴德金环。(提示: 参看习题 IV.7 和习题 II.3.ii)。)

IV.9 利用四元数可以证明"四平方和定理", 即任意正整数可以表为 4 个整数的平方和。试按下列步骤给出完整证明:

i) 设 Q 为四元数环 (参看例 I.1.2.iii) 及习题 I.2), $R = \mathbb{Z}\left[i, j, k, \frac{1+i+j+k}{2}\right] \subset Q$。证明 R 的任意左理想都是由一个元生成, 且生成元可以取在 $\mathbb{Z}[i, j, k]$ 中。(提示: 仿照例 II.2.1 的方法。)

ii) 证明对任意素数 p, 在 $\mathbb{F}_p$ 中方程 $x^2 + y^2 + 1 = 0$ 有解。

iii) 证明对任意素数 p, 存在 $\alpha \in \mathbb{Z}[i, j, k]$ 使得 $|\alpha|^2 = p$。(提示: 仿照习题 IV.1 的方法。)

iv) 证明对任意正整数 n, 存在 $\alpha \in \mathbb{Z}[i, j, k]$ 使得 $|\alpha|^2 = n$, 故 n 可以表为 4 个整数的平方和。

IV.10* 设 R 为有限生成的 $\mathbb{Z}$-代数, $P \subset R$ 为极大理想。证明 R/P 是有限域。

IV.11 设 $R = \mathbb{Z}[x_1, \cdots, x_n]$, $P \subset R$ 为极大理想。证明:

i) R/P 是有限域。

ii) P 由 $n+1$ 个元生成。

iii) 设 A 为有限生成的 R-代数, 则 $\mathrm{Spec}A \to \mathrm{Spec}R$ 将极大理想映到极大理想。

IV.12* 设 k 为特征 $p > 0$ 的完全域, 不可约多项式 $f \in k[x_1, \cdots, x_n]$ 对 $x_1, \cdots, x_{n-1}$ 都是不可分的。令 $R = k[x_1, \cdots, x_n]/(f)$。证明 $\bar{x}_n \in R$ 在 $K = \mathrm{q.f.}(R)$ 中有 p 次方根。

IV.13* 设 R 为 (任意) 有单位元的交换环, M 为有限长的 R-模 (称为"阿廷模")。证明:

i) M 是有限生成的 R-模且 $R/\mathrm{Ann}_R(M)$ 为阿廷环 (故 M 可以看作阿廷环上的有限生成模)。

ii) 存在有限多个极大理想 $P_i \subset R$ 及理想 $Q_i \subset P_i$ $(1 \leqslant i \leqslant n)$, 使得每个 R/Q_i 是阿廷局部环 (极大理想为 P_i/Q_i), 而

$$M \cong M/Q_1M \times \cdots \times M/Q_nM$$

(注意 M/Q_iM 的每个合成因子都同构于 R/P_i)。

iii) 若 R 为戴德金环, 则可进一步将 M 分解为形如 R/P^r (P 为极大理想) 的模的直和。

准素分解

本章专讨论诺特环与模。

1. 伴随素理想

设 M 为诺特环 R 上的模。对任一元 $x \in M$, 记 $\mathrm{Ann}_R(x) = \{a \in R | ax = 0\}$, 称为 x 在 R 中的零化子。易见 $\mathrm{Ann}_R(x)$ 是一个理想。注意此时 x 生成的 M 的 R-子模 $Rx \cong R/\mathrm{Ann}_R(x)$。记 $\mathrm{Ann}_R(M) = \{a \in R | ax = 0, \forall x \in M\}$, 它也是一个理想。设 $P \subset R$ 为素理想, 若存在 $x \in M$ 使得 $\mathrm{Ann}_R(x) = P$, 则称 P 是 M 的一个伴随素理想。记 $\mathrm{Ass}_R(M)$ 为 M 的所有伴随素理想的集合。

设 $x \in M$ 为非零元。若 $I = \mathrm{Ann}_R(x)$ 不是素理想, 则存在 $a, b \in R - I$ 使得 $ab \in I$。这样 $x' = ax \neq 0$, 而 $I' = \mathrm{Ann}_R(x') \supset (I, b) \supsetneq I$。若 I' 仍不是素理想, 重复上述过程又可得到一个更大的零化子, 等等。由 ACC, 经过有限多步以后我们将得到一个零化子是素理想。这样我们就得到如下结论。

引理 1.1. 对任一非零元 $x \in M$, 存在 $a \in R$ 使得 $\mathrm{Ann}_R(ax)$ 为素理想。特别地, 若 $M \neq (0)$, 则 $\mathrm{Ass}_R(M) \neq \varnothing$。

对 R 的非零元 a, 若存在 M 的非零元 x 使得 $ax = 0$, 则称 a 为 M 的零因子。由引理 1.1 立得如下结论。

推论 1.1. M 的零因子的集合等于 $\bigcup\limits_{P \in \mathrm{Ass}_R(M)} P - \{0\}$。

显然若 M' 是 M 的子模，我们有 $\mathrm{Ass}_R(M') \subset \mathrm{Ass}_R(M)$。

命题 1.1. 设 R, A 为诺特环, $\phi: R \to A$ 为同态, M, M', M'' 为 R-模。

i) 若 S 为 R 的乘性子集且 $\phi: R \to A = S^{-1}R$ 为典范同态, 则 $\mathrm{Ass}_R(S^{-1}M) = \hat{\phi}(\mathrm{Ass}_A(S^{-1}M)) = \mathrm{Ass}_R(M) \cap \{P | \ P \cap S = \varnothing\}$。

ii) 若 $0 \to M' \to M \to M'' \to 0$ 为正合列, 则 $\mathrm{Ass}_R(M) \subset \mathrm{Ass}_R(M') \cup \mathrm{Ass}_R(M'')$。

iii) 若 M 是有限生成的, 则 $\mathrm{Ass}_R(M)$ 是有限的。

iv) 若 M 是有限生成的而 P 是包含 $\mathrm{Ann}_R(M)$ 的素理想中的极小元, 则 $P \in \mathrm{Ass}_R(M)$。

v) 若 M 为有限生成的 A-模, 则 $\mathrm{Ass}_R(M) = \hat{\phi}(\mathrm{Ass}_A(M))$。

证. i) 显然 $\mathrm{Ass}_R(M) \cap \{P | P \cap S = \varnothing\} \subset \hat{\phi}(\mathrm{Ass}_A(S^{-1}M)) \subset \mathrm{Ass}_R(S^{-1}M)$。设 $x \in S^{-1}M$ 使得 $\mathrm{Ann}_R(x) = P \in \mathrm{Ass}_R(S^{-1}M)$, 则 $P \cap S = \varnothing$ (否则 $x = 0$)。设 $x = s^{-1}m$ $(m \in M, s \in S)$, 则 $\mathrm{Ann}_R(m) \subset P$。若 $\mathrm{Ann}_R(m) \neq P$, 取 $b \in P - \mathrm{Ann}_R(m)$, 则存在 $s' \in S$ 使得 $s'bm = 0$。由于 $s' \notin P$, 我们有 $\mathrm{Ann}_R(m) \subsetneq \mathrm{Ann}_R(s'm) \subset P$。用 $s'm$ 代替 m 再重复上面的讨论。由 R 中的 ACC, 经过有限多步后就有 $\mathrm{Ann}_R(m) = P$。故 $\mathrm{Ass}_R(S^{-1}M) \subset \mathrm{Ass}_R(M) \cap \{P | P \cap S = \varnothing\}$。

ii) 设 $P \in \mathrm{Ass}_R(M)$。取 $m \in M$ 使得 $\mathrm{Ann}_R(m) = P$, 则 $Rm \cong R/P \hookrightarrow M$。若 $Rm \cap M' \neq (0)$, 取 $m' \in Rm \cap (M' - (0))$, 则 $\mathrm{Ann}_R(m') = P$, 故 $P \in \mathrm{Ass}_R(M')$。反之我们有 $Rm \hookrightarrow M''$, 故 $P \in \mathrm{Ass}_R(M'')$。

iii) 由 ACC 我们可取一串子模 $(0) = M_0 \subsetneq M_1 \subsetneq \cdots \subsetneq M_n = M$ 使得 $M_i/M_{i-1} \cong R/P_i$ $(P_i \in \mathrm{Spec}(R), 1 \leqslant i \leqslant n)$。由 ii) 及归纳法得

$$\mathrm{Ass}_R(M) \subset \bigcup_{i=1}^{n} \mathrm{Ass}_R(M_i/M_{i-1}) = \{P_1, \cdots, P_n\}。$$

iv) 因 $P \supset \mathrm{Ann}_R(M)$ 我们有 $M_P \neq (0)$ (否则由于 M 是有限生成的, 可取 $a \in R - P$ 使得 $aM = 0$), 故由引理 1.1 有 $\mathrm{Ass}_R(M_P) \neq \varnothing$。若 $P' \in \mathrm{Ass}_R(M_P)$, 则显然 $P' \supset \mathrm{Ann}_R(M)$, 而由 i) (取 $S = R - P$) 有 $P' \in \mathrm{Ass}_R(M)$ 且 $P' \subset P$, 故由 P 的极小性有 $P' = P$。

v) 显然 $\mathrm{Ass}_R(M) \supset \hat{\phi}(\mathrm{Ass}_A(M))$。设 $m \in M$ 使得 $\mathrm{Ann}_R(m) = p \in \mathrm{Ass}_R(M)$, 则 $I = \mathrm{Ann}_A(Am) \supset pA$。由 iii) 及 iv), A 中包含 I 的素理想中只有有限多个极小元, 设为 $P_1, \cdots, P_n$; 而且 $P_1, \cdots, P_n \in \mathrm{Ass}_A(Am) \subset \mathrm{Ass}_A(M)$。故 $(P_1 \cap \cdots \cap P_n)/I = N(A/I)$。我们来证明至少有一个 i 使得 $\phi^{-1}(P_i) = p$。若不然, 取 $a_i \in \phi^{-1}(P_i) - p$ $(1 \leqslant i \leqslant n)$, 则存在 $r > 0$ 使得 $\phi(a_1 \cdots a_n)^r \in I$, 故 $(a_1 \cdots a_n)^r \in \phi^{-1}(I) = \mathrm{Ann}_R(m) = p$, 矛盾。证毕。

例 1.1. 由推论 1.1 和命题 1.1.iv), $\mathrm{Ass}_R(R) = \{P\}$ 当且仅当 P 为 R 的极小素理想且 R 的零因子都在 P 中, 换言之, 若 $ab = 0$ 且 $a \neq 0$ 则 $b \in P$。此时 $P = N(R)$, 因为 P 是 R 的唯一极小素理想。

2. 模的准素分解

定义 2.1. 设 M 为 R-模而 $Q \subset M$ 为子模。若 $\mathrm{Ass}_R(M/Q) = \{P\}$, 则称 Q 为 *P-准素子模* (若 $M = R$, 则称 Q 为 *P-准素理想*)。一个子模 $N \subset M$ 的*准素分解*是一个等式 $N = Q_1 \cap \cdots \cap Q_n$, 其中 $Q_1, \cdots, Q_n$ 为 M 的准素子模; 若 $\mathrm{Ass}_R(M/Q_i)$ 互不相同且 $Q_i \not\supset \bigcap_{j \neq i} Q_j$ $(1 \leqslant i \leqslant n)$, 则称该准素分解为*无赘的*。

任一准素分解 $N = Q_1 \cap \cdots \cap Q_n$ 都可以简化为无赘的分解: 首先去掉多余的 Q_i $\left(即 Q_i \supset \bigcap_{j \neq i} Q_j\right)$; 其次注意若 Q_i, Q_j $(i \neq j)$ 都是 P-准素的, 则 $Q_i \cap Q_j$ 也是 P-准素的, 这是因为存在单射 $M/Q_i \cap Q_j \hookrightarrow M/Q_i \oplus M/Q_j$ 且由命题 1.1.ii) 有 $\mathrm{Ass}_R(M/Q_i \oplus M/Q_j) = \{P\}$。

定理 2.1. 若 M 是有限生成的 R-模, 则任一子模 $N \subsetneq M$ 都有无赘准素分解。若 $\mathrm{Ass}_R(M/N) = \{P_1, \cdots, P_n\}$, 则 N 的任一无赘准素分解形如 $N = Q_1 \cap \cdots \cap Q_n$, 其中 (若对诸 Q_i 适当排序) Q_i 为 P_i-准素的 $(1 \leqslant i \leqslant n)$。此外, 若 P_i 是 $\mathrm{Ass}_R(M/N)$ 中的极小元, 则 Q_i 由 N 唯一决定。

证. 用 M/N 取代 M, 即可设 $N = 0$。设 $\mathrm{Ass}_R(M) = \{P_1, \cdots, P_n\}$。对任一 P_i, 令 $\mathfrak{Q}_i = \{Q \subset M | P_i \notin \mathrm{Ass}_R(Q)\}$, 则 $\mathfrak{Q}_i \neq \varnothing$, 故由 ACC $\mathfrak{Q}_i$ 有极大元, 取其中一个记为 Q_i。由于 $P_i \in \mathrm{Ass}_R(M) - \mathrm{Ass}_R(Q_i)$, 由命题 1.1.ii) 可知 $P_i \in \mathrm{Ass}_R(M/Q_i)$。另一方面, 若素理想 $P \neq P_i$, 则 $P \notin \mathrm{Ass}_R(M/Q_i)$, 因否则存在 $m \in M/Q_i$ 使得 $\mathrm{Ann}_R(m) = P$, 于是由命题 1.1.ii) 可知 Rm 在 M 中的原象 $Q \in \mathfrak{Q}_i$, 但 $Q \supsetneq Q_i$, 与 Q_i 的极大性矛盾。由此得 $\mathrm{Ass}_R(M/Q_i) = \{P_i\}$, 即 Q_i 是 P_i-准素的。显然有 $\bigcap_i Q_i = 0$, 因为它没有伴随素理想 (见引理 1.1)!

设 $0 = \bigcap_{i=1}^{r} Q'_i$ 为另一准素分解, 其中 Q'_i 为 P'_i-准素, 则有单射 $f : M \hookrightarrow \bigoplus_{i=1}^{r} M/Q'_i$, 故由命题 1.1.ii) 有 $\mathrm{Ass}_R(M) \subset \{P'_1, \cdots, P'_r\}$。由此也看出前述准素分解 $0 = \bigcap_i Q_i$ 是无赘的。若某个 $P'_i \notin \mathrm{Ass}_R(M)$, 则有 $f(M) \cap (M/Q'_i) = 0$ (因为它没有伴随素理想), 故有 $M \hookrightarrow \bigoplus_{j \neq i} M/Q'_j$, 因而 $\bigcap_{j \neq i} Q'_j = 0$, 即 Q'_i 在准素分解中是可以去掉的。

最后, 若 P_i 是 $\mathrm{Ass}_R(M)$ 中的极小元, 则对任一 $j \neq i$, 由命题 1.1.i) 有 $\mathrm{Ass}_R((M/Q_j)_{P_i}) = \varnothing$, 从而 $(M/Q_j)_{P_i} = 0$。故有 $M_{P_i} \cong (M/Q_i)_{P_i}$。由于 M/Q_i 的零因子都在 P_i 中, 有 $M/Q_i \hookrightarrow (M/Q_i)_{P_i}$, 故 $Q_i = \ker(M \to M_{P_i})$。证毕。

例 2.1. 若 $M = R$, 则由例 1.1 可知一个理想 Q 是 P-准素的当且仅当存在 $r > 0$ 使得 $P^r \subset Q$ 且对任意 $a \in R - P, b \in R - Q$ 有 $ab \notin Q$。而命题 1.1.iv) 说明 R 的极小素理想都是伴随素理想; 命题 1.1.iii) 则说明 $\mathrm{Ass}_R(R)$ 是有限集, 因而 R 只有有限多个极小素理想。定理 2.1 说明 R 的任一理想等于有限多个准素理想的交。

例 2.2. 定理 2.1 是定理 IV.3.2 的推广: 若 R 为戴德金环而 I 为 R 的非零理想, 则由命题 1.1.iv), $\mathrm{Ass}_R(R/I)$ 恰由所有包含 I 的极大理想组成, 故一个非零理想 Q 为 P-准素的当且仅当 P 为包含 Q 的唯一极大理想, 此时 Q 必为 P 的幂 (见定理 IV.3.2 的证明); 而由定理 IV.3.1, 在无赘准素分解中的准素理想的交等于它们的积。

例 2.3. 设 $A = k[x, y]$ 为域 k 上的多项式代数, $R = A/(x^2, xy) = k[\bar{x}, \bar{y}]$ (其中 $\bar{x}$, $\bar{y}$ 分别为 x, y 在 R 中的象), 则 $\mathrm{Ass}_A(R) = \{P_1, P_2\}$, 其中 $P_1 = (x)$, $P_2 = (x, y)$。易见 R 的零理想有两个准素分解 $0 = (\bar{x}) \cap (\bar{x}^2, \bar{x}\bar{y}, \bar{y}^2)$ 和 $0 = (\bar{x}) \cap (\bar{x}^2, \bar{x}\bar{y}, \bar{y}^3)$。由此可见一个 R-模 M 的伴随素理想可以不是包含 $\mathrm{Ann}_R(M)$ 的极小素理想, 这种伴随素理想称作*嵌入的素理想*; 而在准素分解中相应于嵌入素理想的准素子模的取法一般不是唯一的。

推论 2.1. 若 M 是有限生成的 R-模, 则存在 M 的过滤 $0 = M_0 \subset M_1 \subset \cdots \subset M_n = M$ 使得 $M_i/M_{i-1} \cong I_i/P_i$ $(1 \leqslant i \leqslant n)$, 其中 $P_i \in \mathrm{Ass}_R(M)$ 而 $I_i \subset R$ 为包含 P_i 的理想。

证. 令 $I = \mathrm{Ann}_R(M)$, $R' = R/I$, 则 M 可以看作 R'-模。设 $P \subset R$ 为包含 I 的极小素理想, 则 R'_P 为阿廷环 (参看习题 V.4), 故 $l_{R_P}(M_P) = l_{R'_P}(M_P) < \infty$, 且存在 R-满同态 $M_P \to K = R'_P/PR'_P$, 这给出非平凡同态 $f : M \to K$。令 $M' = \ker(f)$, 则 $l_R(M'_P) < l_R(M_P)$。由于 $f(M)$ 是有限生成的 R-模, 存在 $t \in K$ 使得 $f(M) \subset Rt$。我们有 R-模同构 $Rt \cong R/P$, 而 $f(M)$ 在此同构之下对应于 R/P 的一个理想 I'。令 I' 在 R 中的原象为 I, 则有正合列

$$0 \to M' \to M \to I/P \to 0$$

若 $M'_P \neq 0$, 用 M' 代替 M 再重复上述过程, 由对 $l_R(M_P)$ 的归纳法, 经过有限步后所得到的 M' 将满足 $M'_P = 0$, 从而 $P \notin \mathrm{Ass}_R(M')$。再对 $\mathrm{Ass}_R(M)$ 的元素个数用归纳法, 即可构造出所需要的过滤。证毕。

习 题 V

V.1 设 k 为域, $R = k[x, y, z]/(z^2 - xy)$, $P = (x, z) \in \mathrm{Spec}(R)$。证明 P^2 不是准素的。

V.2 设 R 为诺特环, M 为有限生成的 R-模。设 $(0) = Q_1 \cap \cdots \cap Q_n$ 为 $(0) \subset M$ 的准素分解, 其中 Q_i 为 P_i-准素的 $(1 \leqslant i \leqslant n)$。证明:

i) 若 $n = 1$, 则 $\mathrm{Ann}_R(M)$ 是准素的。

ii) 对任意 $P \in \mathrm{Spec}(R)$, $(0) \subset M_P$ 具有准素分解 $\bigcap\limits_{P_i \subset P} (Q_i)_P$。

V.3 设 R 为诺特环, $P \in \mathrm{Spec}(R)$ 而 $\phi : R \to R_P$ 为典范同态。

i) 证明 ϕ 诱导一一对应

$$\{R_P \text{ 中的 } PR_P\text{-准素理想 }\} \leftrightarrow \{R \text{ 中的 } P\text{-准素理想 }\}$$

特别地, 若 P 是极小的, 则 ϕ 诱导一一对应

$$\{R_P \text{ 的理想 }\} \leftrightarrow \{R \text{ 中的 } P\text{-准素理想 }\}$$

ii) 设 $P^{(n)} = \phi^{-1}(P^n R_P)$, 称为 P 的 n 次符号幂。证明 $P^{(n)}$ 为准素理想, 且出现于 P^n 的任一准素分解中。给出一个不是符号幂的准素理想的例子。

V.4 证明: 一个诺特环是阿廷环当且仅当其素理想都是极大的。

V.5 设 R 是诺特整闭整环而不是域。证明下述条件等价:

i) R 的非零素理想都是极大的;

ii) R 的每个非零元仅含于有限多个理想中;

iii) R 为戴德金环。

V.6 设 R 为无幂零元的诺特环。证明 R 的伴随素理想都是极小的。

V.7 举例说明在推论 2.1 中, M 的过滤的因子一般不由 M 唯一决定, 而且一般不能要求 $I_i = R$。

V.8* 设 R 为诺特环, M 为有限生成的 R-模。问是否必存在 $v \in M$ 使得 $\mathrm{Ann}_R(v) = \mathrm{Ann}_R(M)$?

张量积

本章中的环 R 均为有单位元的交换环, 在第 2 节中涉及非交换的 R-代数。

1. 张量积的定义与基本性质

设 M, N, L 为环 R 上的模。记 (M, N) 为所有元素对 (m, n) $(m \in M, n \in N)$ 的集合。一个映射 $f: (M, N) \to L$ 称为 R-**双线性的**, 如果对任意 $m, m_1, m_2 \in M$, $n, n_1, n_2 \in N$, $a \in R$ 有

i) $f(m_1 + m_2, n) = f(m_1, n) + f(m_2, n)$, $f(m, n_1 + n_2) = f(m, n_1) + f(m, n_2)$;

ii) $f(am, n) = f(m, an) = af(m, n)$。

域上向量空间上的二次型、环上的 $r \times s$-矩阵与 $s \times t$-矩阵的乘法都是双线性映射的例子。若 T 为 R-代数而 $f_1: M \to T$, $f_2: N \to T$ 为 R-模同态, 则 $f(m, n) = f_1(m) \cdot f_2(n)$ 也定义一个 R-双线性映射。

若 f 只满足 i), 则我们称 f 为**双线性的**, 这等价于 $\mathbb{Z}$-双线性的。

记 $R^{(M,N)} = \bigoplus_{(m,n) \in (M,N)} R$ (可以理解为 (M, N) 中所有元素自由生成的模, 其元素可以形式地写成 (M, N) 中有限多个元在 R 上的线性组合)。任一映射 $f: (M, N) \to L$ 显然可以唯一地扩张成一个 R-同态 $f_R: R^{(M,N)} \to L$。令 K 为 $R^{(M,N)}$ 中由所有下述元素生成的子模 (其中 $m, m_1, m_2 \in M$, $n, n_1, n_2 \in N$, $a \in R$):

$$
\begin{aligned}
&(m_1 + m_2, n) - (m_1, n) - (m_2, n) \\
&(m, n_1 + n_2) - (m, n_1) - (m, n_2) \\
&(am, n) - a(m, n),\ (m, an) - a(m, n)
\end{aligned}
\tag{$*$}
$$

则显然 f 是双线性的当且仅当 $f_R(K) = 0$。此时 f_R 诱导 R-同态 $T = R^{(M,N)}/K \to L$。令 $\phi: (M, N) \to T$ 为诱导 (典范) 映射。于是我们有如下结论。

引理 1.1. T 具有如下泛性: 对任意 R-模 L 及任意 R-双线性映射 $f: (M, N) \to L$, 存在唯一 R-同态 $f': T \to L$ 使得 $f = f' \circ \phi$。

我们称 T 为 M 和 N 在 R 上的**张量积**, 记为 $M \otimes_R N$。引理 1.1 给出张量积的外在定义。对任意 $m \in M$, $n \in N$, 记 $\phi(m, n) = m \otimes_R n$。显然 $M \otimes_R N$

作为一个阿贝尔加群由所有 $m \otimes_R n$ 生成。若 $f: M \to M'$, $g: N \to N'$ 为 R-模同态, 则 $(m,n) \mapsto f(m) \otimes_R g(n)$ $(m \in M, n \in N)$ 定义一个 R-双线性映射 $(M,N) \to M' \otimes_R N'$, 从而诱导 R-同态 $M \otimes_R N \to M' \otimes_R N'$, 我们记这个同态为 $f \otimes_R g$。

特别地, 两个阿贝尔加群 M, N 在 $\mathbb{Z}$ 上的张量积 $M \otimes_{\mathbb{Z}} N$ 将简记为 $M \otimes N$, 称为 M 与 N 的张量积。故 $M \otimes N$ 具有如下泛性: 对任意阿贝尔加群 L 及任意双线性映射 $f: (M,N) \to L$, 存在唯一同态 $f': M \otimes N \to L$ 使得 $f = f' \circ \phi$, 这里 $\phi: (M,N) \to M \otimes N$ 为典范映射。若 M, N 为 R-模, 则由 $M \otimes N$ 的泛性易见 $M \otimes N$ 有如下 R-模结构: $a(m \otimes n) = am \otimes n$ $(a \in R, m \in M, n \in N)$ (这称作左 R-模结构, 当然还有右 R-模结构), 从而投射 $\rho: M \otimes N \to M \otimes_R N$ 为 R-满同态。由引理 1.1 不难验证 $K = \ker(\rho)$ (作为一个阿贝尔加群) 由所有 $am \otimes n - m \otimes an$ $(a \in R, m \in M, n \in N)$ 生成, 这给出 $M \otimes_R N$ 另一个内在定义, 即 $M \otimes_R N = M \otimes N / K$。

命题 1.1.　设 R, A 为环, M 为 R-模。下面的同构都是典范的。

i) $R \otimes_R M \cong M$。

ii) 若 N 也是 R-模, 则 $M \otimes_R N \cong N \otimes_R M$。

iii) 若 N_1, N_2 为 R-模, 则 $(N_1 \oplus N_2) \otimes_R M \cong N_1 \otimes_R M \oplus N_2 \otimes_R M$ (即张量积与直和可交换, 这对任意多个模的直和也成立)。

iv) 若 N 为 R-模, N, L 为 A-模, 且 R 与 A 在 N 上的作用可交换 (即对任意 $n \in N, r \in R, a \in A$ 有 $r(an) = a(rn)$), 则有 (R, A-双模同构) $(M \otimes_R N) \otimes_A L \cong M \otimes_R (N \otimes_A L)$; $Hom_A(M \otimes_R N, L) \cong Hom_R(M, Hom_A(N, L))$ (注意 $M \otimes_R N$ 具有 A-右模结构)。

v) 设 A 为 R-代数, N 为 A-模, 则 $(M \otimes_R A) \otimes_A N \cong M \otimes_R N$; $Hom_R(M,N) \cong Hom_A(M \otimes_R A, N)$。

vi) 若 N 为有限生成的投射 R-模, 则

$$Hom_R(N,M) \cong Hom_R(N,R) \otimes_R M$$

vii) 若 $N' \xrightarrow{f} N \xrightarrow{g} N'' \to 0$ 为 R-模的右正合列, 则

$$M \otimes_R N' \xrightarrow{\mathrm{id}_M \otimes_R f} M \otimes_R N \xrightarrow{\mathrm{id}_M \otimes_R g} M \otimes_R N'' \to 0 \tag{1}$$

也是右正合的。

viii) 设 $A = R/I$ ($I \subset R$ 为理想), 则 $M \otimes_R A \cong M/IM$; 若 M, N 为 A-模, 则 $M \otimes_R N \cong M \otimes_A N$。

ix) 设 S 是 R 中的乘性子集而 $A = S^{-1}R$, 则 $M \otimes_R A \cong S^{-1}M$; 若 M, N 为 A-模, 则 $M \otimes_R N \cong M \otimes_A N$。

证. i) 至 iii) 都很容易, 留给读者作为习题。

iv) 对任意 $m \in M, n \in N, x \in L$, 令 $f_x(m,n) = m\otimes_R(n\otimes_A x) \in M\otimes_R(N\otimes_A L)$, 易见这定义了一个 R-双线性映射 $f_x : (M,N) \to M\otimes_R(N\otimes_A L)$, 故诱导 R-同态 $F_x : M\otimes_R N \to M\otimes_R(N\otimes_A L)$。令 $F(m\otimes_R n, x) = F_x(m\otimes_R n)$, 则易见这定义了一个 A-双线性映射 $F : (M\otimes_R N, L) \to M\otimes_R(N\otimes_A L)$, 从而诱导 ($R, A$-双模) 同态 $(M\otimes_R N)\otimes_A L \to M\otimes_R(N\otimes_A L)$; 同理我们有同态 $M\otimes_R(N\otimes_A L) \to (M\otimes_R N)\otimes_A L$, 且易见这两个同态是互逆的。故 $(M\otimes_R N)\otimes_A L \cong M\otimes_R(N\otimes_A L)$。

设 $g \in Hom_R(M, Hom_A(N,L))$, 令 $\gamma(m,n) = g(m)(n)$ $(m \in M, n \in N)$, 则显然 γ 是双线性的, 故诱导 (阿贝尔加群) 同态 $G : M\otimes N \to L$。此外对任意 $r \in R$ 有 $g(rm)(n) = g(m)(rn)$, 故 $G(rm\otimes n - m\otimes rn) = 0$。由上述张量的第二个内在定义, G 诱导 $\Gamma : M\otimes_R N \to L$, 且显然 Γ 是 A-线性的, 即 $\Gamma \in Hom_A(M\otimes_R N, L)$。反之, 若 $\Gamma \in Hom_A(M\otimes_R N, L)$, 令 $g(m)(n) = \Gamma(m\otimes_R n)$, 则易见 $g(m) \in Hom_A(N,L)$, 从而 $g \in Hom_R(M, Hom_A(N,L))$。这样 $g \mapsto \Gamma$ 就给出一一对应 $Hom_A(M\otimes_R N, L) \to Hom_R(M, Hom_A(N,L))$, 不难验证这是 R, A-双模同构。

v) 由 i) 和 iv) 有 $(M\otimes_R A)\otimes_A N \cong M\otimes_R(A\otimes_A N) \cong M\otimes_R N$; $Hom_R(M,N) \cong Hom_R(M, Hom_A(A,N)) \cong Hom_A(M\otimes_R A, N)$。

vi) 因为投射模是自由模的直加项, 由 iii), 这归结为 N 是有限生成的自由模的情形, 而这又归结为 $N = R$ 的显然情形。

vii) 对任意 R-模 L, 由引理 I.3.1 我们有左正合列

$$0 \to Hom_R(N'', L) \to Hom_R(N, L) \to Hom_R(N', L)$$

从而有左正合列

$$\begin{aligned} 0 &\to Hom_R(M, Hom_R(N'', L)) \to Hom_R(M, Hom_R(N, L)) \\ &\to Hom_R(M, Hom_R(N', L)) \end{aligned} \tag{2}$$

由 iv) 可将 (2) 改写为

$$\begin{aligned} 0 \to Hom_R(M\otimes_R N'', L) &\to Hom_R(M\otimes_R N, L) \\ &\to Hom_R(M\otimes_R N', L) \end{aligned}$$

故由引理 I.3.1 可知 (1) 是右正合的。

viii) 我们有 (R-模) 正合列 $0 \to I \to R \to A \to 0$, 故由 vii) 及 i) 有右正合列

$$M\otimes_R I \to M \to M\otimes_R A \to 0$$

易见 $M\otimes_R I$ 在 M 中的象为 IM, 故 $M\otimes_R A \cong M/IM$; 若 M, N 为 A-模, 则由 v) 有 $M\otimes_R N \cong (M\otimes_R A)\otimes_A N \cong (M/IM)\otimes_A N \cong M\otimes_A N$。

ix) 若 L 为 R-模而 $f:(M,A)\to L$ 为 R-双线性映射, 则由局部化的定义易见 f 诱导唯一 R-同态 $f':S^{-1}M\to L$ 使得 $f'(s^{-1}m)=f(m,s^{-1})$ $(m\in M, s\in S)$, 从而由张量积的外在定义有 $S^{-1}M\cong M\otimes_R A$; 若 M,N 为 A-模, 则由 v) 有 $M\otimes_R N\cong(M\otimes_R A)\otimes_A N\cong(S^{-1}M)\otimes_A N\cong M\otimes_A N$。证毕。

例 1.1. 张量积的计算一般说来是不简单的, 而命题 1.1 对于这种计算很有用。例如由 iii) 和 i) 可知 $R^{\oplus m}\otimes_R R^{\oplus n}\cong R^{\oplus mn}$, 而由 viii) 可知 $\mathbb{Q}\otimes\mathbb{Z}/2\mathbb{Z}\cong\mathbb{Q}/2\mathbb{Q}=0$。

例 1.2. 若 A,B 为 R-代数, 则 $A\otimes_R B$ 具有 R-代数结构, 其乘法由 $(a\otimes_R b)(a'\otimes_R b')=aa'\otimes_R bb'$ 给出 (不难验证这个定义有意义, 但注意由例 1.1 可见 $A\otimes_R B$ 有可能是零环; 注意 $A\otimes_R B$ 与 $A\times B$ 的区别)。此外有典范 (R-代数) 同态 $i:A\to A\otimes_R B$ 及 $j:B\to A\otimes_R B$, 分别由 $i(a)=a\otimes_R 1$ 及 $j(b)=1\otimes_R b$ 给出。$A\otimes_R B$ 具有如下泛性: 对任一 R-代数 C 及任意 R-同态 $i':A\to C$, $j':B\to C$, 存在唯一 R-同态 $\phi:A\otimes_R B\to C$ 使得 $i'=\phi\circ i$, $j'=\phi\circ j$。一个特殊情形是 $A\otimes_R R[x]\cong A[x]$。

例 1.3. 对任意环 R 我们可以用下面的方法构造内射 R-模: 令 G 为内射 (即可除) 阿贝尔加群, 则 $N=Hom(R,G)$ 作为 R-模是内射的, 这是因为对任意 R-模单同态 $M'\hookrightarrow M$, 由命题 1.1.iv), i) 有

$$Hom_R(M,N)\cong Hom_{\mathbb{Z}}(M,G)\twoheadrightarrow Hom_{\mathbb{Z}}(M',G)\cong Hom_R(M',N)$$

显然内射模的直积仍是内射模, 从而任一 R-模 M 可以嵌入一个内射 R-模: 对任一元 $m\in M$ 取可除阿贝尔加群 G (可取 $G=\mathbb{Q}$ 或 $G=\mathbb{Q}/\mathbb{Z}$) 及单同态 $\mathbb{Z}m\hookrightarrow G$, 它可扩张成 $M\to G$, 由命题 1.1.iv), 这等价于一个 R-模同态 $f_m:M\to N_m=Hom(R,G)$, 且 $f_m|_{\mathbb{Z}m}$ 是单射, 故有 R-单同态 $M\hookrightarrow\prod\limits_{m\in M}N_m$。

2. 张量代数

对任一 R-模 M 及任一正整数 n, 由命题 1.1.iv) 我们可以定义 n 个 M 的拷贝在 R 上的张量积 $M\otimes_R\cdots\otimes_R M$, 简记为 $M^{\otimes_R n}$ (或 $T_n^R(M)$), 且记 $M^{\otimes_R 0}=R$。令 $T^R(M)=\bigoplus\limits_{n=0}^{\infty}M^{\otimes_R n}$, 则 $T^R(M)$ 具有 (一般说来非交换) R-代数结构, 其乘法由 $(m_1\otimes_R\cdots\otimes_R m_r)(m_{r+1}\otimes_R\cdots\otimes_R m_s)=m_1\otimes_R\cdots\otimes_R m_s$ 给出, 称作 M 在 R 上的**张量代数**, 而其中 $M^{\otimes_R n}$ 的元称作 n 阶 (共变) **张量**。

在 $M^{\otimes_R n}$ 上有一个 n 阶置换群 $\mathfrak{S}_n$ 的置换作用 ρ (置换张量积 $M^{\otimes_R n}$ 的因子), 我们将 $M^{\otimes_R n}$ 中在 ρ 下不变的元称作**对称张量**。令 N 为由所有 $t-\sigma t$ $(t\in M^{\otimes_R n}, \sigma\in\mathfrak{S}_n)$ 生成的 R-子模, 称 $S_n^R(M)\cong M^{\otimes_R n}/N$ 为 M 的 n 次**对称积** (这也可以理解为 $S_n^R(M)=M^{\otimes_R n}/\rho$, 即 $\mathfrak{S}_n$ 在 $M^{\otimes_R n}$ 上的作用的商)。

令 $S^R(M) = \bigoplus_{n=0}^{\infty} S_n^R(M)$, 则 $T^R(M)$ 的 R-代数结构诱导 $S^R(M)$ 的一个 R-交换代数结构, 称作 M 在 R 上的**对称代数**。易见 $S^R(M) \cong T^R(M)/I$, 其中 I 为所有 $m \otimes_R m' - m' \otimes_R m \in M^{\otimes_R 2}$ $(m, m' \in M)$ 生成的理想。

另一方面, 令 $J \subset T^R(M)$ 为所有 $m \otimes_R m \in M^{\otimes_R 2}$ $(m \in M)$ 生成的理想, 称 $\wedge^R(M) = T^R(M)/J$ 为 M 在 R 上的**外代数**。易见有分解 $\wedge^R(M) = \bigoplus_{n=0}^{\infty} \wedge_n^R(M)$, 其中 $\wedge_n^R(M)$ 为 $T_n^R(M)$ 的象, 称为 M 在 R 上的 n **次外积**。通常用 $\wedge$ 表示 $\wedge^R(M)$ 中的乘法, 即若 $t, t' \in T^R(M)$, w, w' 分别为 t, t' 在 $\wedge^R(M)$ 中的象, 则 $t \otimes_R t'$ 在 $\wedge^R(M)$ 中的象记作 $w \wedge w'$。注意对任意 $m, m' \in M$, $m \otimes_R m' + m' \otimes_R m = (m + m') \otimes_R (m + m') - m \otimes_R m - m' \otimes_R m' \in J$, 故 $\wedge^R(M)$ 为 R-反交换代数 (即对任意 $m, m' \in M$ 有 $m \wedge m' = -m' \wedge m$, 从而对 $w \in \wedge_r^R(M), w' \in \wedge_s^R(M)$ 有 $w \wedge w' = (-1)^{rs} w' \wedge w$)。易见 $\wedge_n^R(M) \cong M^{\otimes_R n}/N'$, 其中子模 N' 由

$$\{m_1 \otimes_R \cdots \otimes_R m_n | m_1, \cdots, m_n \in M, \text{且存在} i (1 \leqslant i < n) \text{使得} m_i = m_{i+1}\}$$

生成。注意 $\mathfrak{S}_n$ 在 $M^{\otimes_R n}$ 上还有另一个作用 θ: 若 $\sigma \in \mathfrak{S}_n$ 是偶置换, 则 $\theta(\sigma, t) = \rho(\sigma, t)$, 否则 $\theta(\sigma, t) = -\rho(\sigma, t)$。我们将 $M^{\otimes_R n}$ 中在 θ 下不变的元称作**反称张量**。不难验证当 $2 \in R$ 是单位时 $\wedge_n^R(M) \cong M^{\otimes_R n}/\theta$。

例 2.1. 设 $M = R^{\oplus n}$ 而 $m_1, \cdots, m_n$ 为 M 在 R 上的一组自由生成元, 则 $T^R(M)$ 为 $m_1, \cdots, m_n$ 在 R 上生成的自由代数 (即生成元之间没有定义关系), 而 $S^R(M)$ 同构于多项式代数 $R[x_1, \cdots, x_n]$ (故对称代数是多项式代数的推广)。由此可见 $T_r^R(M)$ 是秩为 n^r 的自由 R-模, S_r^R 是秩为 $\binom{n+r-1}{r}$ 的自由 R-模。而 $\wedge_r^R(M)$ 具有一组自由生成元 $m_{i_1} \wedge \cdots \wedge m_{i_r}$ $(i_1 < \cdots < i_r)$, 故当 $r \leqslant n$ 时 $\wedge_r^R(M)$ 是秩为 $\binom{n}{r}$ 的自由 R-模, 而当 $r > n$ 时 $\wedge_r^R(M) = (0)$。特别地, $\wedge_n^R(M) \cong R$。

习 题 VI

VI.1 设 M, N 为 R-模, 其中 M 为有限生成的投射模。设 S 为 R 的乘性子集。证明

$$S^{-1} Hom_R(M, N) \cong Hom_{S^{-1}R}(S^{-1}M, S^{-1}N)$$

(提示: 先考虑 M 为自由模的情形。)

VI.2 设 $f: M \to N$ 为 R-模同态。证明对任意正整数 n, f 诱导 R-同态 $S_R^n(f): S_R^n(M) \to S_R^n(N)$ 及 $\wedge_R^n f: \wedge_R^n M \to \wedge_R^n N$。此外, 若 f 为满射, 则 $S_R^n(f)$ 与 $\wedge_R^n(f)$ 亦然。

VI.3 设 M 是秩为 n 的自由 R-模。

i)* 证明存在典范同构 $\wedge_R^r M \cong Hom_R(\wedge_R^{n-r} M, \wedge_R^n M)$ $(0 \leqslant r \leqslant n)$。

ii) 设 $f \in End_R(M)$, 则对 M 的任意取定的一组自由生成元, f 可表为 R 上的一个 $n\times n$ 矩阵 T。证明 $\wedge_R^n f$ 就是用 $\det(T)$ 乘。这给出行列式的一个自然定义, 而 $\det(T)$ 与自由生成元组的选择无关, 故可记为 $\det(f)$, 且可将 $\det(f)$ 的定义推广到秩 n 局部自由模的自同态。此外 $f \in Aut_R(M)$ 当且仅当 $\det(f)$ 是单位。

VI.4* 设 a, b, c, d 为交换环 R 的元。证明:

$$\begin{vmatrix} a^3 & 3a^2b & 3ab^2 & b^3 \\ a^2c & a^2d+2abc & b^2c+2abd & b^2d \\ ac^2 & bc^2+2acd & ad^2+2bcd & bd^2 \\ c^3 & 3c^2d & 3cd^2 & d^3 \end{vmatrix} = \begin{vmatrix} a & b \\ c & d \end{vmatrix}^6$$

其中左边行列式的第 i 行由 $(ax+b)^{4-i}(cx+d)^{i-1}$ 按 x 的幂展开的各项系数组成。(提示: 利用习题 VI.3。)

VI.5* 设 M 为有限生成的 R-模。设 $m_1, \cdots, m_n \in M$ 为 M 在 R 上的一组生成元。令 $F(M) \subset R$ 为由所有 $\det(a_{ij})$ 生成的理想, 其中 $a_{ij} \in R$ $(1 \leqslant i, j \leqslant n)$ 满足 $\sum\limits_j a_{ij}m_j = 0$。称 $F(M)$ 为 M 的**菲廷理想**。

i) 令 $f: R^{\oplus n} \to M$ 为将 $R^{\oplus n}$ 的生成元分别映到 $m_1, \cdots, m_n$ 的同态, 而 $K = \ker(f)$。证明 $F(M)$ 等于 $\wedge_R^n K \to \wedge_R^n R^{\oplus n} \cong R$ 的象。

ii) 证明 $F(M)$ 与生成元 $m_1, \cdots, m_n \in M$ 的选择无关。(提示: 利用习题 I.15。)

iii) 证明 $\mathrm{Ann}_R(M)^n \subset F(M) \subset \mathrm{Ann}_R(M)$ (若 M 由 n 个元生成)。

iv) 若 $\mathrm{Ann}_R(M) = 0$, 则 M 称作**忠实的**。证明 (M. Stokes 引理): 设 M 为有限生成的忠实 R-模而 N 为任意非零 R-模, 则 $M \otimes_R N \neq 0$, $Hom_R(M, N) \neq 0$。

VI.6* 设 L, L' 为域 F 的子域, $K = L \cap L'$, L, L' 为 K 的有限扩张。

i) 设 L 或 L' 为 K 的伽罗瓦扩张。证明 $L \otimes_K L' \cong LL' \subset F$。

ii) 若仅假设 L 或 L' 是 K 的正规扩张, 是否仍能保证 $L \otimes_K L' \cong LL' \subset F$?

VI.7 设 A, B 为 R-代数, M, M' 为 A-模, N, N' 为 B-模。证明

$$(M \otimes_R N) \otimes_{A \otimes_R B} (M' \otimes_R N') \cong (M \otimes_A M') \otimes_R (N \otimes_B N')$$

VI.8 对任一 R-模 M, 由 $T_1^R(M) \cong S_1^R(M) \cong \Lambda_1^R(M) \cong M$ 可将 M 分别看作 $T^R(M)$, $S^R(M)$ 和 $\Lambda^R(M)$ 的子模, 记 $i_T: M \to T^R(M), i_S: M \to S^R(M)$ 和 $i_\Lambda: M \to \Lambda^R(M)$ 分别为嵌入。注意 $R \cong T_0^R(M)$ 在 $T^R(M)$ 的中心中。

i) 证明 (M, i_T) 具有如下泛性: 对任一结合环同态 $f: R \to A$ 使得 $f(R)$ 在 A 的中心中及任一 R-模同态 $i: M \to A$, 存在唯一 R-代数同态 $\phi: T^R(M) \to A$ 使得 $i = \phi \circ i_T$。

ii) 证明 (M, i_S) 具有如下泛性: 对任一交换 R-代数 A 及任一 R-模同态 $i: M \to A$, 存在唯一 R-代数同态 $\phi: S^R(M) \to A$ 使得 $i = \phi \circ i_S$。

iii) 给出 (M, i_Λ) 的泛性。

VII 平 坦 性

本章中的环均为有单位元的交换环。

1. 平坦模与平坦同态

设 M 为环 R 上的模。从命题 VI.1.1.vii) 我们看到 $\otimes_R M$ 保持右正合性, 但它一般不保持左正合性, 换言之, 若 $f: N' \to N$ 是 R-模单同态, $f \otimes_R \mathrm{id}_M : N' \otimes_R M \to N \otimes_R M$ 未必是单射。例如对 $\mathbb{Z}$-模单同态 $\cdot 2 : \mathbb{Z} \to \mathbb{Z}$ 作 $\otimes \mathbb{Z}/2\mathbb{Z}$, 则得零同态 $\mathbb{Z}/2\mathbb{Z} \to \mathbb{Z}/2\mathbb{Z}$。若 $\otimes_R M$ 保持左正合性, 则由于任一正合列可以拆成多个短正合列 (习题 I.11), $\otimes_R M$ 保持正合性。

定义 1.1. 若 $\otimes_R M$ 保持正合性, 则称 M 在 R 上是**平坦的**, 或 R-平坦的。我们称 M 在 R 上是**忠实平坦的** (简记为 f.f.), 如果任一 R-模同态列 $N' \to N \to N''$ 是正合当且仅当 $N' \otimes_R M \to N \otimes_R M \to N'' \otimes_R M$ 是正合。设 $f: R \to A$ 是环同态, 若 A 作为 R-模是平坦的 (或 f.f.), 则称 f 是平坦的 (或 f.f.), 且称 A 是平坦 (或 f.f.) R-代数。

例 1.1. 由命题 VI.1.1.i) 可知 R 本身作为 R-模是 f.f., 而命题 VI.1.1.iii) 说明平坦模的直和与直加项都是平坦的, 由此可见投射模都是平坦的 (但不一定是 f.f., 例如当 $R = R_1 \times R_2$ 而 R_1, R_2 均非零环时, R_1 是投射 R-模但非 f.f.)。另一方面, 由上所述 $\mathbb{Z}/2\mathbb{Z}$ 不是 $\mathbb{Z}$-平坦的, 更一般地, 若理想 $I \subsetneq R$ 中含有非零因子的非零元, 则 R/I 作为 R-模不是平坦的。我们下面还要看到不属于这种“有挠”情形的非平坦模的例子。

命题 1.1. 对于任一环 R 上的模 M, 下述条件等价:

i) M 是 R-平坦的;

ii) 对任一有限生成的理想 $I \subset R$, $I \otimes_R M \to IM$ 是同构;

iii) 对任一理想 $I \subset R$, $I \otimes_R M \to IM$ 是同构;

iv) 对任意 $a_i \in R, m_i \in M$ $(1 \leqslant i \leqslant r)$, 若 $\sum\limits_{i=1}^{r} a_i m_i = 0$, 则存在 $b_{ij} \in R, n_j \in M$ $(1 \leqslant j \leqslant s)$ 使得 $\sum\limits_{i=1}^{r} a_i b_{ij} = 0$ $(1 \leqslant j \leqslant s)$ 且 $m_i = \sum\limits_{j=1}^{s} b_{ij} n_j$ $(1 \leqslant i \leqslant r)$。

证. i)⇒iv): 定义一个同态 $f: R^{\oplus r} \to R$: $f(x_1, \cdots, x_r) = a_1x_1 + \cdots + a_rx_r$, 且令 $K = \ker(f)$, 则 $\otimes_R M$ 给出正合列 $0 \to K \otimes_R M \to M^{\oplus r} \xrightarrow{f_M} M$, 其中 $f_M = f \otimes_R \mathrm{id}_M$。由于 $f_M(m_1, \cdots, m_r) = 0$, 我们有 $(m_1, \cdots, m_r) \in K \otimes_R M$, 故不妨设

$$(m_1, \cdots, m_r) = \sum_{j=1}^{s} c_j \otimes_R n_j \tag{1}$$

其中 $n_j \in M$, $c_j = (b_{1j}, \cdots, b_{rj}) \in K$, 故 $f(c_j) = 0$, 即 $\sum\limits_{i=1}^{r} a_ib_{ij} = 0$ $(1 \leqslant j \leqslant s)$。比较 (1) 式两边各分量得 $m_i = \sum\limits_{j=1}^{s} b_{ij}n_j$ $(1 \leqslant i \leqslant r)$。

iv)⇒iii): 只需验证 $I \otimes_R M \to IM$ 是单射。对任意 $a_1, \cdots, a_r \in I, m_1, \cdots, m_r \in M$, 若 $\sum\limits_{i=1}^{r} a_im_i = 0$, 则存在 $b_{ij} \in R$, $n_j \in M$ $(1 \leqslant j \leqslant s)$ 使得 $\sum\limits_{i=1}^{r} a_ib_{ij} = 0$ $(1 \leqslant j \leqslant s)$ 且 $m_i = \sum\limits_{j=1}^{s} b_{ij}n_j$ $(1 \leqslant i \leqslant r)$, 故 $\sum\limits_{i=1}^{r} a_i \otimes_R m_i = \sum\limits_{j=1}^{s} \left(\sum\limits_{i=1}^{r} a_ib_{ij}\right) \otimes_R n_j = 0$。

iii)⇒ii): 显然。

ii)⇒i): 我们要证明对任意 R-模单同态 $f: N' \to N$, $f_M = f \otimes_R \mathrm{id}_M : N' \otimes_R M \to N \otimes_R M$ 也是单同态。首先注意, 我们只需对 N, N' 是有限生成的情形证明即可, 这是因为若 f_M 不是单射, 则存在有限多个元 $m_1, \cdots, m_r \in M$, $n_1, \cdots, n_r \in N$ 使得 $0 \neq n_1 \otimes_R m_1 + \cdots + n_r \otimes_R m_r \in N' \otimes_R M$ 而 $f_M(n_1 \otimes_R m_1 + \cdots + n_r \otimes_R m_r) = 0$, 换言之 $\sum\limits_{i=1}^{r}(n_i, m_i) \in R^{(N,M)}$ 可以表为有限多个形如 VI.1 (*) 式中的元的线性组合, 在这些元中出现的 N 中的元和 $n_1, \cdots, n_r$ 一起生成 N 的一个子模 N_1; 令 $N_1' \subset N'$ 为 $n_1, \cdots, n_r$ 生成的子模, $f_1 : N_1' \to N_1$ 为 f 的限制, $f_{1M} = f_1 \otimes_R \mathrm{id}_M$, 则在 $N_1' \otimes_R M$ 中有 $n_1 \otimes_R m_1 + \cdots + n_r \otimes_R m_r \neq 0$ (因为它在 $N' \otimes_R M$ 中的象非零) 而 $f_{1M}(n_1 \otimes_R m_1 + \cdots + n_r \otimes_R m_r) = 0$, 故 f_{1M} 不是单射。

由此还可见 ii)⇒iii), 故我们只需证明 iii)⇒i)。

由归纳法不妨设 N/N' 是由一个元生成的, 从而 $N/N' \cong R/I$, 其中 $I \subset R$ 为理想。投射 $R \to R/I \cong N/N'$ 可以提升为同态 $R \to N$, 从而得到满同态 $g: N' \oplus R \twoheadrightarrow N$。我们有交换图

$$\begin{array}{ccccccc}
 & & \ker(g) & \xrightarrow[h]{} & I & & \\
 & & \downarrow{\scriptstyle i} & & \downarrow & & \\
0 \to N' & \longrightarrow & N' \oplus R & \longrightarrow & R \to 0 & & \\
\downarrow{\scriptstyle \mathrm{id}} & & \downarrow{\scriptstyle g} & & \downarrow & & \\
0 \to N' & \xrightarrow[f]{} & N & \longrightarrow & R/I \to 0 & &
\end{array} \tag{2}$$

其中的行都是正合的。故由引理 I.3.2 可知 h 是同构。由 (2) $\otimes_R M$ 我们得到交换图

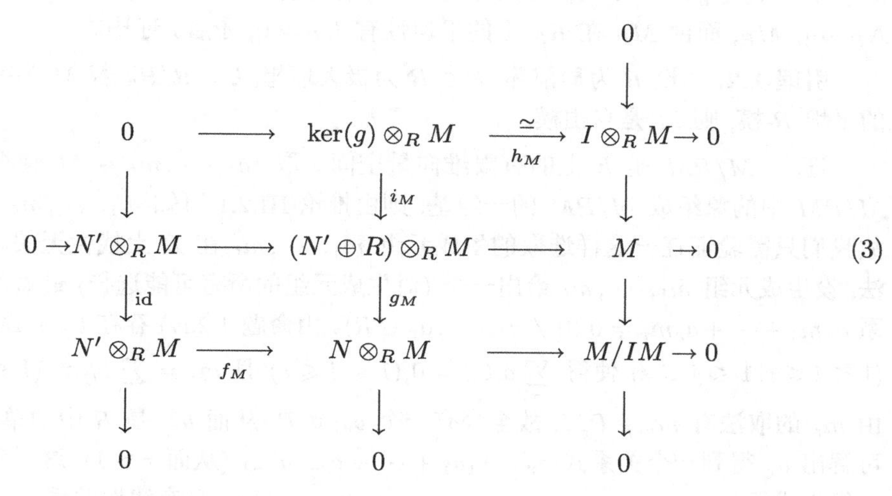

$$\begin{array}{ccccc} & & & & 0 \\ & & & & \downarrow \\ 0 & \longrightarrow & \ker(g)\otimes_R M & \xrightarrow[h_M]{\simeq} & I\otimes_R M \to 0 \\ \downarrow & & \downarrow i_M & & \downarrow \\ 0\to N'\otimes_R M & \longrightarrow & (N'\oplus R)\otimes_R M & \longrightarrow & M \quad \to 0 \\ \downarrow \mathrm{id} & & \downarrow g_M & & \downarrow \\ N'\otimes_R M & \xrightarrow[f_M]{} & N\otimes_R M & \longrightarrow & M/IM \to 0 \\ \downarrow & & \downarrow & & \downarrow \\ 0 & & 0 & & 0 \end{array} \tag{3}$$

其中左列和中列显然正合, 而 iii) 说明右列正合, 命题 VI.1.1.iii) 说明第二行正合。故由引理 I.3.2 知 f_M 为单射。证毕。

命题 1.2. 对于一个环 R 上的模:

i) 平坦模的直和与直加项是平坦的;

ii) 若 M, N 是平坦的, 则 $M\otimes_R N$ 是平坦的;

iii) 若 M 是 R-平坦模而 A 是 R-代数, 则 $M\otimes_R A$ 是 A-平坦模;

iv) 若 A 是平坦 R-代数而 M 是 A-平坦模, 则 M 是 R-平坦模;

v) 对任意乘性子集 $S\subset R$, $S^{-1}R$ 是平坦 R-代数;

vi) 若 R 是域, 则所有 R-模都是平坦的;

vii) 若 R 为 PID, 则一个 R-模是平坦的当且仅当它是无挠的;

viii) 若 $a\in R$ 不是零因子而 M 是 R-平坦模, 则 a 不是 M 的零因子。

证. i) 由命题 VI.1.1.iii) 证得; ii) 由命题 VI.1.1.iv); iii) 和 iv) 由命题 VI.1.1.v) 证得; v) 由命题 VI.1.1.ix) 及局部化保持正合性 (见 II.3) 证得; vi) 由于域上的模都是自由的证得; vii) 由命题 1.1.ii) 证得; 对于 viii), 注意 $a\in R$ 不是零因子当且仅当 $a\cdot : R\to R$ 是单射, 若 M 是平坦模, 则由 $\otimes_R M$ 得 $a\cdot : M\to M$ 是单射, 即 a 不是 M 的零因子。证毕。

引理 1.1. 一个 R-模 M 是平坦的当且仅当对 R 的任一极大理想 P, M_P 在 R_P 上是平坦的。

证. 必要性由命题 1.2.iii) 可得, 以下证充分性。用反证法, 设 $f: N'\to N$ 为单射而 $K=\ker(f\otimes_R \mathrm{id}_M)\neq 0$。取 K 的非零元 m 且令 $I=\mathrm{Ann}_R(m)$。取 R

的极大理想 $P \supset I$, 则 m 在 K_P 中的象非零, 故 $K_P \neq 0$。另一方面, 由左正合列 $0 \to K \to N' \otimes_R M \to N \otimes_R M$ 及命题 1.2.v) 有左正合列 $0 \to K_P \to N'_P \otimes_{R_P} M_P \to N_P \otimes_{R_P} M_P$, 而由 M_P 在 R_P 上的平坦性有 $K_P = 0$, 矛盾。证毕。

引理 1.2. 设 R 为局部环, $P \subset R$ 为极大理想, $k = R/P$。若 M 为有限生成的平坦 R-模, 则 M 是自由模。

证. M/PM 是 k 上的有限维向量空间。取 $m_1, \cdots, m_t \in M$ 使得它们在 M/PM 中的象组成 M/PM 的一组基, 则由推论 III.2.1 可知 $m_1, \cdots, m_t$ 生成 M, 故我们只需验证任一这样选取的生成元组 $m_1, \cdots, m_t$ 在 R 上线性无关。用反证法, 设生成元组 $m_1, \cdots, m_t$ 给出一个 (对生成元组的所有可能选择) 最短的线性关系 $a_1 m_1 + \cdots + a_r m_r = 0$ $(0 \neq a_1, \cdots, a_r \in R)$。由命题 1.2.iv) 存在 $b_{ij} \in R$, $n_j \in M$ $(1 \leqslant i \leqslant r, 1 \leqslant j \leqslant s)$ 使得 $\sum\limits_{i=1}^{r} a_i b_{ij} = 0$ $(1 \leqslant j \leqslant s)$ 且 $m_i = \sum\limits_{j=1}^{s} b_{ij} n_j$ $(1 \leqslant i \leqslant r)$。由 m_r 的取法有 $m_r \notin PM$, 故至少有一个 $b_{rj} \notin P$, 从而 b_{rj} 是 R 中的单位, 由此可解出 a_r 得到一个关系式 $a_r = c_1 a_1 + \cdots + c_{r-1} a_{r-1}$ (从而 $r > 1$), 这样我们就有一组生成元 $m_1 + c_1 m_r, \cdots, m_{r-1} + c_{r-1} m_r, m_r, \cdots, m_t$ 且有线性关系

$$\sum_{i=1}^{r-1} a_i (m_i + c_i m_r) = \sum_{i=1}^{r-1} a_i m_i + \sum_{i=1}^{r-1} a_i c_i m_r = \sum_{i=1}^{r} a_i m_i = 0,$$

与 r 的极小性矛盾。证毕。

推论 1.1. 设 M 为诺特环 R 上有限生成的平坦模, $P \in \mathrm{Spec}(R)$, 则存在 $a \in R - P$ 使得 M_a 为自由 R_a-模。

证. 由引理 1.2 可设 M_P 为秩 n 的自由 R_P-模, 故可取同态 $f : R^{\oplus n} \to M$ 使得 $f_P : R_P^{\oplus n} \to M_P$ 为同构。令 $K = \ker(f)$, $C = \mathrm{coker}(f)$, 则 K, C 为有限生成的 R-模且由命题 1.2.v) 有 $K_P = 0$, $C_P = 0$, 故存在 $a \in R - P$ 使得 $K_a = 0$, $C_a = 0$, 从而 $f_a : R_a^{\oplus n} \to M_a$ 为同构。证毕。

一个 R-模 M 称为具有*有限展示*的, 如果存在正整数 r, s 及右正合列 $R^{\oplus s} \to R^{\oplus r} \to M \to 0$。特别地, 若 R 是诺特环而 M 是有限生成的 R-模, 则 M 具有有限展示。

引理 1.3. 具有有限展示的平坦 R-模是投射模。

证. 设平坦模 M 具有展示 $R^{\oplus s} \xrightarrow{g} R^{\oplus r} \xrightarrow{h} M \to 0$, 其中 g 由 $s \times r$-矩阵 (a_{ij}) 给出, 即 $g(1_i) = \sum\limits_{j=1}^{r} a_{ij} 1_j$ (我们记 1_i 为第 i 分量为 1 而其余分量为 0 的元)。(a_{ij}) 的转置矩阵 (a_{ji}) 定义一个同态 $f : R^{\oplus r} \to R^{\oplus s}$ (g 的 "对偶")。令 $K = \ker(h)$, $C = \ker(f)$, $D = \mathrm{coker}(f)$, 则有交换图

$$
\begin{array}{ccccccc}
 & & 0 & & 0 & & \\
 & & \downarrow & & \downarrow & & \\
 & & R^{\oplus r}\otimes_R C & \longrightarrow & M\otimes_R C & \to & 0 \\
 & & \downarrow & & \downarrow & & \\
0\to K\otimes_R R^{\oplus r} & \to & R^{\oplus r}\otimes_R R^{\oplus r} & \longrightarrow & M\otimes_R R^{\oplus r} & \to & 0 \\
\downarrow{\scriptstyle \mathrm{id}_K\otimes_R f} & & \downarrow{\scriptstyle \mathrm{id}_{R^{\oplus r}}\otimes_R f} & & \downarrow{\scriptstyle \mathrm{id}_M\otimes_R f} & & \\
0\to K\otimes_R R^{\oplus s} & \to & R^{\oplus r}\otimes_R R^{\oplus s} & \xrightarrow{h\otimes_R \mathrm{id}_{R^{\oplus s}}} & M\otimes_R R^{\oplus s} & \to & 0 \\
\downarrow{\scriptstyle \rho} & & \downarrow & & \downarrow & & \\
K\otimes_R D & \xrightarrow{\sigma} & R^{\oplus r}\otimes_R D & \longrightarrow & M\otimes_R D & \to & 0 \\
\downarrow & & \downarrow & & \downarrow & & \\
0 & & 0 & & 0 & &
\end{array}
\tag{4}
$$

由 M 和 $R^{\oplus r}, R^{\oplus s}$ 的平坦性可知 (4) 中的行与列都正合, 故由引理 I.3.2 得 σ 是单射。

令 $x=\sum\limits_{j=1}^{r}1_j\otimes_R 1_j\in R^{\oplus r}\otimes_R R^{\oplus r}$, $y=\mathrm{id}_{R^{\oplus r}}\otimes_R f(x)$, 则有

$$y=\sum_{i,j}1_j\otimes_R a_{ij}1_i=\sum_{i=1}^{s}\left(\sum_{j=1}^{r}a_{ij}1_j\right)\otimes_R 1_i=\sum_{i=1}^{s}g(1_i)\otimes_R 1_i$$

故 $h\otimes_R \mathrm{id}_{R^{\oplus s}}(y)=h\otimes_R \mathrm{id}_{R^{\oplus s}}\left(\sum\limits_{i=1}^{s}g(1_i)\otimes_R 1_i\right)=0$, 从而 $y\in K\otimes_R R^{\oplus s}$。由 $\sigma(\rho(y))=0$ 及 σ 是单射有 $\rho(y)=0$, 故存在 $v=\sum\limits_{j=1}^{r}n_j\otimes_R 1_j\in K\otimes_R R^{\oplus r}$ $(n_1,\cdots,n_r\in K)$ 使得 $\mathrm{id}_K\otimes_R f(v)=y$, 换言之

$$
\begin{aligned}
\sum_{i=1}^{s}g(1_i)\otimes_R 1_i=y&=\sum_{j=1}^{r}n_j\otimes_R\left(\sum_{i=1}^{s}a_{ij}1_i\right)\\
&=\sum_{i=1}^{s}\left(\sum_{j=1}^{r}a_{ij}n_j\right)\otimes_R 1_i
\end{aligned}
$$

从而 $g(1_i)=\sum\limits_{j=1}^{r}a_{ij}n_j$ $(1\leqslant i\leqslant s)$。令 $\phi(1_j)=n_j$ $(1\leqslant j\leqslant r)$, 由此定义一个同态 $\phi: R^{\oplus r}\to K$, 满足

$$\phi(g(1_i))=\phi\left(\sum_{j=1}^{r}a_{ij}1_j\right)=\sum_{j=1}^{r}a_{ij}n_j=g(1_i)$$

故 $\phi|_K = \mathrm{id}_K$, 从而 $R^{\oplus r} \cong \ker(\phi) \oplus K$, 且 $M \cong R^{\oplus r}/K \cong \ker(\phi)$, 即 M 为 $R^{\oplus r}$ 的直加项, 故为投射模 (见 I.3)。证毕。

一个 R-模 M 称为**局部自由的**, 如果对 R 的每个极大理想 P, M_P 是自由 R_P-模; 称为**强局部自由的**, 如果对 R 的每个素理想 P, 存在 $a \in R - P$ 使得 M_a 是自由 R_a-模。由引理 1.1, 引理 1.2, 引理 1.3 和推论 1.1 立得如下推论。

推论 1.2. 若 M 是诺特环 R 上的有限生成模, 则

M 是平坦的 $\Leftrightarrow$ M 是局部自由的 $\Leftrightarrow$ M 是投射的 $\Leftrightarrow$ M 是强局部自由的。

例 1.2. 若 R 是戴德金环, 则任一非零理想 I 都是 (秩为 1 的) 局部自由模, 因为对任一极大理想 $P \subset R$, R_P 是 PID (见引理 IV.3.1)。故 I 是投射模。设 $R = \mathbb{Z}[\sqrt{-5}]$, $I = (2, 1+\sqrt{-5})$, 则 R 为戴德金环 (见习题 II.4) 且易见 I 不是主理想, 故不是自由 R-模。这给出非自由投射模的一个例子。

命题 1.3. 设 I_1, I_2 为环 R 的理想。

i) 若 M 是平坦 R-模, 则 $(I_1 \cap I_2)M = I_1M \cap I_2M$;

ii) 若 A 为平坦 R-代数且 I_2 是有限生成的, 则 $(I_1 : I_2)A = (I_1A : I_2A)$。

证. i) 对正合列 $0 \to I_1 \cap I_2 \to R \to R/I_1 \oplus R/I_2$ 作 $\otimes_R M$ 得到正合列 $0 \to (I_1 \cap I_2)M \to M \to M/I_1M \oplus M/I_2M$, 故 $(I_1 \cap I_2)M = \ker(M \to M/I_1M \oplus M/I_2M) = I_1M \cap I_2M$。

ii) 设 $I_2 = (a_1, \cdots, a_n)$, 由正合列 $0 \to (I_1 : a_i) \to R \xrightarrow{a_i} R/I_1$ 得正合列 $0 \to (I_1 : a_i)A \to A \xrightarrow{a_i} A/I_1A$, 故 $(I_1 : a_i)A = (I_1A : a_i)$, 再由 i) 得 $(I_1 : I_2)A = \left(\bigcap_i (I_1 : a_i)\right) A = \bigcap_i ((I_1 : a_i)A) = \bigcap_i (I_1A : a_i) = (I_1A : I_2A)$。证毕。

例 1.3. 设 k 为域, $R = k[x,y]$, $A = k\left[x, \dfrac{y}{x}\right] \subset k(x,y)$, 则 A 是一个 R-代数。对于 R 的理想 $I_1 = (x)$, $I_2 = (y)$, 我们有 $(I_1 \cap I_2)A = xyA \neq yA = I_1A \cap I_2A$, 故由命题 1.3.i), A 在 R 上不是平坦的。这种非平坦性属于所谓 "爆发" 情形, 不同于有挠情形。

2. 忠实平坦性

命题 2.1. 设 M 为 R-模, 则下列诸条件等价:

i) M 是忠实平坦的;

ii) M 是平坦的, 且对任一非零 R-模 N 有 $N \otimes_R M \neq 0$;

iii) M 是平坦的, 且对任一极大理想 $P \subset R$ 有 $PM \neq M$。

证. i)$\Rightarrow$iii) 是显然的, 因为 $PM = M$ 蕴涵 $P = R$。

iii)$\Rightarrow$ii): 设 $0 \neq m \in N$, 令 $I = \mathrm{Ann}_R(m)$, 则 $Rm \cong R/I \hookrightarrow N$, 故由 M 的平坦性有单射 $M/IM \cong R/I \otimes_R M \hookrightarrow N \otimes_R M$。若 $N \otimes_R M = 0$, 则有 $M/IM = 0$,

$M = IM$, 取极大理想 $P \supset I$ 即有 $M = PM$, 与 iii) 矛盾。

ii)⇒i): 我们注意, 由于 M 是平坦的, 对任一 R-模同态 $\otimes_R \mathrm{id}_M$ 后的核、余核、象分别等于原同态的核、余核、象 $\otimes_R M$。设 R-模同态列 $N' \xrightarrow{f} N \xrightarrow{g} N''$ 在 $\otimes_R M$ 后为正合的, 则有 $\mathrm{im}(g \circ f) \otimes_R M \cong \mathrm{im}(g \circ f \otimes_R \mathrm{id}_M) = 0$, 故由 ii) 有 $\mathrm{im}(g \circ f) = 0$, 从而 $g \circ f = 0$, $\mathrm{im}(f) \subset \ker(g)$。这样又有 $(\ker(g)/\mathrm{im}(f)) \otimes_R M \cong \ker(g \otimes_R \mathrm{id}_M)/\mathrm{im}(f \otimes_R \mathrm{id}_M) = 0$, 故再由 ii) 有 $\ker(g)/\mathrm{im}(f) = 0$, $\ker(g) = \mathrm{im}(f)$, 即 $N' \to N \to N''$ 是正合的。证毕。

推论 2.1. 设 R, A 为局部环, 极大理想分别为 p, P, $f : R \to A$ 为环同态使得 $f(p) \subset P$, M 为有限生成的非零 A-模。若 M 在 R 上平坦, 则 M 在 R 上忠实平坦。

证. 由注 III.2.1 有 $M \neq PM \supset pM$, 再用命题 2.1.iii) 证得。证毕。

命题 2.2. 设 M, N 为 R-模, A 为 R-代数。

i) 若 M, N 为 f.f., 则 $M \otimes_R N$ 亦然;

ii) $M \otimes_R N$ 是平坦的且 M 是 f.f., 则 N 是平坦的;

iii) 若 M 是忠实平坦的, 则 $M \otimes_R A$ 是忠实平坦 A-模;

iv) 若 M 是忠实平坦 A-模而 A 是忠实平坦 R-代数, 则 M 是忠实平坦 R-模;

v) 若 M 是忠实平坦 A-模且是忠实平坦 R-模, 则 A 是忠实平坦 R-代数;

vi) 若 A 是忠实平坦 R-代数且 $M \otimes_R A$ 是平坦 (或 f.f.) A-模, 则 M 是平坦 (或 f.f.) R-模。

证明很简单, 留给读者作为练习。

命题 2.3. 设 $f : R \to A$ 为环同态, 则下列诸条件等价:

i) f 是忠实平坦的;

ii) f 是平坦的且 $\hat{f} : \mathrm{Spec}(A) \to \mathrm{Spec}(R)$ 是满射 (换言之 LO 成立);

iii) f 是平坦的, 且对任一极大理想 $p \subset R$ 存在极大理想 $P \subset A$ 使得 $f^{-1}(P) = p$;

iv) f 是单射且 $A/f(R)$ 是平坦 R-模。

证. ii)⇒iii) 很简单: 存在 $Q \in \mathrm{Spec}(A)$ 使得 $\hat{f}(Q) = p$, 令 $P \subset A$ 为包含 Q 的极大理想, 则有 $\hat{f}(P) = p$。

iii)⇒i) 也很简单, 由命题 2.1.iii) 及 $A \supsetneq P \supset pA$ 即得。

i)⇒ii): 设 $p \in \mathrm{Spec}(R)$, 则由命题 2.2.iii) 知, A_p 在 R_p 上是忠实平坦的, 故由命题 2.1.iii) 有 $pA_p \neq A_p$。取 A_p 的极大理想 $P' \supset pA_p$ 且令 P 为 P' 在典范同态 $A \to A_p$ 下的原象, 则有 $\hat{f}(P) = p$。

i)⇔iv): 对任一理想 $I \overset{i}{\hookrightarrow} R$ 我们有下面的交换图, 其行与列都是正合的:

$$\begin{array}{ccccccc} 0\to & I & \longrightarrow & R & \to & R/I & \to 0\\ & \downarrow f_I & & \downarrow f & & \downarrow f_{R/I} & \\ & I\otimes_R A & \xrightarrow{i_A} & A & \to & R/I\otimes_R A & \to 0\\ & \downarrow & & \downarrow & & \downarrow & \\ & I\otimes_R A/f(R) & \xrightarrow{i_{A/f(R)}} & A/f(R) & \to & R/I\otimes_R A/f(R) & \to 0\\ & \downarrow & & \downarrow & & \downarrow & \\ & 0 & & 0 & & 0 & \end{array} \tag{5}$$

(其中 $f_I = \mathrm{id}_I \otimes_R f$, 等等。) 若 f 是忠实平坦的, 则对任意 R-模 N, $\mathrm{id}_N \otimes_R f : N \to N \otimes_R A$ 是单射, 这是因为对 $K = \ker(\mathrm{id}_N \otimes_R f)$ 有单射 $K \otimes_R A \hookrightarrow N \otimes_R A$ 且其象为 0, 故 $K \otimes_R A = 0$, 从而 $K = 0$。由此可知 (5) 中的 $f_I, f, f_{A/I}$ 是单射, 此外 i_A 也是单射, 故由引理 I.3.2 得 $i_{A/f(R)}$ 是单射, 从而由命题 1.1.iii) 得 $A/f(R)$ 是平坦 R-模。

反之, 若 f 是单射且 $A/f(R)$ 是平坦 R-模, 则在 (5) 中 $i_{A/f(R)}$ 是单射, 从而不难验证 i_A 是单射, 故由命题 1.1.iii) 可知 f 是平坦的。此外由引理 I.3.2 得 $f_{R/I}$ 是单射, 故当 $I \neq R$ 时有 $A/IA \cong R/I \otimes_R A \neq 0$, 即 $A \neq IA$, 从而由命题 2.1.iii) 得 f 是忠实平坦的。证毕。

引理 2.1. 设环同态 $f : R \to A$ 是平坦的, 则对任意 $p, q \in \mathrm{Spec}(R)$ 使得 $q \subset p$ 及 $P \in \mathrm{Spec}(A)$ 使得 $\hat{f}(P) = p$, 存在 $Q \in \mathrm{Spec}(A)$ 使得 $Q \subset P$ 且 $\hat{f}(Q) = q$ (换言之 GD 成立)。

证. 由推论 2.1, f 诱导的同态 $\phi : R_p \to A_P$ 是忠实平坦的, 故由命题 2.3.ii) 存在素理想 $Q' \subset A_P$ 使得 $\hat{\phi}(Q') = qR_p$。令 $Q \in \mathrm{Spec}(A)$ 为 Q' 在典范同态 $A \to A_P$ 下的原象, 则有 $Q \subset P$, $\hat{f}(Q) = q$。证毕。

我们后面 (XIV.1) 将要用到下面这个关于伴随素理想的引理, 注意其中不假定模是有限生成的。

引理 2.2. 设 $f : R \to A$ 为诺特环的同态, M 为 R-模, N 为 A-模。

i) 若 M 是平坦的, 则对任意 $p \in \mathrm{Spec}(R)$ 使得 $M \neq pM$ 有

$$\mathrm{Ass}_R(M/pM) = \{p\}$$

ii) 若 N 是 R-平坦的, 则

$$\mathrm{Ass}_A(M \otimes_R N) = \bigcup_{p \in \mathrm{Ass}_R(M)} \mathrm{Ass}_A(N/pN)$$

iii) 若 f 是平坦的, 则

$$\mathrm{Ass}_A(A) = \bigcup_{p \in \mathrm{Ass}_R(R)} \mathrm{Ass}_A(A/pA)$$

且

$$\hat{f}(\mathrm{Ass}_A(A)) = \{p \in \mathrm{Ass}_R(R) | pA \neq A\}$$

特别地, 若 f 是忠实平坦的, 则 $\hat{f}(\mathrm{Ass}_A(A)) = \mathrm{Ass}_R(R)$。

证. i) 由命题 1.2.iii), $M \otimes_R R/p \cong M/pM$ 在 R/p 上平坦, 故由命题 1.2.viii), $R - p$ 的元都不是 M/pM 的零因子, 换言之, 对任意非零元 $m \in M/pM$ 有

$$\mathrm{Ann}_R(m) = p。$$

ii) 若 $p \in \mathrm{Ass}_R(M)$, 则存在单射 $R/p \hookrightarrow M$, 从而由 N 的 R-平坦性有单射 $N \otimes_R R/p \cong N/pN \hookrightarrow M \otimes_R N$, 故

$$\mathrm{Ass}_A(N/pN) \subset \mathrm{Ass}_A(M \otimes_R N) \tag{6}$$

另一方面, 若 M 是有限生成的, 则由推论 V.2.1, 存在 M 的过滤 $0 = M_0 \subset M_1 \subset \cdots \subset M_n = M$ 使得 $M_i/M_{i-1} \cong I_i/p_i$ $(1 \leqslant i \leqslant n)$, 其中 $p_i \in \mathrm{Ass}_R(M)$ 而 $I_i \subset R$ 为包含 p_i 的理想。由于 N 是 R-平坦的, $M \otimes_R N$ 有过滤

$$0 = M_0 \otimes_R N \subset M_1 \otimes_R N \subset \cdots \subset M_n \otimes_R N = M \otimes_R N$$

从而由命题 V.1.1.ii) 有

$$\mathrm{Ass}_A(M \otimes_R N) \subset \bigcup_i \mathrm{Ass}_A(I_i N/p_i N) \subset \bigcup_{p \in \mathrm{Ass}_R(M)} \mathrm{Ass}_A(N/pN) \tag{7}$$

再注意任一 R-模是其所有有限生成子模的并, 可见 (7) 对一般的 R-模 M 也成立。(6) 和 (7) 合起来就给出了 ii)。

iii) 第一个断言是 ii) 的特例; 第二个断言由 i) 及命题 V.1.1.v) 证得; 第三个断言由命题 2.1.iii) 证得。证毕。

习 题 VII

VII.1 设 $R = k[x, y]$, 其中 k 为域。下列 R-代数是否在 R 上平坦?

i) $k[x, y, z]/(xz, yz, z^2)$;

ii) $k[x, y, z, u]/(xz + yu)$;

iii) $k[x, y, z, u]/(u^2 + xu + yz)$。

VII.2 设 M 为具有有限展示的 R-模。证明对任意满同态 $f : R^{\oplus n} \to M$, $\ker(f)$ 是有限生成的。(提示: 利用习题 I.15。)

VII.3* 设 $0 \to M' \to M \to M'' \to 0$ 为 R-模正合列, 其中 M' 和 M'' 分别为秩 m 和 n 的局部自由模。证明 $\wedge_R^{m+n} M \cong \wedge_R^m M' \otimes_R \wedge_R^n M''$。

VII.4 设 M 为平坦 R-模。假设存在正合列

$$0 \to R^{\oplus n} \to R^{\oplus(n+1)} \to M \to 0$$

证明 $M \cong R$。(提示: 利用习题 VII.3。)

VII.5 设 R 为戴德金环。证明

i) 若 M 为秩 1 局部自由 R-模, 则存在 R 的理想 I 使得有 R-模同构 $M \cong I$;

ii) 对任两个非零分式理想 (参看习题 IV.3) $I, J \subset R$, 有 R-模同构 $I \otimes_R J \cong IJ$ 和 $I \oplus J \cong R \oplus IJ$; (提示: 利用习题 3 和习题 IV.2。)

iii) 若 M 为秩 n 局部自由 R-模, 则 $M \cong R^{\oplus n-1} \oplus \wedge_R^n M$。(提示: 约化到 $n=2$ 的情形。)

VII.6 设 M, N 为 R-模, 其中 M 为平坦的而 N 为内射的。证明 $Hom_R(M,N)$ 是内射的。

VII.7* 设 $0 \to M' \to M \to M'' \to 0$ 为 R-模正合列, 其中 M'' 是平坦的。证明:

i) 对任意 R-模 N, $0 \to M' \otimes_R N \to M \otimes_R N \to M'' \otimes_R N \to 0$ 是正合的; (提示: 取一个满同态 $F \to N$, 其中 F 为自由 R-模。)

ii) M 是平坦的当且仅当 M' 是平坦的。

VII.8* 设 R 为诺特整环而 M 为有限生成的非零 R-模。证明: 若 M 在 R 上平坦, 则它在 R 上忠实平坦。

VII.9* 设 M, N 为 R-模。证明:

i) 若 $M \otimes_R N$ 为 f.f., 则 M 与 N 亦然;

ii) 若 $M \otimes_R N$ 为 f.f. 且为有限生成的, 则 M 与 N 亦然;

iii) 特别地, 若 R 为局部环而 $M \otimes_R N \cong R$, 则 $M \cong N \cong R$。

举例说明当 $M \otimes_R N$ 平坦时, M 与 N 未必平坦。

VII.10 设 R 为 A 的子环而 A 为 f.f. R-代数。证明对任意理想 $I \subset R$, $IA \cap R = I$。

VII.11 i) 设 k 为域, $R = k[x] \subset A = k[x,y]$。证明 LO 和 GD 对 $R \to A$ 成立, 但 GU 不成立。

ii) 给出一个满足 GU 和 GD 但不满足 LO 的环同态的例子。

VII.12 设 $R = \mathbb{R}[x,y] \subset A = \mathbb{R}[x,y,z,u]/(x^2+z^2, y^2+u^2, xy+zu, xu-yz)$。证明 GD 对 $R \to A$ 成立, 但 A 在 R 上不平坦。(提示: A 可看作 $\mathbb{C}[x,y,z,u]/(x-\sqrt{-1}z, y-\sqrt{-1}u)$ 的子环。)

VII.13 设 R 为戴德金环, 不难验证 R 上的所有秩 1 局部自由模的同构类组成一个集合, 记为 $\mathrm{Pic}(R)$。在 $\mathrm{Pic}(R)$ 上可以定义一个乘法: M 和 N 的积为 $M \otimes_R N$。证明 $\mathrm{Pic}(R)$ 在这个乘法下为一个群 (其单位元为 R), 且存在自然同态 $p: \mathrm{Div}(R) \twoheadrightarrow \mathrm{Pic}(R)$ (参看习题 IV.3), 将每个分式理想映到它作为 R-模的等价类, 而 $\ker(p) = \{Ra \mid a \neq 0 \in \text{q.f.}(R)\}$。称 $\mathrm{Pic}(R)$ 为 R 的**除子类群**或**皮卡群**。(提示: 参看习题 VII.5。)

VII.14* 设 A 为平坦 R-代数, $I \subset R$, $J \subset A$ 为理想, A/J 在 R 上平坦。证明 $IA \cap J = IJ$。

VIII 代数集

本章中的环都是有单位元的交换环。

1. 代数子集与察里斯基拓扑

在一个代数闭域 k (例如 $\mathbb{C}$) 上的 n 维线性空间 k^n 中, 由一组多项式 $f_1, \cdots, f_r \in k[x_1, \cdots, x_n] = A$ 的公共零点组成的集合 V 称作一个**代数子集**。令理想 $I = (f_1, \cdots, f_r) \subset A$, 则对任意 $(a_1, \cdots, a_n) \in V$ 及 $f \in I$ 有 $f(a_1, \cdots, a_n) = 0$。故 V 由 I 决定, 而与 I 的生成元 $\{f_1, \cdots, f_r\}$ 的选择无关, 通常记 $V = V(I)$。注意 $f(a_1, \cdots, a_n) = 0$ 当且仅当 $f \in P = (x_1 - a_1, \cdots, x_n - a_n)$, 其中 P 为极大理想 $(A/P \cong k)$。反之, 若 $P \subset A$ 为极大理想, 则 A/P 是有限生成的 k-代数且为域, 故由推论 IV.1.1 有 $A/P \cong k$, 从而可取 $a_1, \cdots, a_n \in k$ 使得 $x_1 - a_1, \cdots, x_n - a_n \in P$, 由于 $(x_1 - a_1, \cdots, x_n - a_n)$ 已是极大理想, 我们有 $P = (x_1 - a_1, \cdots, x_n - a_n)$。由此可见 A 的极大理想与 k^n 中的点一一对应, 而 V 中的点对应于所有包含 I 的极大理想。

例 1.1. 对于上述情形, 令 $R = A/I$, 则

$$\sqrt{I} = \{f \in A | \text{对某个正整数 } r \text{ 有 } f^r \in I\}$$

为 $N(R)$ 在 A 中的原象 (称为 I 的**根理想**)。于是定理 IV.1.1 可以表述为: 设 $f \in A$, 若对任意 $P \in V(I)$ 都有 $f \in P$, 则 $f \in \sqrt{I}$。换言之定理 IV.1.1 可以表述为注 IV.1.2 中的形式。

将点定义为极大理想的好处是它与坐标系的选择 (相当于有限生成 k-代数的生成元的选择) 无关, 或者说给出几何描述。不难验证所有代数子集的余集组成一个拓扑, 即所谓**察里斯基拓扑**, 它在 $k = \mathbb{C}$ 的情形下比通常的拓扑弱。$R = A/I$ 称作 V 的**函数环**, 注意 R 中可能有幂零元, 即在 V 上处处为零的非零元, 引进这种幂零函数是为了无穷小变形、微分等方面的方便。若 $W \subset k^n$ 是另一理想 J 定义的代数子集, 则 $V \times W \subset k^{2n}$ 由 $I \otimes_k 1$ 和 $1 \otimes_k J$ 在 $A \otimes_k A$ 中生成的理想定义, 故 $V \times W$ 的函数环同构于 $A/I \otimes_k A/J$。但注意 $V \times W$ 的察里斯基拓扑一般不是 V

和 W 的察里斯基拓扑的积。

对于一般的环 R, Spec(R) 可以看作上述概念的推广, 但在 Spec(R) 中不仅有极大理想而且有其他素理想, 这种定义出于经典的 "一般点" (即坐标可以在某个扩域 $K \supset k$ 中的点, 也可以理解为 "动点") 以及纤维丛、局部化、数论等方面的考虑。

设 R 为有单位元的交换环。我们可以在 R 的谱 $X = \text{Spec}(R)$ 上建立一个拓扑如下。对任一理想 $I \subset R$, 令 $V(I) = \{P \in X | P \supset I\}$ (若子集 $S \subset I$ 生成 I, 则记 $V(S) = V(I)$), 规定这些 $V(I)$ 为闭集, 则易见拓扑的公理都满足。这个拓扑称为**察里斯基拓扑**。我们将记 $U(I) = X - V(I)$。注意这是一个很弱的拓扑, 例如它一般不满足分离性公理 T_1。此外注意 $V(I) = V(\sqrt{I})$。若 $N(R) = (0)$, 则称 Spec(R) 为**既约的**。一个闭子集 $V(I)$ 称作**不可约的**, 如果它不是两个 (察里斯基) 非空真闭子集的并。如果 $X = \text{Spec}(R)$ 既是既约的又是不可约的, 则称 X 为**整的**, 易见这等价于 R 是整环: 若 X 是整的且对 $f, g \in R$ 有 $fg = 0$, 则或者 $V(f) = X$ 或者 $V(g) = X$, 不妨设 $V(f) = X$, 即 f 含于 R 的任一素理想中, 故 $f \in N(R) = (0)$。

我们称 R 的极小素理想为 $X = \text{Spec}(R)$ 的**一般点**, 而称 R 的极大素理想为 X 的**闭点**, 因为这样一个点组成一个闭集。若 $P, Q \in X$ 而 $P \subset Q$, 则称 Q 为 P 的**特化**, 而称 P 为 Q 的**一般化**。此时若 $P \in V(I)$, 则 $Q \in V(I)$, 换言之, 闭集在特化之下安定。故开集在一般化之下安定。

设 $f : R \to A$ 为环同态, 则易见对任一理想 $I \subset R$ 有 $\hat{f}^{-1}(V(I)) = V(f(I))$, 故 $\hat{f}$ 为连续映射, 称为谱的**态射** (参看例 XI.1.1.viii))。用这种语言, LO 就是说 $\hat{f}$ 是满射; GU 就是说 $\hat{f}$ 将在特化之下安定的子集映到在特化之下安定的子集; 而 GD 就是说 $\hat{f}$ 将在一般化之下安定的子集映到在一般化之下安定的子集。若 $I \subset R$ 是理想而 $f : R \to R/I$ 是投射, 则 $\hat{f}$ 给出 Spec(R/I) 与 $V(I) \subset \text{Spec}(R)$ 之间的同胚, 故我们将 Spec(R/I) 和 $V(I)$ 等同起来。若 $a \in R$ 不是幂零元, 记 $R_a = S^{-1}R$, 其中 $S = \{1, a, a^2, \cdots\}$, 且记 $X_a = \text{Spec}(R_a)$; 若 $f : R \to R_a$ 是典范同态, 则 $\hat{f}$ 给出 X_a 和 $U(a) \subset \text{Spec}(R)$ 之间的同胚, 故我们将 X_a 和 $U(a)$ 等同起来。注意所有 $U(a)$ 组成 Spec(R) 的一组拓扑基。

若 R 是诺特环, 则由理想的 ACC 可见 $X = \text{Spec}(R)$ 的 (察里斯基) 闭子集满足 DCC, 即不存在无限长的闭子集列 $V_1 \supsetneq V_2 \supsetneq \cdots$。由此我们可以对 X 的开子集建立一种归纳法:

(*) 设 $\mathfrak{S}$ 为 X 的开子集的非空集合。假设对任意 $U \in \mathfrak{S}$, 若 $U \neq X$, 则存在 $U' \in \mathfrak{S}$ 使得 $U' \supsetneq U$, 则 $X \in \mathfrak{S}$。

这称为**诺特归纳法** (参看定理 3.1 中的应用)。此外由命题 V.1.1.iii) 可知 X 只有有限多个一般点 $P_1, \cdots, P_n$, 故 X 是有限多个不可约闭子集 $V(P_1), \cdots, V(P_n)$ (称为 X 的**不可约分支**) 的并。

2. 纤维积

设 $f : R \to A$ 和 $g : R \to B$ 为环同态, 记 $S = \mathrm{Spec}(R)$, $X = \mathrm{Spec}(A)$, $Y = \mathrm{Spec}(B)$。由例 VI.1.2 可知存在典范同态 $i : A \to A \otimes_R B$ 和 $j : B \to A \otimes_R B$, 使得 $Z = \mathrm{Spec}(A \otimes_R B)$ 具有如下泛性: 对任一谱 $T = \mathrm{Spec}(C)$ 及任意态射 $\hat{\imath}' : T \to X$, $\hat{\jmath}' : T \to Y$ 使得 $\hat{f} \circ \hat{\imath}' = \hat{g} \circ \hat{\jmath}'$, 存在唯一态射 $\hat{\phi} : T \to Z$ 使得 $\hat{\imath}' = \hat{\imath} \circ \hat{\phi}$, $\hat{\jmath}' = \hat{\jmath} \circ \hat{\phi}$。故我们记 $Z = X \times_S Y$, 称为 X 和 Y 在 S 上的**纤维积**。注意 $X \times_S Y$ 一般不同于集合或拓扑意义下的纤维积 (即 $\{(x, y) | x \in X, y \in Y, \hat{f}(x) = \hat{g}(y)\}$), 例如当 R 为域时, 由下例可见即使 X, Y 都不可约, $X \times_S Y$ 也未必不可约。

例 2.1. 设 $S = \mathrm{Spec}(\mathbb{R})$, $X = \mathrm{Spec}(\mathbb{C})$, 则 $X \times_S X$ 是可约的, 这是因为 $\mathbb{C} \otimes_{\mathbb{R}} \mathbb{C} \cong \mathbb{C}[x]/(x^2 + 1) \cong \mathbb{C} \times \mathbb{C}$, 从而 $X \times_S X = \mathrm{Spec}(\mathbb{C} \otimes_{\mathbb{R}} \mathbb{C})$ 由两个闭点组成。

但我们有下面的引理。

引理 2.1. 设 k 为代数闭域, A, B 为 k-代数。若 A, B 都是整环, 则 $A \otimes_k B$ 也是整环。

证. 首先注意我们可设 A, B 为有限生成的 k-代数, 这是因为若有非零元 $a, b \in A \otimes_k B$ 使得 $ab = 0$, 则可取有限生成的 k-子代数 $A' \subset A$, $B' \subset B$ 使得 $a, b \in A' \otimes_k B'$ (由命题 VII.1.2.vi) 可知 $A' \otimes_k B'$ 是 $A \otimes_k B$ 的子环), 故 $A' \otimes_k B'$ 已不是整环。

设 $K = \mathrm{q.f.}(A)$, 则 $A \otimes_k B \subset K \otimes_k B$, 故只需证明 $K \otimes_k B$ 是整环。由注 IV.1.1 在 K 中可取在 k 上代数无关的元 $x_1, \cdots, x_n$ 使得 $K \supset L = k(x_1, \cdots, x_n)$ 是有限可分扩张, 故由本原元素定理知 $K \supset L$ 是单纯扩张。令 $K = L(\alpha)$, 由例 II.1.1.iii) 不妨设 α 在 $k[x_1, \cdots, x_n]$ 上是整的。令 $R = k[x_1, \cdots, x_n, \alpha] \subset K$, 则只需证明 $R \otimes_k B$ 是整环, 因为 $K \otimes_k B$ 是 $R \otimes_k B$ 的局部化。

令 $f \in k[x_1, \cdots, x_n, x]$ 为 α 在 L 上的定义多项式, 则 $R \cong k[x_1, \cdots, x_n, x]/(f)$, 故 $R \otimes_k B \cong B[x_1, \cdots, x_n, x]/(f)$。所以我们只需证明 f 在 $B[x_1, \cdots, x_n, x]$ 中生成的理想是素理想。用反证法, 设有 $a, b \in B[x_1, \cdots, x_n, x]$ 使得 $a, b \notin (f)$ 但 $ab \in (f)$, 由于 f 作为 x 的多项式是首一的, 不妨设 a, b 作为 x 的多项式的次数小于 $\deg(f)$。将 a, b (作为 x 的多项式) 的首项系数 a_0, b_0 (作为 $x_1, \cdots, x_n$ 的多项式) 的各单项式按字典序排列, 设 a_0, b_0 的首项系数分别为 c, d, 则 $a_0 b_0$ 的首项系数为 cd。因为 B 是整环有 $cd \neq 0$, 故由定理 IV.1.1 知存在极大理想 $P \subset B$ 使得 $cd \notin P$, 且由推论 IV.1.1 有 $B/P \cong k$。令 $\bar{a}, \bar{b}$ 为 a, b 在 $B[x_1, \cdots, x_n, x] \otimes_B B/P \cong k[x_1, \cdots, x_n, x]$ 中的象, 则因 cd 在 B/P 中的象非零, $\bar{a}, \bar{b}$ 为非零多项式, 且作为 x 的多项式次数小于 $\deg(f)$, 但 $f | \bar{a}\bar{b}$, 与 f 在 $k[x_1, \cdots, x_n, x]$ 中的不可约性矛盾。证毕。

换言之, 在 k 是代数闭域的情形, 若 $X = \mathrm{Spec}(A)$ 和 $Y = \mathrm{Spec}(B)$ 都是整的,

则 $X \times_S Y$ 也是整的 (其中 $S = \mathrm{Spec}(k)$)。

推论 2.1. 设 k 为代数闭域, R, R' 为 k-代数且为诺特环。

i) 若 $p \in \mathrm{Spec}(R)$, $p' \in \mathrm{Spec}(R')$, 则 $P = p \otimes_k R' + R \otimes_k p' \subset R \otimes_k R'$ 为素理想; 此时若 $q \subset R$ 为 p-准素理想而 $q' \subset R'$ 为 p'-准素理想, 则 $Q = q \otimes_k R' + R \otimes_k q' \subset R \otimes_k R'$ 为 P-准素理想。特别地, 若 $p \in \mathrm{Ass}_R(R)$, $p' \in \mathrm{Ass}_{R'}(R')$, 则 $P \in \mathrm{Ass}_{R\otimes_k R'}(R \otimes_k R')$。

ii) 若 $0 = \bigcap\limits_{i=1}^{m} q_i \subset R$ 和 $0 = \bigcap\limits_{j=1}^{n} q'_j \subset R'$ 为无赘准素分解, 则在 $R \otimes_k R'$ 中有无赘准素分解 $0 = \bigcap\limits_{i,j} Q_{ij}$, 其中 $Q_{ij} = q_i \otimes_k R' + R \otimes_k q'_j$ $(1 \leqslant i \leqslant m, 1 \leqslant j \leqslant n)$。

证. i) 由引理 2.1, $(R/p) \otimes_k (R'/p')$ 为整环, 故由正合列

$$0 \to p \otimes_k R' + R \otimes_k p' \to R \otimes_k R' \to (R/p) \otimes_k (R'/p') \to 0$$

可见 $P = p \otimes_k R' + R \otimes_k p'$ 为素理想。

令 $A = R/q$, 则 $\mathrm{Ass}_R(A) = \{p\}$, 故典范同态 $A \to A_p$ 为单射且 A_p 为阿廷局部环。令 $K = A_p/pA_p \cong \mathrm{q.f.}(R/p)$, 则 A_p 中的任一极大理想链的每个因子都同构于 K。同样若令 $A' = R'/q'$, $K' = A'_{p'}/p'A'_{p'}$, 则典范同态 $A' \to A'_{p'}$ 为单射, $A'_{p'}$ 为阿廷局部环且 $A'_{p'}$ 中的任一极大理想链的每个因子都同构于 K'。故有单同态 $A \otimes_k A' \hookrightarrow B = A_p \otimes_k A'_{p'}$。对 A_p 和 $A'_{p'}$ 各取一个极大理想链, 则可给出 B 的一个理想链, 其因子都同构于 $K \otimes_k K'$。由引理 2.1 知 $K \otimes_k K'$ 是整环, 可见 $R \otimes_k R' - P$ 的元都不是 B 的零因子, 从而不是 $A \otimes_k A' \cong R \otimes_k R'/Q$ 的零因子。这说明 $\mathrm{Ass}_{R\otimes_k R'}(A \otimes_k A') = \{P\}$, 故 Q 为 P-准素的。

若 $p \in \mathrm{Ass}_R(R)$, $p' \in \mathrm{Ass}_{R'}(R')$, 则可取 $a \in R$, $a' \in R'$ 使得 $Ra \cong R/p$, $R'a' \cong R'/p'$, 从而 $(R \otimes_k R')(a \otimes_k a') \cong (R/p) \otimes_k (R'/p')$, 这说明 $P = \mathrm{Ann}_{R\otimes_k R'}(a \otimes_k a')$, 故 $P \in \mathrm{Ass}_{R\otimes_k R'}(R \otimes_k R')$。

ii) 不妨设 q_i 为 p_i-准素的 $(1 \leqslant i \leqslant m)$, q'_j 为 p'_j-准素的 $(1 \leqslant j \leqslant n)$, 则由所设有 $\mathrm{Ass}_R(R) = \{p_1, \cdots, p_m\}$, $\mathrm{Ass}_{R'}(R') = \{p'_1, \cdots, p'_n\}$。对任意 i, j $(1 \leqslant i \leqslant m, 1 \leqslant j \leqslant n)$, 令 $P_{ij} = p_i \otimes_k R' + R \otimes_k p'_j \in \mathrm{Spec}(R \otimes_k R')$, 则由 i) 可知 $P_{ij} \in \mathrm{Ass}_{R\otimes_k R'}(R \otimes_k R')$ 且 Q_{ij} 为 P_{ij}-准素的。由单同态 $R \hookrightarrow \prod\limits_i R/q_i$ 和 $R' \hookrightarrow \prod\limits_j R'/q'_j$ 得单同态 $R \otimes_k R' \hookrightarrow \prod\limits_{i,j}(R/q_i) \otimes_k (R'/q'_j) \cong \prod\limits_{i,j}(R \otimes_k R')/Q_{ij}$, 故有无赘准素分解 $0 = \bigcap\limits_{i,j} Q_{ij}$。证毕。

3. 可建造集

一般说来, 一个态射 $\hat{f}$ 既不是开的又不是闭的, 例如 $f : \mathbb{Z} \hookrightarrow \mathbb{Q}$ 给出的 $\hat{f}$ 将 $\mathrm{Spec}(\mathbb{Q})$ 映到 $\mathrm{Spec}(\mathbb{Z})$ 的一般点。但当 R 为诺特环而 $f : R \to A$ 为有限型时, 我们

有较好的结果。为叙述这些结果我们要用到下面的术语: 在一个拓扑空间中, 一个开集和一个闭集的交称作一个*局部闭子集*, 有限多个局部闭子集的并称作一个*可建造子集*。

定理 3.1. 设 R 为诺特环而 $f: R \to A$ 为有限型环同态, 则 $\hat{f}$ 将 $Y = \text{Spec}(A)$ 的可建造子集映成 $X = \text{Spec}(R)$ 的可建造子集。

证. 设 $S \subset Y$ 为可建造子集, 为证明 $\hat{f}(S)$ 是 X 的可建造子集我们只需考虑 S 是局部闭的情形。设 $S = V(I) \cap U(J)$, 用 $V(I) \cong \text{Spec}(A/I)$ 代替 Y, 就可设 $S = U(J)$; 再注意 $U(J) = \bigcup\limits_{i=1}^{n} U(a_i)$, 其中 $a_1, \cdots, a_n$ 是 J 的一组生成元, 而当 a_i 非幂零元时 $U(a_i) \cong \text{Spec}(A_{a_i})$, 否则 $U(a_i) = \varnothing$, 故不妨设 $S = Y$, 而且不妨设 Y 是既约的。

由诺特归纳法我们只需证明可以找到非空开子集 $U \subset Y$ 使得 $\hat{f}(U) \subset X$ 是可建造的。令 $P \in Y$ 为一个一般点, $p = \hat{f}(P)$, 换言之 $f^{-1}(P) = p$。由于 $P \subset A$ 是极小素理想, 存在 $b \in A - P$ 属于其余极小素理想的交, 从而 $U(b) \subset V(P)$。这样 $U(b) \cong \text{Spec}(A_b)$ 既是既约的又是不可约的, 故为整的, 从而 $p = \ker(R \to A_b)$。令 $R' = R/p$, $K = \text{q.f.}(R')$, $A' = A_b \otimes_{R'} K$。注意 A_b 是有限生成的 R'-代数, 故由引理 IV.1.1 存在多项式子环 $B = K[x_1, \cdots, x_n] \subset A'$ 使得 A' 在 B 上是整的。设 $y_1, \cdots, y_m$ 为 A_b 作为 R'-代数的一组生成元, 易见可取非零元 $a \in R'$ 使得 $x_1, \cdots, x_n \in A_{ab}$ 且 $y_1, \cdots, y_m$ 在 $B' = R'_a[x_1, \cdots, x_n]$ 上是整的, 从而 A_{ab} 在 B' 上是整的。由定理 II.3.1.i) 可知 $\text{Spec}(A_{ab}) \to \text{Spec}(B')$ 是满射, 而 $\text{Spec}(B') \to \text{Spec}(R'_a)$ 显然是满射, 故 $\hat{f}(U(ab)) = V(p)_a$ 为局部闭集。证毕。

引理 3.1. 设 R 为诺特环而 $S \subset \text{Spec}(R)$ 为可建造集, 则 S 为闭集当且仅当它在特化之下安定, 而 S 为开集当且仅当它在一般化之下安定。

证. 第二个断言是第一个断言的推论, 故只需证明第一个断言。我们有 $S = \bigcup\limits_{i=1}^{n} V(I_i) \cap U(J_i)$, 不妨设每个 $V(I_i) \cap U(J_i) \neq \varnothing$, 且 $V(I_i)$ 是不可约的, 或 I_i 为素理想。于是 $J_i \not\subset I_i$, 故 $I_i \in V(I_i) \cap U(J_i) \subset S$。若 S 在特化之下安定, 则由此就有 $V(I_i) \subset S$, 于是 $S = \bigcup\limits_{i=1}^{n} V(I_i)$, 故为闭集。证毕。

由定理 3.1 和引理 3.1 立得如下推论。

推论 3.1. 设 R 为诺特环而 $f: R \to A$ 为有限型环同态。若 GD 成立, 则 $\hat{f}$ 是开映射。

注 3.1. 若诺特环的同态 $f: R \to A$ 满足 GU, 则 $\hat{f}$ 是闭映射, 因为对任一理想 $I \subset A$ 有

$$\hat{f}(V(I)) = \bigcup_{P \in \text{Ass}_R(R/I)} \hat{f}(V(P)) = \bigcup_{P \in \text{Ass}_R(R/I)} V(\hat{f}(P))$$

习　题　VIII

VIII.1 对 $\mathbb{R}$ 和 $\mathbb{C}$ 可以定义察里斯基拓扑。将它们与 $\mathrm{Spec}\mathbb{R}[x]$ 作一比较。

VIII.2* 对任意环 R, 证明 $\mathrm{Spec}(R)$ 的察里斯基拓扑是拟紧的, 即任意开复盖具有有限的子复盖。

VIII.3* 设 M 为诺特环 R 上的有限生成的模。令 $\mathrm{Supp}_R(M) = \{P \in \mathrm{Spec}(R) | M_P \neq 0\}$。证明 $\mathrm{Supp}_R(M)$ 为察里斯基闭子集。

VIII.4* 设 k 为域, A, B 为 k-代数且为整环。证明: 若 $\mathrm{ch}(k) = 0$, 则 $\mathrm{Spec}(A \otimes_k B)$ 为既约的。当 $\mathrm{ch}(k) > 0$ 时这是否仍成立?

VIII.5 设 k 为域, $\bar{k}$ 为 k 的代数闭包, A 为 k-代数使得 $A \otimes_k \bar{k}$ 为整环。证明对任意域扩张 $k' \supset k$, $A \otimes_k k'$ 是整环。

VIII.6 设 R, A 为诺特整环而 $f : R \to A$ 为有限型同态。是否 $\mathrm{im}(\hat{f})$ 一定是闭的? (若是则给出证明, 否则给出反例。)

VIII.7* 设 R 为环, $X = \mathrm{Spec}(R)$, 证明:

i) 若 X 是不连通的, 即 X 是两个互不相交的非空闭子集 V_1, V_2 的并, 则存在唯一的元 $a \in R$ 使得 $a^2 = a$ 且 $V_1 = V(a)$, $V_2 = V(1-a)$。(注: 这给出习题 IV.6 的另一个证法。)

ii) 若理想 $I \subset R$ 是有限生成的和幂等的 (即 $I^2 = I$), 则存在唯一的元 $a \in I$ 使得 $I = (a)$ 且 $a^2 = a$, 故 X 为两个互不相交的闭集 $V(a)$ 和 $V(1-a)$ 的并。

VIII.8 设 R 为环, $X = \mathrm{Spec}(R)$, $a \in R$, $\phi : R \to R_a$ 为典范同态。由于将 $\mathrm{Spec}(R_a)$ 等同于 $U(a) \subset X$, 对任意 $b \in R$ 我们称 $\phi(b)$ 为 b 在 $U(a)$ 上的限制, 记作 $b|_{U(a)}$。

设 $a_1, \cdots, a_n \in R$ 使得 $(a_1, \cdots, a_n) = R$。证明:

i) 若 $b \in R$ 使得 $b|_{U(a_i)} = 0$ $(1 \leqslant i \leqslant n)$, 则 $b = 0$;

ii) 若 $b_i \in R_{a_i}$ $(1 \leqslant i \leqslant n)$ 使得 $b_i|_{U(a_i a_j)} = b_j|_{U(a_i a_j)}$ $(\forall i, j)$, 则存在 $b \in R$ 使得 $b|_{U(a_i)} = b_i$ $(1 \leqslant i \leqslant n)$。

VIII.9* 设 R 为诺特环, M 为有限生成的 R-模。定义 $X = \mathrm{Spec}(R)$ 上的函数

$$r(p) = \mathrm{rank}_{\kappa(p)}(M \otimes_R \kappa(p))$$

证明 $r(p)$ 为上半连续函数, 即对任意 $a \in \mathbb{R}$, 集合 $S_a = \{p \in X | r(p) > a\}$ 为 X 中的闭集; 若 M 是平坦模, 则 S_a 也是开集, 换言之 r 是局部常值函数, 即在 X 的每个连通分支上 r 为常数。

分次环与形式完备化

本章中的环都是有单位元的交换环。

1. 分次环与分次模

定义 1.1. 若环 R 可以分解成阿贝尔加群的直和 $R=\bigoplus_{n=0}^{\infty}R_n$ 使得对任意 $m,n\geqslant 0$ 有 $R_m\cdot R_n\subset R_{m+n}$, 则称 R 为*分次环*, 此时一个 R-模 M 若能分解成阿贝尔加群的直和 $M=\bigoplus_{n=0}^{\infty}M_n$ 使得对任意 $m,n\geqslant 0$ 有 $R_mM_n\subset M_{m+n}$, 则称 M 为*分次模*。称 R_n 和 M_n 中的元为 *n 次齐次的*。

一个环 R 上的多项式代数是分次环的一个典型例子, 其中的 n 次齐次元为 (以 R 的元为系数的) n 次齐次多项式。更一般的一个例子是一个 R-模的对称代数 (参看 VI.2)。一个分次环 R 的理想 I 称作*分次的*, 如果 I 中任一元的每个齐次分量都在 I 中, 不难验证这等价于 I 有一组齐次生成元; 此时 R/I 具有诱导的分次环结构。分次 R-模的同态 $f: M\to N$ 称作分次的, 如果 f 将齐次元映成齐次 (但不必同次) 元, 此时 $\ker(f)$ 和 $\mathrm{coker}(f)$ 也是分次的。

利用分次环的概念可以证明如下结论。

引理 1.1. (*阿廷-黎斯引理*) 设 R 为诺特环, $I\subset R$ 为理想。设 M 为有限生成的 R-模而 $N\subset M$ 为 R-子模, 则存在正整数 r 使得对任意 $n>r$ 有 $I^nM\cap N=I^{n-r}(I^rM\cap N)$。

证. 设 $A=R[Ix]\subset R[x]$, 则由推论 III.1.1 可知 A 是诺特环, 而 $R[x]$ 的分次环结构给出 A 的一个分次环结构。令 $M'=\bigoplus_{m=0}^{\infty}x^mI^mM\subset M\otimes_R R[x]\cong\bigoplus_{m=0}^{\infty}x^mM$, 则 M' 是有限生成的分次 A-模。设 $N'=\bigoplus_{m=0}^{\infty}x^m(I^mM\cap N)\subset M'$, 则 N' 是 M' 的分次 A-子模, 故为有限生成的。取 N' 的一组齐次生成元 $m_1,\cdots,m_s$ 且令 r 为 $m_1,\cdots,m_s$ 的最大次数, 则有

$$\bigoplus_{m=r}^{\infty}x^m(I^mM\cap N)=Ax^r(I^rM\cap N)=\bigoplus_{m=0}^{\infty}x^{r+m}I^m(I^rM\cap N)$$

对任意 $n > r$, 两边的 n 次齐次直加项分别为 $x^n(I^nM \cap N)$ 和 $x^nI^{n-r}(I^rM \cap N)$, 故 $I^nM \cap N = I^{n-r}(I^rM \cap N)$。证毕。

推论 1.1.　设 M 为诺特环 R 上有限生成的模, $I \subset R$ 为理想, $N = \bigcap_{n=0}^{\infty} I^nM$, 则 $IN = N$。特别地, 若 $I \subset J(R)$, 则由推论 III.2.1 有 $N = 0$。

这是因为 $N \subset I^{r+1}M \cap N = I(I^rM \cap N) \subset IN$。对于 $N = R$ 的情形, 由引理 III.2.1 得如下推论。

推论 1.2.　设 I 为诺特整环 R 的真理想, 则 $\bigcap_{n=0}^{\infty} I^n = (0)$。

2. 希尔伯特多项式

命题 2.1.　设 R 为阿廷环, $A = R[x_1, \cdots, x_r]$ (视为分次 R-代数), $M = \bigoplus_{n=0}^{\infty} M_n$ 为有限生成的分次 A-模, 则存在次数不大于 r 的多项式 $\chi_M(x) \in \mathbb{Q}[x]$, 使得对充分大的 n 有

$$l_R\left(\bigoplus_{i=0}^{n} M_i\right) = \sum_{i=0}^{n} l_R(M_i) = \chi_M(n)$$

证.　我们对 r 用归纳法, 当 $r = 0$ 时 $l_R(M) < \infty$, 故令 $\chi_M(x) = l_R(M)$ 即可。当 $r > 0$ 时, 令 $K = \ker(x_r\cdot : M \to M)$, $C = \operatorname{coker}(x_r\cdot : M \to M)$, 则易见 K 和 C 都是分次 A/x_rA-模。令 $K = \bigoplus_{n=0}^{\infty} K_n$, $C = \bigoplus_{n=0}^{\infty} C_n$, 则由归纳法假设存在次数小于 r 的多项式 $\chi_K(x), \chi_C(x) \in \mathbb{Q}[x]$, 使得对充分大的 n 有 $l_R\left(\bigoplus_{i=0}^{n} K_i\right) = \chi_K(n)$, $l_R\left(\bigoplus_{i=0}^{n} C_i\right) = \chi_C(n)$。注意我们有正合列

$$0 \to \bigoplus_{i=0}^{n} K_i \to \bigoplus_{i=0}^{n} M_i \xrightarrow{x_r\cdot} \bigoplus_{i=0}^{n+1} M_i \to \bigoplus_{i=0}^{n+1} C_i \to 0$$

故对充分大的 n 有

$$l_R\left(\bigoplus_{i=0}^{n+1} M_i\right) - l_R\left(\bigoplus_{i=0}^{n} M_i\right) = \chi_C(n+1) - \chi_K(n)$$

解这个差分方程就得到次数不大于 r 的多项式 $\chi_M(x)$, 使得对充分大的 n 有 $l_R\left(\bigoplus_{i=0}^{n} M_i\right) = \chi_M(n)$。证毕。

我们称 $\chi_M(x)$ 为 M 的希尔伯特多项式, 注意它是一个整值多项式, 故可表为 $\dfrac{x(x-1)\cdots(x-m+1)}{m!}$ $(m \geqslant 0)$ 的整系数线性组合。例如若 $l(R) = d$, 不难算出

$\chi_A(x) = \dfrac{d(x+1)\cdots(x+r)}{r!}$。

对任一环 R 的任一理想 I, 我们可以在 $\mathrm{gr}^I(R) = \bigoplus_{n=0}^{\infty} I^n/I^{n+1}$ 上定义一个分次环结构: 若 $a \in I^m, b \in I^n$, 则有 $(a+I^{m+1})(b+I^{n+1}) \subset ab+I^{m+n+1}$, 故我们可以定义 I^m/I^{m+1} 与 I^n/I^{n+1} 的乘法, 从而定义 $\mathrm{gr}^I(R)$ 中的乘法。若 I 是有限生成的, 则 $\mathrm{gr}^I(R)$ 为有限生成的 R-代数。若 M 为 R-模, 则 $\mathrm{gr}^I(M) = \bigoplus_{n=0}^{\infty} I^nM/I^{n+1}M$ 具有分次 $\mathrm{gr}^I(R)$-模结构。

推论 2.1. 设 R 为诺特环, R/I 为阿廷环而 M 为有限生成的 R-模, 则存在多项式 $\chi_M^I(x) \in \mathbb{Q}[x]$ (其次数不大于 I 的生成元个数), 使得对充分大的 n 有 $l(M/I^nM) = \chi_M^I(n)$。若 $0 \to M' \to M \to M'' \to 0$ 是 R-模正合列且 $M' \neq 0$, 则 $\chi_M^I(x) - \chi_{M'}^I(x) - \chi_{M''}^I(x)$ 的次数小于 $\chi_{M'}^I(x)$ 的次数。

证. 若 I 由 r 个元生成, 则存在分次 R/I-代数满同态 $R/I[x_1, \cdots, x_r] \to \mathrm{gr}^I(R)$, 将命题 2.1 应用于 $R/I[x_1, \cdots, x_r]$-模 $\mathrm{gr}^I(M)$ 并注意 $\sum_{i=0}^{n} l(I^iM/I^{i+1}M) = l(M/I^{n+1}M)$ 即得第一个断言。对第二个断言, 注意正合列

$$0 \to M'/(I^nM \cap M') \to M/I^nM \to M''/I^nM'' \to 0$$

可知当 n 充分大时有

$$\chi_M^I(n) - \chi_{M''}^I(n) = l(M/I^nM) - l(M''/I^nM'') = l(M'/I^nM \cap M')$$

由引理 2.1 知存在 $s > 0$, 使得当 $n \geqslant s$ 时有 $I^nM \cap M' = I^{n-s}(I^sM \cap M') \subset I^{n-s}M'$, 从而

$$l(M'/I^nM') \geqslant l(M'/I^nM \cap M') \geqslant l(M'/I^{n-s}M')$$

故当 n 充分大时 $l(M'/I^nM \cap M') = \chi_{M'}^I(n) + f(n)$, 其中 f 是一个次数比 $\chi_{M'}^I(x)$ 低的多项式。证毕。

3. 形式完备化

设 R 为诺特环, $I \subset R$ 为理想, M 为有限生成 R-模。记 $p_n : M/I^nM \to M/I^{n-1}M$ 为投射。令

$$M_I^* = \{(m_1, m_2, \cdots) | m_n \in M/I^nM, p_n(m_n) = m_{n-1}, \forall n > 1\}$$

称为 M 关于 I 的*形式完备化*, 在没有疑问时可简记为 M^* (我们在例 XI.2.1.iii) 将看到, M^* 是同态列 $\cdots \to M/I^nM \to M/I^{n-1}M \to \cdots \to M/IM$ 的 "逆极限")。

显然 M_I^* 具有 R-模结构, $(M/I^nM)^* \cong M/I^nM$ $(n>0)$; 而 R_I^* 具有 R-代数结构, 且 M_I^* 为 R_I^*-模。任一 R-模同态 $f: M \to N$ 诱导 R_I^*-模同态 $f_I^*: M_I^* \to N_I^*$。记 $q_n: M_I^* \to M/I^nM$ 为投射 $(n>0)$, 不难验证 M_I^* 具有如下泛性:

i) $p_n \circ q_n = q_{n-1}$ $(n>1)$;

ii) 若 N 为 R-模, $r_n: N \to M/I^nM$ 为同态使得 $p_n \circ r_n = r_{n-1}$ $(n>1)$, 则存在唯一同态 $f: N \to M_I^*$ 使得 $r_n = q_n \circ f$ $(n>0)$。

由此可给出形式完备化的外在定义。

设 $M_1 \supset M_2 \supset \cdots$ 为 M 的子模, 使得每个 M_n 都包含某个 I^rM, 且对任意 $r>0$, 当 n 充分大时有 $M_n \subset I^rM$。记 $p'_n: M/M_n \to M/M_{n-1}$ 为投射, 令

$$\varprojlim_n M/M_n = \{(m_1, m_2, \cdots) | m_n \in M/M_n, p'_n(m_n) = m_{n-1}, \forall n>1\} \tag{1}$$

则由形式完备化的外在定义易见 $\varprojlim\limits_n M/M_n \cong M^*$。特别地, 若 $J \subset R$ 为另一个理想使得对某个正整数 r 有 $I^r \subset J$, $J^r \subset I$, 则 $M_I^* \cong M_J^*$。

以下我们固定 I。

引理 3.1. 设 $0 \to M' \xrightarrow{f} M \xrightarrow{g} M'' \to 0$ 为有限生成 R-模的正合列, 则 $0 \to M'^* \xrightarrow{f^*} M^* \xrightarrow{g^*} M''^* \to 0$ 正合。

证. 记 $g_n: M/I^nM \to M''/I^nM''$ 为 g 诱导的投射。因为 $\otimes_R R/I^n$ 保持右正合性, 我们有正合列

$$0 \to M'/I^nM \cap M' \to M/I^nM \xrightarrow{g_n} M''/I^nM'' \to 0 \tag{2}$$

由引理 1.1, 存在 $r>0$ 使得对任意 $n>r$ 有 $I^nM \cap M' = I^{n-r}(I^rM \cap M') \subset I^{n-r}M'$, 故由上所述有

$$\ker(g^*) \cong \varprojlim_n M'/I^nM \cap M' \cong M'^*$$

剩下的是证明 g^* 是满射。对任一 $(m''_1, m''_2, \cdots) \in M''^*$, 我们用归纳法找出一个 $(m_1, m_2, \cdots) \in M^*$ 使得 $g_n(m_n) = m''_n$ $(n>0)$。先任取 $m_1 \in M/IM$ 使得 $g_1(m_1) = m''_1$。若 m_{n-1} 已选定, 任取 m_{n-1} 在 M/I^nM 中的一个提升 m_{n0}, 则 m_{n0} 在 $M''/I^{n-1}M''$ 中的象为 m''_{n-1}, 故 $m''_n - g_n(m_{n0}) \in I^{n-1}M''/I^nM''$。取 $m_{n1} \in I^{n-1}M/I^nM$ 使得 $g_n(m_{n1}) = m''_n - g_n(m_{n0})$, 则 $m_n = m_{n0} + m_{n1}$ 也是 m_{n-1} 的提升且 $g_n(m_n) = m''_n$。证毕。

引理 3.2. 设 M 为有限生成的 R-模, 则 $M \otimes_R R^* \to M^*$ 为同构。

证. 取一个右正合列 $R^{\oplus r} \to R^{\oplus s} \to M \to 0$, 则有交换图

$$\begin{array}{ccccc}
R^{\oplus r}\otimes_R R^* & \longrightarrow & R^{\oplus s}\otimes_R R^* & \longrightarrow & M\otimes_R R^*\to 0\\
\downarrow\cong & & \downarrow\cong & & \downarrow\\
R^{*\oplus r} & \longrightarrow & R^{*\oplus s} & \longrightarrow & M^* \quad \to 0
\end{array}$$

故由 5-引理得 $M\otimes_R R^*\to M^*$ 是同构。证毕。

推论 3.1. R^* 是 R-平坦的。而 R^* 为 R-忠实平坦当且仅当 $I\subset J(R)$。

证. 前一个断言由引理 3.1 和引理 3.2 立得。对任一极大理想 $P\subset R$, 由正合列 $0\to P\to R\to R/P\to 0$ 有

$$(R/P)^*\cong R^*/PR^*=\begin{cases}R/P, & P\supset I\\ 0, & P\not\supset I\end{cases}$$

故由命题 VII.2.1 即得后一个断言。证毕。

例 3.1. i) 若 I 是幂零理想, 则 $M_I^*\cong M$;

ii) 设 $R=\mathbb{Z}$ 而 $I=(p)$, 其中 p 为素数, 则 R_I^* 称为 **p 进整数环** ,记为 $\mathbb{Z}_p$;

iii) 设 $R=k[x]$ (k 为域), $I=(x)$, 则 R_I^* 同构于域 k 上的**形式幂级数环** $k[[x]]=\{a_0+a_1x+a_2x^2+\cdots|a_0,a_1,a_2,\cdots\in k\}$。

推论 3.2. 设理想 $J\subset R$ 包含某个 I^n, M 为有限生成的 R-模, 则 $M^*/JM^*\cong M/JM$。

证. 由引理 3.2 有 $J^*\cong J\otimes_R R^*$, 而因 R^* 在 R 上平坦 (推论 3.1) 有 $J\otimes_R R^*\cong JR^*$, 再由引理 3.1 得

$$\begin{aligned}M^*/JM^*&\cong M^*\otimes_R(R/J)\cong M\otimes_R R^*\otimes_R(R/J)\\&\cong M\otimes_R(R^*/JR^*)\cong M\otimes_R(R^*/J^*)\\&\cong M\otimes_R(R/J)^*\cong M\otimes_R(R/J)\cong M/JM\end{aligned}$$

证毕。

一类重要的特殊情形是 I 为极大理想。

推论 3.3. 设 I 为 R 的极大理想, M 为有限生成的 R-模。

i) 存在典范 R-模同构 $(M_I^*)_I\cong(M_I)_I^*\cong(M_I)_{IR_I}^*$;

ii) R_I^* 为局部环, 其极大理想为 IR_I^* 且 $R_I^*/IR_I^*\cong R/I$;

iii) 典范同态 $R_I\to R_I^*$ 给出从 R_I 的理想集到 R_I^* 的理想集的单射;

iv) 若 R 是离散赋值环, 则 R_I^* 也是离散赋值环, 其赋值由 R 的赋值诱导。

证. i) 对任意正整数 n 显然有 $M/I^n\cong M_I/I^nM_I\cong M_I/{IR_I}^nM_I$, 故 $M_I^*\cong(M_I)_I^*\cong(M_I)_{IR_I}^*$, 且由此可见 M_I^* 为 R_I-模, 从而同构于 $(M_I^*)_I$ (参看命题 VI.1.1.ix))。

ii) 将引理 3.1 和推论 3.2 应用于正合列 $0 \to I \to R \to R/I \to 0$ 即可见 $R_I^*/IR_I^* \cong R/I$ 为域, 从而 IR_I^* 为极大理想。若 $a \in R_I^* - IR_I^*$, 则对任意正整数 n, a 在 R/I^n 中的象为单位, 故 a 为单位。这说明 R_I^* 是局部环。

iii) 由 i) 有诱导同态 $f: R_I \to R_I^*$, 由推论 3.1 可知 f 忠实平坦, 故若 J, J' 为 R_I 的两个不同的理想则 $JR_I \neq J'R_I$。

iv) 设 $a \neq 0 \in R_I^*$, 则存在正整数 n 使得 a 在 R/I^n 中的象 $a_n \neq 0$, 于是有非负整数 $s < n$ 使得 $a_n \in I^s/I_n - I^{s+1}/I_n$。由定义易见对任意 $m > n$, a 在 R/I^m 中的象 a_m 满足 $a_m \in I^s/I_m - I^{s+1}/I_m$。令 $v(a) = s$, 由此定义了一个函数 $v: R_I^* - \{0\} \to \mathbb{N}$。易见对任意 $a, b \in R_I^* - \{0\}$ 有 $v(ab) = v(a) + v(b)$, 由此可见 R_I^* 是整环。不难验证 v 是一个离散赋值而 R_I^* 是其赋值环。证毕。

由推论 3.3.iv) 可见例 3.1 中的 $\mathbb{Z}_p$ 和 $k[x]$ 都是离散赋值环。

引理 3.3. (Hensel 引理) 设 R 为完备离散赋值环, $P \subset R$ 为极大理想, $k = R/P$。设 $f(x) \in R[x]$ 在 $k[x]$ 中的象 $\bar{f}(x)$ 可分解为 $\bar{f}(x) = g(x)h(x)$, 其中 $g(x)$ 是首一的且 $\gcd(g, h) = 1$, 则可将 g, h 分别提升为 $\tilde{g}, \tilde{h} \in R[x]$ 使得 $f(x) = \tilde{g}(x)\tilde{h}(x)$, 其中 $\tilde{g}$ 是首一的。

证. 对每个正整数 n, 令 f_n 为 f 在 $(R/P^n)[x]$ 中的象, 只需对每个 n 给出 g, h 在 $(R/P^n)[x]$ 中的提升 g_n, h_n 使得 $f_n = g_n h_n$, g_n 是首一的, 且 g_{n+1}, h_{n+1} 分别为 g_n, h_n 在 $(R/P^{n+1})[x]$ 中的提升 (注意 $\deg(g_n) = \deg(g)$ 而 $\deg(h_n) \leqslant \deg(f) - \deg(g)$)。对 n 用归纳法, 设 g_n, h_n 已给定。分别任取 g_n, h_n 在 $(R/P^{n+1})[x]$ 中的提升 g', h'。注意 P 由一个元 t 生成, 可见

$$f_{n+1} - g'h' = t^n q \tag{3}$$

其中 q 可看作 $k[x]$ 中的元。我们需要取 $r, s \in k[x]$ $(\deg(r) < \deg(g))$ 使得 $f_{n+1} = (g' + t^n r)(h' + t^n s)$, 由 (3) 这可化为 $gs + hr = q$。由 $\gcd(g, h) = 1$ 可见这样的 r, s 总是存在的。证毕。

特别地, 若 $\bar{f}(x)$ 的首项为 cx^n, 则存在分解 $f(x) = \tilde{g}(x)\tilde{h}(x)$, 其中 $\tilde{g}$ 是 n 次首一的, 而 $\tilde{h}$ 在 $k[x]$ 中的象为 c。

习 题 IX

IX.1 设 R 为诺特环, 理想 $I \subsetneq R$ 满足 $\bigcap_n I^n \neq (0)$。证明 R 至少有两个伴随素理想。

IX.2 设 R 为阿廷环, $l_R(R) = d$。设 $A = R[x_1, \cdots, x_n]$, A-模 M 由 r 个元生成。证明在多项式 $\chi_M(x)$ 中 x^n 的系数不大于 $\dfrac{rd}{n!}$。

IX.3 设 R 为诺特环, 理想 $I \subsetneq R$ 由 n 个元生成, R/I 为阿廷环, $l(R/I) = r$。证明对任何实数 $a \gg 0$ 有 $\chi_R^I(a) \leqslant \dfrac{ra(a+1)\cdots(a+n-1)}{n!}$。

IX.4 设 R 为诺特整环而 $I \subset R$ 为素理想。是否 R_I^* 必为整环? (提示: 考虑 $R = k[x,y]/(xy+x^3+y^3)$, $I=(x,y)$。)

IX.5 设 R 为戴德金环, $I \subsetneq R$ 为非零理想。证明 R_I^* 为整环当且仅当 I 为准素的, 且此时 R_I^* 为 DVR (参看例 IV.3.3)。

IX.6* 设 R 为环, $A = R[x_1, \cdots, x_n]$ 而 $I = (x_1, \cdots, x_n) \subset A$。证明 $I \subset J(A)$。

IX.7 证明诺特分次环上有限生成分次模的伴随素理想都是分次的。准素分解中对应于极小素理想的准素理想也是分次的。(提示: 参看定理 V.2.1 的证明, 令 S 为不在极小素理想 P 中的所有齐次元组成的乘性子集, 考虑 $M \to S^{-1}M$ 的核。)

IX.8* 证明无限多个 $\mathbb{Z}_p$ 的直积不是自由 $\mathbb{Z}_p$-模。

IX.9 设 I 为诺特环 R 的理想使得 R/I 为阿廷环, $P_1, \cdots, P_n$ 为所有包含 I 的极大理想。证明 $R_I^* \cong \prod_{i=1}^{n} R_{P_i}^*$。(提示: 化为 $I = P_1 \cdots P_n$ 的情形并应用中国剩余定理。)

维数理论

本章中的环都是有单位元的交换环。

1. 克鲁尔维数

在代数几何史上, 维数的定义经历了三个阶段: 最早是按流形的定义, 即局部解析同构于 n 维单位球的流形为 n 维; 到 19 世纪末, 德国学派将代数集的维数定义为函数域 (在常数域上) 的超越次数; 而 20 世纪 40 年代至今采用克鲁尔维数, 即函数环中素理想列的最大长度。每个新定义都和原来的定义一致, 但适用范围更广。

定义 1.1. 设 P 是环 R 的素理想, 则素理想列 $P = P_0 \supsetneq P_1 \supsetneq \cdots$ 的长度的上界称为 P 的*高度*, 记为 $\mathrm{ht}(P)$。对任一理想 $I \subsetneq R$, 称 $\inf\limits_{I\subset P\in \mathrm{Spec}(R)} \mathrm{ht}(P)$ 为 I 的高度。R 中素理想列的长度的上界称为 R 的*克鲁尔维数* (简称*维数*), 记为 $\dim(R)$。

显然 $\dim(R) = \sup\limits_{P\in \mathrm{Spec}(R)} \mathrm{ht}(P)$, 且对任一理想 $I \subsetneq R$ 有

$$\dim(R/I) + \mathrm{ht}(I) \leqslant \dim(R)$$

对任意 $P \in \mathrm{Spec}(R)$ 有 $\dim(R_P) = \mathrm{ht}(P)$。

例 1.1. 阿廷环就是 0 维诺特环; 戴德金环就是 1 维整闭诺特整环。

下面将对若干情形给出维数的几个其他定义并证明诸定义的等价性。

2. 半局部环的维数

一个环称为*半局部环*, 如果它只有有限多个极大理想。

设半局部环 R 的极大理想为 $P_1, \cdots, P_n$, 则 $J(R) = P_1 \cap \cdots \cap P_n$。一个理想 $I \subset J(R)$ 称为*定义理想*, 如果对某个正整数 r 有 $J(R)^r \subset I$。若 R 是诺特环, 这等价于 R/I 是阿廷环。此时显然对充分大的 n 有 $\chi_R^{J(R)}(n) \leqslant \chi_R^I(n) \leqslant \chi_R^{J(R)}(nr)$, 故 $\deg \chi_R^I = \deg \chi_R^{J(R)}$。令 $d(R) = \deg \chi_R^{J(R)}$, 且令 $\delta(R)$ 为定义理想的最小生成元个数。

命题 2.1. 若 R 是诺特半局部环, 则 $d(R) = \dim(R) = \delta(R)$。

证. $d(R) \geqslant \dim(R)$: 对 $d(R)$ 用归纳法, 当 $d(R) = 0$ 时 R 为阿廷环, 故 $\dim(R) = 0$。设 $\dim(R) > 0$。由于 R 只有有限多个极小素理想, 存在极小素理想 $P \subset R$ 使得 $\dim(R) = \dim(R/P)$。对任一 $Q \in \mathrm{Spec}(R)$, $Q \supsetneq P$, 取 $r \in Q - P$, 则有正合列 $0 \to R/P \xrightarrow{r\cdot} R/P \to R/(P,r) \to 0$, 故由推论 IX.2.1 有

$$\deg \chi_{R/(P,r)}^{J(R)} < \deg \chi_{R/P}^{J(R)} \leqslant \deg \chi_R^{J(R)} = d(R)$$

由归纳法假设得

$$d(R) - 1 \geqslant \deg \chi_{R/(P,r)}^{J(R)} = d(R/(P,r)) \geqslant \dim(R/(P,r)) \geqslant \dim(R/Q)$$

由于 Q 是任意的, 对右端取上界得 $d(R) - 1 \geqslant \dim(R) - 1$, 即 $d(R) \geqslant \dim(R)$。

$\dim(R) \geqslant \delta(R)$: 对 $d = \dim(R)$ 用归纳法。若 $d = 0$, 则 R 为阿廷环, 从而 (0) 是定义理想, 故由定义 $\delta(R) = 0$。设 $d > 0$, 则 R 中只有有限多个 (但至少一个) 极小素理想 $P_1, \cdots, P_n$ 使得 $\dim(R/P_i) = d$ $(1 \leqslant i \leqslant n)$。任一极大理想都不含于任一 P_i 中, 故 $J(R) \not\subset P_i$, 从而 $J(R) \not\subset \bigcup_i P_i$。取 $a \in J(R) - \bigcup_i P_i$, 则 $\dim(R/(a)) < d$, 由归纳法假设存在 $a_1, \cdots, a_{d-1} \in J(R)$ 使得 $R/(a, a_1, \cdots, a_{d-1})$ 为阿廷环, 故 $\delta(R) \leqslant d$。

$\delta(R) \geqslant d(R)$: 由推论 IX.2.1, 任一定义理想 I 的生成元个数不小于 $\deg \chi_R^I = d(R)$。证毕。

推论 2.1. 对任一诺特环 R, 若理想 $I \subsetneq R$ 由 n 个元生成, 则任一包含 I 的极小素理想的高度不大于 n, 特别地 $\mathrm{ht}(I) \leqslant n$。

证. 设 $P \in \mathrm{Spec}(R)$ 为包含 I 的极小素理想, 则 R_P/IR_P 为阿廷环, 故 $n \geqslant \delta(R_P) = \dim(R_P) = \mathrm{ht}(P)$。证毕。

3. 同态与维数

设 $f: R \to A$ 为环同态, $p \in \mathrm{Spec}(R)$, 则 "$\hat{f}$ 在 p 上的纤维" $\hat{f}^{-1}(p) = \{P \in \mathrm{Spec}(A) | f^{-1}(P) = p\}$ 与 $\mathrm{Spec}(A_p/pA_p)$ 的点一一对映, 故我们将二者等同起来。注意 $A_p/pA_p \cong A \otimes_R \kappa(p)$, 其中 $\kappa(p) = R_p/pR_p$ 是域。

引理 3.1. 设 $f: R \to A$ 为诺特环同态, $P \in \mathrm{Spec}(A)$, $p = f^{-1}(P)$, 则

i) 对 A 中包含 pA 的任一极小素理想 P_0 有 $\mathrm{ht}(P) \leqslant \mathrm{ht}(p) + \mathrm{ht}(P/P_0)$, 从而 $\mathrm{ht}(P) \leqslant \mathrm{ht}(p) + \mathrm{ht}(P/pA)$ (即 $\dim(A_P) \leqslant \dim(R_p) + \dim(A_P \otimes_R \kappa(p))$);

ii) 若 GD 成立, 则在 i) 中等号成立;

iii) 若 LO 和 GD 成立, 则 $\dim(A) \geqslant \dim(R)$, 且对任一理想 $I \subset R$ 有 $\mathrm{ht}(I) = \mathrm{ht}(IA)$。

证. i) 不妨设 $R=R_p, A=A_P$。令 $s=\dim(R)$。由命题 2.1 可取 $a_1,\cdots,a_s\in p$ 使得 R/I 为阿廷环, 其中 $I=(a_1,\cdots,a_s)$。于是 $p/I=N(R/I)$, 故 $\dim(A/P_0)=\dim(A/IA)$。若 $\dim(A/IA)=t$, 则可取 $b_1,\cdots,b_t\in P$ 使得 $A/(I,b_1,\cdots,b_t)$ 为阿廷环, 于是 $(f(a_1),\cdots,f(a_s),b_1,\cdots,b_t)$ 为 A 的定义理想。故 $\dim(A)=\delta(A)\leqslant s+t=\dim(R)+\dim(A\otimes_R\kappa(p))$。

ii) 仍设 $s=\dim(R)$, $t=\dim(A/pA)$。在 A 中取素理想链 $P=P_0\supsetneq P_1\supsetneq\cdots\supsetneq P_t\supset pA$, 则 $f^{-1}(P_t)=p$。在 R 中取素理想链 $p=p_0\supsetneq p_1\supsetneq\cdots\supsetneq p_s$, 则由 GD 可在 A 中取素理想链 $P_t=Q_0\supsetneq Q_1\supsetneq\cdots\supsetneq Q_s$ 使得 $f^{-1}(Q_i)=p_i$ $(1\leqslant i\leqslant s)$, 这样 A 中就有自 P 开始的长为 $s+t$ 的素理想列, 故 $\mathrm{ht}(P)\geqslant s+t$。

iii) 第一个断言由 ii) 立得。对第二个断言, 取 A 的素理想 $P\supset IA$ 使得 $\mathrm{ht}(P)=\mathrm{ht}(IA)$。令 $p=f^{-1}(P)$, 则 $I\subset p$, 故 $\mathrm{ht}(P/pA)=0$。由 ii) 得 $\mathrm{ht}(P)=\mathrm{ht}(p)\geqslant\mathrm{ht}(I)$。另一方面, 若取 R 的素理想 $p\supset I$ 使得 $\mathrm{ht}(p)=\mathrm{ht}(I)$, 则由 LO 可取 $P\in\mathrm{Spec}(A)$ 使得 $f^{-1}(P)=p$。不妨设 P 是包含 pA 的一个极小理想, 则由 ii) 有 $\mathrm{ht}(p)=\mathrm{ht}(P)\geqslant\mathrm{ht}(IA)$。证毕。

推论 3.1. 设 $R\subset A$ 为诺特环且 A 在 R 上是整的, 则

i) 若 $P\in\mathrm{Spec}(A)$, $p=P\cap R$, 则 $\mathrm{ht}(P)\leqslant\mathrm{ht}(p)$;

ii) $\dim(R)=\dim(A)$;

iii) 若 GD 成立, 则对任一理想 $I\subset A$ 有 $\mathrm{ht}(I)=\mathrm{ht}(I\cap R)$。

证. i), ii) 由引理 3.1.i) 和定理 II.3.1.ii), iii) 立得; 对 iii) 则只需用定理 II.3.1.i)—iii) 即可推出。证毕。

例 3.1. 若 R 是域 k 上的有限生成代数而 $k'\supset k$ 是代数扩域, 则

$$\dim(R\otimes_k k')=\dim R$$

推论 3.2. 设诺特环同态 $f:R\to A$ 满足 GU, $p,q\in\mathrm{Spec}(R)$ 且 $q\subset p$, 则

$$\dim(A\otimes_R\kappa(p))\geqslant\dim(A\otimes_R\kappa(q))$$

证. 由 GU 不妨设 $A\otimes_R\kappa(q)\neq(0)$。设 $s=\mathrm{ht}(p/q)$, $t=\dim(A\otimes_R\kappa(q))$, 则在 R 中存在素理想链 $p=p_0\supsetneq p_1\supsetneq\cdots\supsetneq p_s=q$, 在 A 中存在素理想链 $Q_0\supsetneq Q_1\supsetneq\cdots\supsetneq Q_t$ 使得 $f^{-1}(Q_i)=q$ $(0\leqslant i\leqslant t)$。由 GU 我们可取 A 中的素理想链 $P_0\supsetneq P_1\supsetneq\cdots\supsetneq P_s=Q_0$ 使得 $f^{-1}(P_i)=p_i$ $(0\leqslant i\leqslant s)$, 故 $\mathrm{ht}(P_0/Q_t)\geqslant s+t$。由引理 3.1.i) 有 $\mathrm{ht}(P_0/Q_t)\leqslant s+\mathrm{ht}(P_0/pA)\leqslant s+\dim(A\otimes_R\kappa(p))$, 故 $\dim(A\otimes_R\kappa(p))\geqslant t$。证毕。

用几何的语言说, 若 p 是 q 的特化, 则 $\hat{f}$ 在 p 上纤维的维数不会比 $\hat{f}$ 在 q 上纤维的维数小 (GU 成立的条件并非紧要, 因为在几何上常通过紧致化使 GU 满足)。$\dim\hat{f}^{-1}(p)>\dim\hat{f}^{-1}(q)$ 的情形确实可能发生, 例如在例 VII.1.3 中, $\mathrm{Spec}(A)$

在 $p=(x,y)\subset R$ 上的纤维是 1 维的, 而在 $\mathrm{Spec}(R)$ 的一般点上的纤维则是 0 维的。但下面 (推论 4.2) 将看到这在 R, A 为一个域上的有限生成代数而 f 平坦的情形是不会发生的, 这是使用 "平坦" 这个词的一个原因。

4. 有限生成代数的维数

命题 4.1. 设 R 是诺特环, $A=R[x_1,\cdots,x_n]$, $P\in\mathrm{Spec}(A)$, $p=P\cap R$, 则 $\mathrm{ht}(P)=\mathrm{ht}(p)+(n-\mathrm{tr.deg}(\kappa(P)/\kappa(p)))$。特别地有 $\dim(A)=\dim(R)+n$。

证. 由归纳法只需证明 $n=1$ 的情形, 即 $A=R[x]$。注意 P 对应于一个 $P'\in\mathrm{Spec}(A_p/pA_p)$ 而 $A_p/pA_p\cong A\otimes_R\kappa(p)\cong\kappa(p)[x]$ 为 PID。由引理 3.1.ii) 有 $\mathrm{ht}(P)=\mathrm{ht}(p)+\mathrm{ht}(P/pA)$, 而 $\mathrm{ht}(P/pA)=\mathrm{ht}(P')$。这样有两种可能情形: 或者 $P'=0$, 此时 $\mathrm{ht}(P')=0$ 且 $\mathrm{tr.deg}(\kappa(P)/\kappa(p))=1$; 或者 P' 为极大, 此时 $\mathrm{ht}(P')=1$ 且由推论 IV.1.1 有 $\mathrm{tr.deg}(\kappa(P)/\kappa(p))=0$。这就证明了第一个断言。

取 P 使得 $\mathrm{ht}(P)=\dim(A)$, 则由引理 3.1.ii) 有 $\dim(A)=\mathrm{ht}(p)+\mathrm{ht}(P/pA)\leqslant\dim(R)+1$; 另一方面, 若取 p 使得 $\mathrm{ht}(p)=\dim(R)$ 且取 $P\supsetneq pA$, 则由引理 3.1.ii) 有 $\dim(A)\geqslant\mathrm{ht}(P)=\mathrm{ht}(p)+\mathrm{ht}(P/pA)=\dim(R)+1$, 故 $\dim(A)=\dim(R)+1$。证毕。

例 4.1. 设 R 是域 k 上的有限生成代数, 则由引理 IV.1.1 存在多项式环 $R'=k[x_1,\cdots,x_n]\subset R$ 使得 R 在 R' 上是整的, 由推论 3.1.ii) 和命题 4.1 有

$$\dim(R)=n$$

推论 4.1. 设 R 为域 k 上的有限生成代数。

i) 若 R 是整环, 则对任一 $P\in\mathrm{Spec}(R)$ 有

$$\mathrm{ht}(P)=\mathrm{tr.deg}(\kappa(0)/k)-\mathrm{tr.deg}(\kappa(P)/k)$$

特别地 $\dim(R)=\mathrm{tr.deg}(\mathrm{q.f.}(R)/k)$。

ii) 设 $P,P',P''\in\mathrm{Spec}(R)$ 且 $P\subset P'\subset P''$, 则

$$\mathrm{ht}(P''/P)=\mathrm{ht}(P''/P')+\mathrm{ht}(P'/P)$$

iii) 设 $P,P'\in\mathrm{Spec}(R)$ 且 $P\subset P'$, 则任一从 P 到 P' 的极大素理想链的长度等于 $\mathrm{ht}(P'/P)$。

证. i) 由引理 IV.1.1 可取多项式环 $R'=k[x_1,\cdots,x_n]\subset R$ 使得 R 在 R' 上是整的。令 $p=P\cap R'$, 则因 R/P 在 R'/p 上是整的, 有 $\mathrm{tr.deg}(\kappa(P)/k)=\mathrm{tr.deg}(\kappa(p)/k)$。由推论 3.1.iii) 有 $\mathrm{ht}(P)=\mathrm{ht}(p)$, 而由命题 4.1 有

$$\mathrm{ht}(p)=n-\mathrm{tr.deg}(\kappa(p)/k)=\mathrm{tr.deg}(\mathrm{q.f.}(R)/k)-\mathrm{tr.deg}(\kappa(P)/k)$$

ii) 由 i) 有

$$\begin{aligned}\mathrm{ht}(P''/P) &= \mathrm{tr.deg}(\kappa(P)/k) - \mathrm{tr.deg}(\kappa(P'')/k) \\ &= \mathrm{tr.deg}(\kappa(P)/k) - \mathrm{tr.deg}(\kappa(P')/k) \\ &\quad + \mathrm{tr.deg}(\kappa(P')/k) - \mathrm{tr.deg}(\kappa(P'')/k) \\ &= \mathrm{ht}(P''/P') + \mathrm{ht}(P'/P)\end{aligned}$$

iii) 设 $P = P_0 \subsetneq P_1 \subsetneq \cdots \subsetneq P_n = P'$ 为极大素理想链, 则 $\mathrm{ht}(P_i/P_{i-1}) = 1$ $(1 \leqslant i \leqslant n)$, 故由 i) 有 $\mathrm{tr.deg}(\kappa(P_{i-1})/k) - \mathrm{tr.deg}(\kappa(P_i)/k) = 1$, 从而

$$n = \mathrm{tr.deg}(\kappa(P)/k) - \mathrm{tr.deg}(\kappa(P')/k) = \mathrm{ht}(P'/P)$$

证毕。

推论 4.2. 设 R, A 为域 k 上的有限生成代数且为整环, $f: R \to A$ 为 k-代数同态, 满足 GD，则 $\hat{f}$ 的任一非空纤维的维数等于 $\dim(A) - \dim(R)$。

证. 由 R 为整环和 f 满足 GD 可见 f 为单射, 故不妨将 R 和 $f(R)$ 等同起来。设 $p \in \mathrm{Spec}(R)$ 使得 $\hat{f}^{-1}(p) \neq \varnothing$, 则可取极大理想 $P' \subset A_p$ 使得 $P' \supset pA_p$ 且 $\dim(A_p/pA_p) = \mathrm{ht}(P'/pA_p)$。令 $P = P' \cap A$, 则 $P \cap R = p$。注意 A_p 是有限生成的 R_p-代数, 故由推论 IV.1.1 可知 $\kappa(P) \cong A_p/P'$ 是 $\kappa(p) = R_p/pR_p$ 的代数扩张, 从而 $\mathrm{tr.deg}(\kappa(P)/k) = \mathrm{tr.deg}(\kappa(p)/k)$。由引理 3.1.ii) 和推论 4.1.i) 得

$$\begin{aligned}\dim(A \otimes_R \kappa(p)) &= \mathrm{ht}(P'/pA_p) = \dim(A_P \otimes_R \kappa(p)) = \mathrm{ht}(P) - \mathrm{ht}(p) \\ &= (\dim(A) - \mathrm{tr.deg}(\kappa(P)/k)) - (\dim(R) - \mathrm{tr.deg}(\kappa(p)/k)) \\ &= \dim(A) - \dim(R)\end{aligned}$$

证毕。

推论 4.3. 设 R, R' 为域 k 上的有限生成代数。

i) 若 $p \in \mathrm{Spec}(R)$, $p' \in \mathrm{Spec}(R')$, 则对任意 $P \in \mathrm{Ass}_{R \otimes_k R'}((R/p) \otimes_k (R'/p'))$ 有

$$\dim(R \otimes_k R'/P) = \dim(R/p) + \dim(R'/p')$$

且 P 是包含 $(p \otimes_k R' + R \otimes_k p')$ 的极小素理想。特别地, $\dim(R \otimes_k R') = \dim(R) + \dim(R')$。

ii) 设 $R = k[x_1, \cdots, x_n]$, $p, q \in \mathrm{Spec}(R)$ 且 $p + q \neq R$, 则对任一包含 $p + q$ 的极小素理想 P 有 $\mathrm{ht}(P) \leqslant \mathrm{ht}(p) + \mathrm{ht}(q)$, 且 $\dim(R/P) \geqslant \dim(R/p) + \dim(R/q) - n$。

证. i) 不妨设 $p, p' = 0$ (从而 R, R' 是整环)。记 $d = \dim(R)$, $d' = \dim(R')$。由引理 IV.1.1 存在多项式环 $A = k[x_1, \cdots, x_d] \subset R$, $A' = k[x_1, \cdots, x_{d'}] \subset R'$ 使得

R 在 A 上是整的, R' 在 A' 上是整的, 故 $R\otimes_k R'$ 在子环 $A\otimes_k A'\cong k[x_1,\cdots,x_{d+d'}]$ 上是整的。由推论 3.1.ii) 得 $\dim(R\otimes_k R')=\dim(A\otimes_k A')=d+d'$。

若 k 是代数闭的, 则由引理 VIII.2.1 可知 $R\otimes_k R'$ 是整环, 从而 $P=0$, 断言已得证。

在一般情形下, 令 $\bar{k}$ 为 k 的代数闭包, $\bar{R}=R\otimes_k\bar{k}$, $\bar{R}'=R'\otimes_k\bar{k}$, $\mathrm{Ass}_{\bar{R}}(\bar{R})=\{p_1,\cdots,p_m\}$, $\mathrm{Ass}_{\bar{R}'}(\bar{R}')=\{p'_1,\cdots,p'_n\}$。注意 $\bar{R}$ 作为 R-模是自由的, 由命题 V.1.1.v), 对任意 i $(1\leqslant i\leqslant m)$ 有 $p_i\cap R\in\mathrm{Ass}_R(R)=\{0\}$, 故由定理 II.3.1.ii) 可知 p_i 是极小的, 而由推论 3.1.ii) 有 $\dim(\bar{R}/p_i)=d$。同理每个 p'_j $(1\leqslant j\leqslant n)$ 都是极小的且 $\dim(\bar{R}'/p'_j)=d'$。令 $B=\bar{R}\otimes_{\bar{k}}\bar{R}'\cong(R\otimes_k R')\otimes_k\bar{k}$, 则由推论 VIII.2.1.ii), $P_{ij}=p_i\otimes_{\bar{k}}\bar{R}'+\bar{R}\otimes_{\bar{k}}p'_j$ $(1\leqslant i\leqslant m, 1\leqslant j\leqslant n)$ 是 B 的所有伴随素理想, 而由 k 是代数闭的情形有

$$\dim(B/P_{ij})=\dim((\bar{R}/p_i)\otimes_{\bar{k}}(\bar{R}'/p'_j))=d+d'$$

故 $\dim(B)=d+d'$。再由定理 II.3.1.ii) 可知 P_{ij} 都是极小的, 而由推论 3.1.ii) 得 $\dim(R\otimes_k R')=d+d'$, 故由命题 V.1.1.v) 和定理 II.3.1.ii), $p_{ij}=P_{ij}\cap R\otimes_k R'$ 是 $R\otimes_k R'$ 的所有伴随素理想且都是极小的。再由推论 3.1.ii) 得 $\dim(R\otimes_k R'/p_{ij})=\dim(B/P_{ij})=d+d'$。

ii) 首先注意下述两个事实 (R 为任意环):

a) 若 I,J 为 R 的理想, 则 $(R/I)\otimes_R(R/J)\cong R/I+J$。

b) 若 A 为 R-代数, $B=A\otimes_R A$, M,N 为 A-模, 则 $M\otimes_R N$ 为 B-模, 且 $\mu(a\otimes_R b)=ab$ 定义一个 (左) A-代数同态 $\mu:B\to A$。我们有 $M\otimes_R N\cong(M\otimes_R A)\otimes_A N\cong M\otimes_A(A\otimes_R A)\otimes_A N\cong(M\otimes_A B)\otimes_A N$, 故

$$\begin{aligned}(M\otimes_R N)\otimes_B A&\cong M\otimes_A(B\otimes_B A)\otimes_A N\\&\cong M\otimes_A A\otimes_A N\cong M\otimes_A N\end{aligned}$$

现在回到 ii)。令 $A=R\otimes_k R$, $B=R/p\otimes_k R/q$, 同态 $\mu:A\to R$ 由 $\mu(a\otimes_k b)=ab$ 给出。对任意 $Q\in\mathrm{Ass}_A(B)$, 由 i) 有 $\dim(A/Q)=\dim(R/p)+\dim(R/q)$。令 $I=\ker(\mu:A\to R)$, 则易见 $I=(x_1\otimes_R 1-1\otimes_R x_1,\cdots,x_n\otimes_R 1-1\otimes_R x_n)$。由上面的 a) 和 b) 有同构

$$\begin{aligned}R/p+q&\cong(R/p)\otimes_R(R/q)\cong(R/p)\otimes_k(R/q)\otimes_A R\\&\cong B\otimes_A(A/I)\cong B/IB\end{aligned}$$

在此同构之下 P 对应于 B 的一个包含 IB 的极小素理想 P'。若 $Q' \subset P'$ 为极小素理想, 则由 i) 有

$$\dim(B/Q') = \dim(R/p) + \dim(R/q)$$

由推论 2.1 有 $\mathrm{ht}(P') \leqslant n$, 故由推论 4.1.i) 有

$$\dim(R/P) = \dim(B/P') = \dim(R/p) + \dim(R/q) - \mathrm{ht}(P')$$
$$\geqslant \dim(R/p) + \dim(R/q) - n$$

从而

$$\mathrm{ht}(P) = \dim(R) - \dim(R/P) \leqslant 2n - \dim(R/p) - \dim(R/q) = \mathrm{ht}(p) + \mathrm{ht}(q)$$

证毕。

习　题　X

X.1 设 R 为诺特环, $P \in \mathrm{Spec}(R)$, $\mathrm{ht}(P) = n$。证明可取 $x_1, \cdots, x_n \in P$ 使得 P 是包含 $(x_1, \cdots, x_n)$ 的一个极小素理想。

X.2 设 R 为诺特环。证明:

i) 若 $R \cong R'[x_1, \cdots, x_n]/I$, 其中 R' 为阿廷环而 I 为 (分次 R'-代数 $R'[x_1, \cdots, x_n]$ 的) 分次理想, 则 $\dim(R) = \deg \chi_R$。

ii) 若 R 为半局部环而 $I \subset R$ 为一个定义理想, 则 $\dim(R) = \dim(\mathrm{gr}^I(R))$。

X.3 设 R 为 UFD, $I \subset R$ 为理想。证明 I 为主理想当且仅当每个 $P \in \mathrm{Ass}(R/I)$ 具有高度 1。

X.4 设 $R \subset A$ 为环扩张, 其中 R 为诺特局部环而 A 在 R 上是整的。证明对任意理想 $I \subset A$, $\dim(A/I) = \dim(R/R \cap I)$。

X.5* 设 R, A 为域 k 上的有限生成代数且为整环, $f : R \to A$ 为 k-代数同态。证明 $\hat{f}$ 的任一非空纤维的维数不小于 $\dim(A) - \dim(R)$。

X.6 设 R, S 为域 k 上的诺特代数。是否一定有 $\dim(R \otimes_k S) = \dim(R) + \dim(S)$? (提示: 考虑 $R = S = k(x)$。)

X.7 举一个有限维非诺特环的例子。

X.8 举例说明在推论 3.2 中即使 R, A 为整环且 f 为有限型, 等号也不一定成立, 并给出几何解释。

X.9* 设 k 为域而 $\bar{k}$ 为 k 的代数闭包。设 R 为有限生成的 k-代数且为整环。令 $R' = R \otimes_k \bar{k}$。令 $k' = \{\alpha \in \mathrm{q.f.}(R) | \alpha$ 在 k 上是整的 $\}$。证明:

i) $[k' : k] < \infty$。

ii) 若 $k' = k$ 或 k' 是 k 的纯不可分扩张, 则 R' 只有一个极小素理想。

iii) 设 k 是完全域, 则 R' 为整环当且仅当 $k = k'$。

iv) 对任意 $P, Q \in \mathrm{Ass}_{R'}(R')$ 有 $R'/P \cong R'/Q$ 且 $l_{R'}(PR'_P) = l_{R'}(QR'_Q)$。(提示: 存在一个 $\mathrm{Gal}(\bar{k}/k)$ 在 R' 上的作用, 它在 $\mathrm{Ass}_{R'}(R')$ 上诱导的作用可迁。)

X.10* 证明一个诺特整环是 UFD 当且仅当其所有高度为 1 的素理想都是主理想。

X.11* 设有限生成的 $\mathbb{Z}$-代数 R 是 $\mathbb{Z}$-平坦的。证明 $\dim(R) = \dim(R \otimes \mathbb{Q}) + 1$。

X.12 设 $A = k[x_1, \cdots, x_m]$ 和 $B = k[y_1, \cdots, y_n]$ 为域 k 上的两个多项式环 $(m, n > 1)$。令 $C = A \otimes_k B = k[x_1, \cdots, x_m, y_1, \cdots, y_n]$, $D \subset C$ 为所有 $x_i y_j$ $(1 \leqslant i \leqslant m, 1 \leqslant j \leqslant n)$ 生成的 k-子代数。求 $\dim(D)$。

XI 范畴

1. 范畴、函子、自然变换

同调的概念最初产生于拓扑学, 后来被广泛应用到几何、代数、数论、函数论等许多领域, 成为数学中最有力的工具之一。同调论的代数方法则被推广, 产生了同调代数这一新学科, 其中的一个基本概念是范畴。

一个*范畴* $\mathfrak{C}$ 由下列三个要素组成:

A) 一类数学对象 (称为*对象*) $\mathrm{Ob}(\mathfrak{C})$;

B) 对任意 $A, B \in \mathrm{Ob}(\mathfrak{C})$ 予以一个集合 $\mathrm{Mor}_{\mathfrak{C}}(A, B)$ (其中的元称为从 A 到 B 的*态射*, 亦可记为 $\mathrm{Arr}_{\mathfrak{C}}(A, B)$ 并称其中的元为*箭头*; A 称为态射 (箭头) 的*定义域*或*源*, B 称为态射的*值域*或*靶*; 在没有疑问时可略去下标 $\mathfrak{C}$);

C) 对任意 $A, B, C \in \mathrm{Ob}(\mathfrak{C})$ 予以一个映射

$$\begin{aligned} \mathrm{Mor}(B, C) \times \mathrm{Mor}(A, B) &\to \mathrm{Mor}(A, C) \\ (g, f) &\mapsto g \circ f \end{aligned}$$

满足条件:

i) $\mathrm{Mor}(A, B) \cap \mathrm{Mor}(A', B') = \varnothing$, 除非 $A = A', B = B'$ (换言之, 我们明确规定, 给定一个态射时必须同时给定其源和靶);

ii) 对任意 $A, B, C, D \in \mathrm{Ob}(\mathfrak{C})$ 及任意 $f \in \mathrm{Mor}(A, B)$, $g \in \mathrm{Mor}(B, C)$, $h \in \mathrm{Mor}(C, D)$, 有 $(h \circ g) \circ f = h \circ (g \circ f)$;

iii) 对任一 $A \in \mathrm{Ob}(\mathfrak{C})$, 存在一个*单位态射* $\mathrm{id}_A \in \mathrm{Mor}(A, A)$ 使得对任意 $B \in \mathrm{Ob}(\mathfrak{C})$ 及任意 $f \in \mathrm{Mor}(A, B)$, $g \in \mathrm{Mor}(B, A)$, 有 $f \circ \mathrm{id}_A = f$, $\mathrm{id}_A \circ g = g$ (显然 A 的单位态射是唯一的)。

注意我们并没有假定 $\mathrm{Ob}(\mathfrak{C})$ 是一个集合 (参看下面的例子), 尽管我们可以使用集合论的某些术语和符号如 "属于" ($\in$)。

例 1.1. i) 所有集合组成一个范畴 ((sets)), 其对象为集合, 态射为映射。注意 $\sin : \mathbb{R} \to \mathbb{R}$ 和 $\sin : \mathbb{R} \to [-1, 1]$ 看作不同的态射。注意 Ob((sets)) 不是一个集合。

ii) 拓扑空间的范畴 $\mathfrak{T}$, 其态射为连续映射。这是 ((sets)) 的一个*子范畴*, 即 $\mathrm{Ob}(\mathfrak{T}) \subset \mathrm{Ob}((\mathrm{sets}))$ 且对任意 $A, B \in \mathrm{Ob}(\mathfrak{T})$ 有 $\mathrm{Mor}_{\mathfrak{T}}(A, B) \subset \mathrm{Mor}_{((\mathrm{sets}))}(A, B)$。

iii) 群的范畴 ((groups)), 其态射为同态。其中阿贝尔 (加) 群组成一个子范畴 $\mathfrak{Ab}$, 且对任意 $A, B \in \mathrm{Ob}(\mathfrak{Ab})$ 有 $\mathrm{Mor}_{\mathfrak{Ab}}(A, B) = \mathrm{Mor}_{((\mathrm{groups}))}(A, B)$。这样的子范畴称为*全的*。

iv) 一个域 k 上的所有线性空间组成一个范畴 $\mathfrak{M}_k$, 其态射为 k-线性映射; 更一般地, 一个环 R 上的所有模组成一个范畴 $\mathfrak{M}_R$, 其态射为 R-同态。

v) 所有有单位元的交换环组成的范畴 ((rings)), 其态射为环同态。

vi) 一个域 k 上的*带滤线性空间* (即 k-线性空间对 $W \subset V$) 组成一个范畴, 其中的一个态射 $(W \subset V) \to (W' \subset V')$ 是一个 k-线性映射 $f: V \to V'$ 使得 $f(W) \subset W'$。更一般地, 一串 k-线性空间 $W_1 \subset W_2 \subset \cdots \subset W_n$ 称作一个*旗*, 所有的旗也组成一个范畴。

vii) 设 T 为一个拓扑空间, 定义一个范畴 $\tilde{T}$ 如下: $\mathrm{Ob}(\tilde{T})$ 为 T 的所有开子集全体; 对任意开子集 U, V, 若 $U \subset V$, 则 $\mathrm{Mor}(U, V)$ 由包含映射 $U \to V$ 一个元组成, 否则 $\mathrm{Mor}(U, V) = \varnothing$。更一般地, 若 I 是一个半序集, 我们可类似地以 I 的元为对象建立一个范畴。注意此时所有对象组成一个**集合**, 这样的范畴称为*小的*。

viii) 设 $\mathfrak{C}$ 为一个范畴。如果我们将 $\mathfrak{C}$ 中的所有箭头改变方向并改变合成映射 $\circ$ 的次序 (这只是改变记号而已), 则得到一个新范畴 $\mathfrak{C}^{\mathrm{op}}$, 称作 $\mathfrak{C}$ 的*对偶范畴*。例如 ((rings)) 的对偶范畴可以解释为所有 (有单位元的交换环的) 谱组成的范畴 (参看 VIII.1)。

ix) 对任意两个范畴 $\mathfrak{C}, \mathfrak{C}'$ 可以定义它们的*积* $\mathfrak{C} \times \mathfrak{C}'$, 其对象为所有对象对 (A, A') $(A \in \mathrm{Ob}(\mathfrak{C}), A' \in \mathrm{Ob}(\mathfrak{C}'))$, 而

$$\mathrm{Mor}((A, A'), (B, B')) = \mathrm{Mor}(A, B) \times \mathrm{Mor}(A', B')$$

设 $\mathfrak{C}$ 为一个范畴, $A, B \in \mathrm{Ob}(\mathfrak{C})$。一个态射 $f: A \to B$ 称为*满射*, 如果对任意 $C \in \mathrm{Ob}(\mathfrak{C})$ 及任意 $g_1, g_2 \in \mathrm{Mor}(B, C)$, 若 $g_1 \circ f = g_2 \circ f$, 则 $g_1 = g_2$。类似地可以定义*单射*, 它是满射概念的对偶 (即 $\mathfrak{C}$ 中的单射为 $\mathfrak{C}^{\mathrm{op}}$ 中的满射)。一个态射 $f: A \to B$ 称为*同构*, 如果存在态射 $g: B \to A$ 使得 $f \circ g = \mathrm{id}_B$, $g \circ f = \mathrm{id}_A$。一个对象 $P \in \mathrm{Ob}(\mathfrak{C})$ 称作*投射的*, 如果对 $\mathfrak{C}$ 中的任意满射 $f: A \twoheadrightarrow B$ 及任意态射 $g: P \to B$, 存在态射 $g': P \to A$ 使得 $f \circ g' = g$。类似地可以定义*内射*对象, 它是投射概念的对偶。一个对象 $I \in \mathrm{Ob}(\mathfrak{C})$ 称作*起始的* (或*终止的*), 如果对任意 $A \in \mathrm{Ob}(\mathfrak{C})$, $\mathrm{Mor}(I, A)$ (或 $\mathrm{Mor}(A, I)$) 由一个元组成。由抽象废话, 任意两个起始 (终止) 对象之间有唯一同构。若 I 既是起始的又是终止的, 则称 I 为*零对象*。例如在 ((sets)) 中, 空集 $\varnothing$ 是起始对象, 任意一元集是终止对象; 而在 $\mathfrak{Ab}$ 中 0 是零对象。若 $\mathfrak{C}$ 有零对象 0, 则对任意 $A, B \in \mathrm{Ob}(\mathfrak{C})$ 有唯一态射 $f: A \to 0$ 及 $g: 0 \to B$,

从而 $g \circ f : A \to B$ 是唯一决定的 (与零对象 0 的选择无关), 称为从 A 到 B 的零态射, 记作 0。

设 $\mathfrak{C}, \mathfrak{C}'$ 为两个范畴。一个从 $\mathfrak{C}$ 到 $\mathfrak{C}'$ 的**共变函子** F 由两个要素组成:

A) 对任意 $A \in \mathrm{Ob}(\mathfrak{C})$ 予以一个对象 $F(A) \in \mathrm{Ob}(\mathfrak{C}')$;

B) 对任意 $A, B \in \mathrm{Ob}(\mathfrak{C})$ 予以一个映射

$$F : \mathrm{Mor}_{\mathfrak{C}}(A, B) \to \mathrm{Mor}_{\mathfrak{C}'}(F(A), F(B))$$

使得对任意 $f \in \mathrm{Mor}_{\mathfrak{C}}(A, B)$, $g \in \mathrm{Mor}_{\mathfrak{C}}(B, C)$ 有 $F(g \circ f) = F(g) \circ F(f)$, 且对任意 $A \in \mathrm{Ob}(\mathfrak{C})$ 有 $F(\mathrm{id}_A) = \mathrm{id}_{F(A)}$。

记 $\mathrm{Fun}(\mathfrak{C}, \mathfrak{C}')$ 为从 $\mathfrak{C}$ 到 $\mathfrak{C}'$ 的共变函子全体 (不一定是集合)。显然对任意两个函子 $F : \mathfrak{C} \to \mathfrak{C}'$ 和 $G : \mathfrak{C}' \to \mathfrak{C}''$ 可以定义其合成函子 $G \circ F : \mathfrak{C} \to \mathfrak{C}''$。一个从 $\mathfrak{C}$ 到 $\mathfrak{C}'$ 的**反变函子**是一个从 $\mathfrak{C}^{\mathrm{op}}$ 到 $\mathfrak{C}'$ 的共变函子。

例 1.2. i) 对任意 $C \in \mathrm{Ob}(\mathfrak{C}')$ 可以定义一个 "常函子" $k_C : \mathfrak{C} \to \mathfrak{C}'$, 对任一 $A \in \mathrm{Ob}(\mathfrak{C})$, 令 $k_C(A) = C$, 且对 $\mathfrak{C}$ 的任一态射 f 令 $k_C(f) = \mathrm{id}_C$。此外显然有个 "恒等函子" $\mathrm{id}_{\mathfrak{C}} : \mathfrak{C} \to \mathfrak{C}$。

ii) $\mathfrak{T}$ 到 ((sets)) 的嵌入是一个函子。

iii) "遗忘函子" $\mathfrak{M}_R \to \mathfrak{Ab}$, 将每个 R-模映到其加群, "忘掉" R 在其上的作用。

iv) 对偶函子 $\mathfrak{M}_k \to \mathfrak{M}_k$, 将每个 k-线性空间映到其对偶空间。这是一个反变函子。

v) 将每个拓扑空间映到其上的所有连续实函数的集合的反变函子 $\mathfrak{T} \to$ ((sets))。

vi) 任一范畴 $\mathfrak{C}$ 中的任一交换图可以看作一个函子。例如交换图

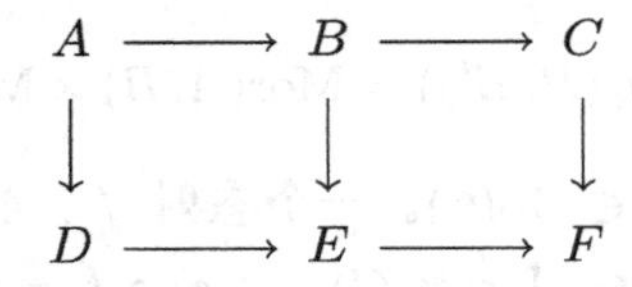

$$\begin{array}{ccccc} A & \longrightarrow & B & \longrightarrow & C \\ \downarrow & & \downarrow & & \downarrow \\ D & \longrightarrow & E & \longrightarrow & F \end{array}$$

可以看作一个函子 $I \to \mathfrak{C}$, 其中 I 为半序集 $\{a, b, c, d, e, f | a < b < c < f, a < d < e < f, b < f\}$, 按例 1.1.vii) 的方法看作一个范畴。

vii) 设 $\mathfrak{C}$ 为范畴, $A \in \mathrm{Ob}(\mathfrak{C})$, 则可定义一个反变函子 $\underline{A}$ (或记为 $\mathrm{Mor}(\cdot, A)$): $\mathfrak{C} \to$((sets)), 其中 $\underline{A}(B) = \mathrm{Mor}(B, A)$。此外由 $(A, B) \mapsto \mathrm{Mor}(A, B)$ 可以定义一个函子 $\mathfrak{C}^{\mathrm{op}} \times \mathfrak{C} \to$ ((sets))。

设 F, G 为 $\mathfrak{C}$ 到 $\mathfrak{C}'$ 的两个函子。一个从 F 到 G 的**自然变换** T 是对任一 $A \in \mathrm{Ob}(\mathfrak{C})$ 给出一个态射 $T(A) : F(A) \to G(A)$, 使得对任意 $f \in \mathrm{Mor}_{\mathfrak{C}}(A, B)$ 有交换图

$$\begin{array}{ccc} F(A) & \xrightarrow{T(A)} & G(A) \\ \downarrow{\scriptstyle F(f)} & & \downarrow{\scriptstyle G(f)} \\ F(B) & \xrightarrow{T(B)} & G(B) \end{array}$$

若对每个 $A \in \mathrm{Ob}(\mathfrak{C})$, $T(A)$ 都是同构, 则称 T 为*自然等价*, 此时可记 $F \simeq G$。记 $\mathrm{Tran}(F, G)$ 为从 F 到 G 的自然变换全体。

对两个范畴 $\mathfrak{C}$ 和 $\mathfrak{C}'$, 若存在共变函子 $F : \mathfrak{C} \to \mathfrak{C}'$ 和 $G : \mathfrak{C}' \to \mathfrak{C}$ 使得 $F \circ G \simeq \mathrm{id}_{\mathfrak{C}'}$, $G \circ F \simeq \mathrm{id}_{\mathfrak{C}}$, 则称 $\mathfrak{C}$ 和 $\mathfrak{C}'$ 为*等价的*, 记作 $\mathfrak{C} \simeq \mathfrak{C}'$。

若 $\mathfrak{C}$ 是小的, 则对任两个函子 $F, G : \mathfrak{C} \to \mathfrak{C}'$, 从 F 到 G 的所有自然变换组成一个集合 $\left(\text{可以看作} \prod\limits_{A \in \mathrm{Ob}(\mathfrak{C})} \mathrm{Mor}_{\mathfrak{C}'}(F(A), G(A)) \text{ 的子集}\right)$, 故 $\mathrm{Fun}(\mathfrak{C}, \mathfrak{C}')$ 可以看作一个范畴, 其态射为自然变换。

例 1.3. i) 设 $I = \{a, b | a < b\}$。对任意范畴 $\mathfrak{C}$, 一个函子 $F : I \to \mathfrak{C}$ 等价于一个 $\mathfrak{C}$ 中的态射 $A \to B$, 而一个自然变换 $F \to G$ 等价于一个交换图

$$\begin{array}{ccc} A & \longrightarrow & B \\ \downarrow & & \downarrow \\ A' & \longrightarrow & B' \end{array}$$

ii) 设 $\mathfrak{C}$ 为任一范畴, $F : \mathfrak{C} \to \mathfrak{Ab}$ 为任一函子, 则任一整数 n 给出一个自然变换 $n\cdot : F \to F$, 由 $n\cdot : F(A) \to F(A)$ (即将每个元乘以 n 的同态) 组成。故我们称 $n\cdot$ 为 "自然同态"。

iii) 由 $\mathrm{tor}(G) = G_{\mathrm{tor}}$ 可以定义一个函子 $\mathrm{tor} : \mathfrak{Ab} \to \mathfrak{Ab}$, 故我们称对应关系 $G \mapsto G_{\mathrm{tor}}$ 为*函子性的*, 而称 G_{tor} 为 G 的*典范子群* ("典范" 一词意为具有函子性)。嵌入映射 $G_{\mathrm{tor}} \to G$ 称为 "典范同态", 也可以称作 "自然同态", 即看作一个自然变换 $\mathrm{tor} \to \mathrm{id}_{\mathfrak{Ab}}$。

iv) 设 $f : A \to B$ 是范畴 $\mathfrak{C}$ 中的态射, 则由 $T_f(g) = f \circ g$ 可定义一个自然变换 $T_f : \underline{A} \to \underline{B}$。

2. 预层

一个范畴 $\mathfrak{C}$ 上的一个*集合预层* (简称*预层*) 是一个从 $\mathfrak{C}$ 到 ((sets)) 的反变函子。预层的 "态射" 指的是自然变换。同样可以定义*阿贝尔群预层* (即从 $\mathfrak{C}$ 到 $\mathfrak{Ab}$ 的反变函子) 等。

引理 2.1. (Yoneda 引理) 设 F 是 $\mathfrak{C}$ 上的预层, $X \in \mathrm{Ob}(\mathfrak{C})$, 则有自然一一对应 $\mathrm{Tran}(\underline{X}, F) \simeq F(X)$。

证. 设 $\xi \in F(X)$。对 $\mathfrak{C}$ 中的态射 $f: A \to X$, 令 $\hat{\xi}(A)(f) = F(f)(\xi)$, 易见这定义一个自然变换 $\hat{\xi} \in \mathrm{Tran}(\underline{X}, F)$。

反之, 若 $\hat{\xi} \in \mathrm{Tran}(\underline{X}, F)$, 令 $\xi = \hat{\xi}(X)(\mathrm{id}_X) \in F(X)$, 则对 $\mathfrak{C}$ 中的态射 $f: A \to X$ 有交换图

$$\begin{array}{ccc} \mathrm{Mor}(X,X) & \xrightarrow{\hat{\xi}(X)} & F(X) \\ \downarrow{\circ f} & & \downarrow{F(f)} \\ \mathrm{Mor}(A,X) & \xrightarrow{\hat{\xi}(A)} & F(A) \end{array}$$

故 $F(f)(\xi) = F(f) \circ \hat{\xi}(X)(\mathrm{id}_X) = \hat{\xi}(A)(f)$, 从而 $\hat{\xi}$ 由 ξ 唯一决定。证毕。

设 F 是 $\mathfrak{C}$ 上的预层, 若存在 $X \in \mathrm{Ob}(\mathfrak{C})$ 使得 $F \simeq \underline{X}$, 则称 F 为**可代表的**, 由 X **代表**。由引理 2.1 的证明可知, 给定一个关系 $F \simeq \underline{X}$ 等价于给定一个 $\xi \in F(X)$, 使得对任一 $\alpha \in F(A)$ $(A \in \mathrm{Ob}(\mathfrak{C}))$, 存在唯一态射 $f: A \to X$ 使得 $\alpha = F(f)(\xi)$。我们可以用另一种方式说明可代表性: 令 $\mathfrak{F}$ 为所有对 (A, α) $(A \in \mathrm{Ob}(\mathfrak{C}), \alpha \in F(A))$ 组成的范畴, 其中的一个态射 $(A,\alpha) \to (B,\beta)$ 是指一个态射 $f \in \mathrm{Mor}_{\mathfrak{C}}(A,B)$ 使得 $F(f)(\beta) = \alpha$。则易见 F 由 X 及 $\xi \in F(X)$ 代表当且仅当 (X,ξ) 是 $\mathfrak{F}$ 的一个终止对象。我们说 (X,ξ) (或 X) 具有**泛性**。

例 2.1. i) 设范畴 $\mathfrak{C}$ 具有零对象 0, $f: A \to B$ 为 $\mathfrak{C}$ 中的态射, F 为 $\mathfrak{C}$ 上的预层, 其中 $F(X)$ 由所有交换图

$$\begin{array}{ccc} X & \longrightarrow & 0 \\ \downarrow{i_X} & & \downarrow \\ A & \xrightarrow{f} & B \end{array}$$

组成 (参看例 1.2.vi))。若 F 由 $K \in \mathrm{Ob}(\mathfrak{C})$ 代表, 则称 K (或 i_K) 为 f 的**核** (记为 $\ker(f)$), 这等价于对 $\mathfrak{C}$ 中的任意态射 $g: X \to A$, 若 $f \circ g = 0$, 则有唯一态射 $g': X \to K$ 使得 $g = i_K \circ g'$。

类似地我们可以定义**余核**, 它是核的对偶概念, 即 $\mathfrak{C}$ 中的核对应于 $\mathfrak{C}^{\mathrm{op}}$ 中的余核。

ii) 设 $f: A \to C$, $g: B \to C$ 为范畴 $\mathfrak{C}$ 中的态射, F 为 $\mathfrak{C}$ 上的预层, 其中 $F(X)$ 由所有交换图

$$\begin{array}{ccc} X & \xrightarrow{q_X} & B \\ \downarrow{p_X} & & \downarrow{g} \\ A & \xrightarrow{f} & C \end{array}$$

组成。若 F 由 $D \in \mathrm{Ob}(\mathfrak{C})$ 代表, 则称 D (或 (D, p_D, q_D)) 为 A 和 B 在 C 上的**纤维积**或**拉回**。这等价于对 $\mathfrak{C}$ 中的任意对象 X 及任意态射 $p_X : X \to A$, $q_X : X \to B$ 使得 $f \circ p_X = g \circ q_X$, 存在唯一态射 $h : X \to D$ 使得 $p_X = p_D \circ h$, $q_X = q_D \circ h$。记 $D = A \times_C B$, 称 p_D, q_D 为**投射**, 有时记 $p_D = \mathrm{pr}_1$, $q_D = \mathrm{pr}_2$。(举例说, 若 f, g 为集合的映射, 则 $A \times_C B = \{(a,b) | a \in A, b \in B, f(a) = g(b)\}$; 而 VIII.2 给出另一个例子。) 若 C 为终止对象, 则称 D 为 A 和 B 的**直积** (它代表预层 $F(X) = \mathrm{Mor}(X, A) \times \mathrm{Mor}(X, B)$, 注意即使 $\mathfrak{C}$ 中没有终止对象也可以定义这个预层)。若 $A = B$, 则称 D 为 f 和 g 的**等同化子**。

对偶地我们可以定义**推出**和**直和**, 留给读者作为练习。

iii) 更一般地, 设 $\mathfrak{I}$ 为小范畴, $\mathfrak{C}$ 为任意范畴, $G \in \mathrm{Fun}(\mathfrak{I}, \mathfrak{C})$。对任一 $X \in \mathrm{Ob}(\mathfrak{C})$, 令 $F(X) = \mathrm{Tran}(k_X, G)$, 这样定义了一个 $\mathfrak{C}$ 上的一个预层 F。若 F 由 $L \in \mathrm{Ob}(\mathfrak{C})$ 代表, 则称 L 为 G 的一个**逆极限**, 记为 $\varprojlim F$。由抽象废话 G 的所有逆极限相互同构。举例说, $\mathfrak{Ab}$ 中的一列态射

$$\cdots \xrightarrow{f_{n-1}} G_n \xrightarrow{f_n} G_{n+1} \xrightarrow{f_{n-1}} \cdots \tag{1}$$

具有逆极限

$$\varprojlim_n G_n \cong \{(\cdots, g_n, g_{n+1}, \cdots) | g_n \in G_n, f_n(g_n) = g_{n+1}, \forall n\}$$

逆极限的对偶概念是**直极限**, 读者可自行定义。例如对于 $\mathfrak{C} = \mathfrak{Ab}$, (1) 具有直极限

$$\varinjlim_n G_n \cong \bigoplus_n G_n / (g_n - f_n(g_n), \forall g_n \in G_n)$$

注意核、纤维积等都是逆极限的特例, 而余核、推出等是直极限的特例。

iv) 拓扑空间的一个连续映射 $f : L \to T$ 称作一个**直线丛**, 如果对任一点 $t \in T$ 存在 t 的邻域 $U \subset T$ 使得 $L \times_T U = f^{-1}(U) \cong U \times \mathbb{R}$。设 $T_0 = \mathbb{P}^1_{\mathbb{R}}$, $V = \mathbb{R}^{\oplus 2}$, $L_0 = \{(x, y, X : Y) \in V \times \mathbb{P}^1_{\mathbb{R}} | xY = yX\}$, 则易见 $L_0 \to T_0$ 是直线丛 (因为对 T_0 的开子集 $U_0 = \{(1 : Y) | Y \in \mathbb{R}\}$ 和 $U_1 = \{(X : 1) | X \in \mathbb{R}\}$ 有 $L_0 \times_{T_0} U_0 \cong U_0 \times \mathbb{R}$, $L_0 \times_{T_0} U_1 \cong U_1 \times \mathbb{R}$), 它是平面丛 $V \times T_0$ 的子丛。对任意拓扑空间 T 令 $F(T)$ 为平面丛 $V \times T$ 的 (过原点的) 子直线丛全体, 且对任意拓扑空间的连续映射 $f : T' \to T$ 及任一 $L \in F(T)$ 令 $F(f)(L) = L \times_T T'$, 则定义了一个 $\mathfrak{T}$ 上的预层 F。

我们来证明 (T_0, L_0) 代表 F。对任一 $T \in \mathrm{Ob}(\mathfrak{T})$ 及任一 $L \in F(T)$, 我们需要证明存在唯一连续映射 $f : T \to T_0$ 使得 $L = L_0 \times_{T_0} T \subset V \times T$。易见有连续映射 $g : L - 0 \times T \to T_0$, $g(x, y, t) = (x : y)$。由直线丛的定义不难验证 g 诱导连续映射 $f : T \to T_0$, 给出 $L = L_0 \times_{T_0} T$, 而 f 的唯一性是显然的。注意 T_0 中的一个

点 $(X:Y)$ 代表 V 中的一条直线 $xY-yX=0$。我们称 T_0 为 V 中直线的精细模空间。

习　题　XI

XI.1 设在范畴 $\mathfrak{C}$ 中任意纤维积都存在。设 $X\xrightarrow{f}S, Y\xrightarrow{g}S, Z\xrightarrow{h}S$ 为 $\mathfrak{C}$ 中的态射。证明:

i) $X\times_S Y\cong Y\times_S X$;

ii) $(X\times_S Y)\times_S Z\cong X\times_S(Y\times_S Z)$;

iii) 若 $X=S$ 而 $f=\mathrm{id}_S$, 则 $X\times_S Y\cong Y$。

XI.2* 设 $f:R\to A, g:R\to B$ 为环同态, 其中 f 为忠实平坦的, g 为单射。证明 R 为 $\mathrm{id}_A\otimes_R g:A\to A\otimes_R B$ 与 $f\otimes_R \mathrm{id}_B:B\to A\otimes_R B$ 在环范畴中的拉回。

XI.3 设 $\mathfrak{C}$ 为范畴。证明下列条件等价 (参看例 2.1.iii)):

i) 在 $\mathfrak{C}$ 中任意逆极限存在;

ii) 在 $\mathfrak{C}$ 中任意直积和任两个态射 $f,g:A\to B$ 的等同化子存在;

iii) 在 $\mathfrak{C}$ 中任意直积和任两个态射 $f:A\to C, g:B\to C$ 的纤维积存在。

对偶地给出任意直极限存在的等价条件。

XI.4 证明在 $\mathfrak{M}_R$ 中任意拉回与推出存在。

XI.5 设 R 为环, $\mathfrak{A}_R$ 为 R-代数的范畴, A 为 R-代数。对任意 $B\in\mathrm{Ob}(\mathfrak{A}_R)$, 令 $F_A(B)$ 为所有从 A 到 B 的 R-代数同态组成的集合, 则易见 F_A 定义了一个从 $\mathfrak{A}_R$ 到 ((sets)) 的共变函子。证明 A 在同构之下由 F_A 唯一决定, 换言之若 A' 为 R-代数而 $F_{A'}$ 与 F_A 自然等价, 则有 R-代数同构 $A\to A'$。(提示: 参看 Yoneda 引理。)

XI.6 设 $\mathfrak{I}$ 为小范畴, F,G 为 $\mathfrak{I}$ 上的预层, $t:F\to G$ 为态射 (即自然变换)。证明 t 是单射 (满射, 同构) 当且仅当对任意 $A\in\mathrm{Ob}(\mathfrak{I})$, $t(A):F(A)\to G(A)$ 是单射 (满射, 同构)。

XII 阿贝尔范畴

本章中的范畴都具有零对象, 且记 $0_{\mathfrak{C}}$ 为范畴 $\mathfrak{C}$ 的一个零对象 (在没有疑问时简记为 0)。

1. 阿贝尔范畴的定义与基本性质

设范畴 $\mathfrak{C}$ 的任意两个对象有直和与直积, 则有一个从直和到直积的自然态射: 若 $A, B \in \mathrm{Ob}(\mathfrak{C})$, 则两个态射 $\mathrm{id}_A : A \to A$ 与 $0 : A \to B$ 给出一个态射 $i : A \to A \times B$, 同样有 $j : B \to A \times B$, i 与 j 给出一个自然态射 (典范态射) $T(A, B) : A \oplus B \to A \times B$。("自然" 的意思是, 若将直和与直积看作两个从 $\mathfrak{C} \times \mathfrak{C}$ 到 $\mathfrak{C}$ 的函子, 则 $T(A, B)$ 给出从直和函子到直积函子的一个自然变换 T。) 但 $T(A, B)$ 不一定是同构。例如若 $\mathfrak{C}$ 为 ((sets)) 中所有包含一个公共元 s 的集合组成的子范畴, 其中的态射为将 s 映到 s 的映射, 则 $\{s\}$ 为零对象, 直和为集合的并而直积为集合的积。

定义 1.1. 在一个具有零对象的范畴 $\mathfrak{C}$ 中, 若对任意 $A, B \in \mathrm{Ob}(\mathfrak{C})$, $\mathrm{Mor}(A, B)$ 具有阿贝尔 (加) 群结构, 且加法与合成 $\circ$ 满足分配律 (即对任意 $C \in \mathrm{Ob}(\mathfrak{C})$ 及任意 $f, g \in \mathrm{Mor}(A, B)$, $h \in \mathrm{Mor}(C, A)$, $h' \in \mathrm{Mor}(B, C)$ 有 $(f + g) \circ h = f \circ h + g \circ h$, $h' \circ (f + g) = h' \circ f + h' \circ g$), 则称 $\mathfrak{C}$ 为*加性的*。

引理 1.1. 设 $\mathfrak{C}$ 为加性范畴, 且任意两个对象有直积 (或任意两个对象有直和), 则任意两个对象有直和 (直积), 且从直和到直积的自然态射 (即上述 T) 为自然同构 (即 T 是自然等价)。

证. 设 $\mathfrak{C}$ 的任意两个对象 A, B 有直积。令 $p : A \times B \to A$, $q : A \times B \to B$ 为投射, i, j 如上述。由分配律有 $p \circ (i \circ p + j \circ q) = p$, $q \circ (i \circ p + j \circ q) = q$, 从而由抽象废话有 $i \circ p + j \circ q = \mathrm{id}_{A \times B}$。对任意 $C \in \mathrm{Ob}(\mathfrak{C})$ 及任意态射 $f : A \to C$, $g : B \to C$, 态射 $h = f \circ p + g \circ q : A \times B \to C$ 满足 $h \circ i = f$, $h \circ j = g$; 反之若 $h' : A \times B \to C$ 满足 $h' \circ i = f$, $h' \circ j = g$, 则 $f \circ p + g \circ q = h' \circ (i \circ p + j \circ q) = h'$。故由定义 $A \times B$ 为 A 和 B 的直和。

任意两个对象有直和的情形证明类似。证毕。

以下我们谈到加性范畴总假定直和存在, 并通过典范同构将直和与直积等同起来。

若 $\mathfrak{C}$ 为加性范畴, $A, B \in \mathrm{Ob}(\mathfrak{C})$, 则由两个 id_A 给出 "对角态射" $\Delta_A : A \to A \times A$ (即 $\mathrm{pr}_1 \circ \Delta_A = \mathrm{pr}_2 \circ \Delta_A = \mathrm{id}_A$), 对偶地有 "余对角态射" $\nabla_B : B \oplus B \to B$。不难验证两个态射 $f, g : A \to B$ 的和为 $f_g = \nabla_B \circ (f, g) \circ \Delta_A$。

设 $\mathfrak{C}$ 和 $\mathfrak{C}'$ 为加性范畴, $F : \mathfrak{C} \to \mathfrak{C}'$ 为函子。若对任意 $A, B \in \mathrm{Ob}(\mathfrak{C})$, $F : \mathrm{Mor}_{\mathfrak{C}}(A, B) \to \mathrm{Mor}_{\mathfrak{C}'}(F(A), F(B))$ 是阿贝尔群同态, 则称 F 为**加性的**。此时有 $F(0_{\mathfrak{C}}) \cong 0_{\mathfrak{C}'}$, 且对任意 $A, B \in \mathrm{Ob}(\mathfrak{C})$ 有 $F(A \oplus B) \cong F(A) \oplus F(B)$, 简言之 F 保持直和与零对象 (用引理 1.1 的证明中的记号, 有 $F(p) \circ F(i) = \mathrm{id}_{F(A)}$, $F(p) \circ F(j) = 0_{\mathfrak{C}'}$ 等, 由此不难验证 $F(A \oplus B)$ 的泛性)。例如 $\mathrm{Mor}(\cdot, \cdot) : \mathfrak{C}^{\mathrm{op}} \times \mathfrak{C} \to \mathfrak{Ab}$ 为加性函子 (注意 $\mathfrak{C}^{\mathrm{op}} \times \mathfrak{C}$ 也是加性范畴)。

设 $f : A \to B$ 为加性范畴 $\mathfrak{C}$ 中的态射, 则 f 为满射当且仅当对任意态射 $g : B \to C$, 若 $g \circ f = 0$, 则 $g = 0$ (若 f 有余核, 这等价于 $\mathrm{coker}(f) = 0$); 而 f 为单射当且仅当对任意态射 $g : C \to A$, 若 $f \circ g = 0$, 则 $g = 0$ (若 f 有核, 这等价于 $\ker(f) = 0$)。由定义易见任一核是单射, 而任一余核是满射。

设范畴 $\mathfrak{C}$ 中的每个态射都有核与余核。对任一态射 $f : A \to B$, 令 $\mathrm{im}(f) = \ker(\mathrm{coker}(f))$, $\mathrm{coim}(f) = \mathrm{coker}(\ker(f))$, 分别称为 f 的**象**和**余象**。由核的定义, f 诱导的态射 $\ker(f) \to \mathrm{im}(f)$ 是零态射, 从而诱导典范态射 $\mathrm{coim}(f) \to \mathrm{im}(f)$, 但它不一定是同构。例如在一个域 k 上的带滤线性空间的范畴 (见例 XI.1.1.vi)) 中, 令 $f : (0 \subset V) \to (V \subset V)$ 为 id_V 诱导的态射 $(V \neq 0)$, 则 $\mathrm{im}(f) = (V \subset V)$, $\mathrm{coim}(f) = (0 \subset V)$。

定义 1.2.　一个范畴 $\mathfrak{C}$ 称为**阿贝尔范畴**, 如果

AB0.　$\mathfrak{C}$ 是加性的 (且任两个对象有直和与直积);

AB1.　每个态射都有核与余核;

AB2.　态射诱导的从余象到象的典范态射是典范同构。

首先注意这个定义有两个重要特点: 一是每条公理都是自对偶的, 故由此推出的任何定理的对偶也成立 (为方便起见将在一个定理的名称上加星号表示其对偶定理), 而且阿贝尔范畴的对偶范畴也是阿贝尔范畴; 二是所涉及的零对象、直和、直积、核、余核等都是典范的, 故由它们构造出的任意对象、态射等及其各类关系 (如交换图、正合列) 都是典范的, 例如若有交换图

$$\begin{array}{ccc} A' & \xrightarrow{f'} & B' \\ \downarrow & & \downarrow \\ A & \xrightarrow{f} & B \end{array}$$

则有典范诱导态射 $\ker(f') \to \ker(f)$ 和 $\operatorname{coker}(f') \to \operatorname{coker}(f)$。

引理 1.2. 设范畴 $\mathfrak{C}$ 满足公理 AB0 和 AB1, 则 $\mathfrak{C}$ 是阿贝尔范畴当且仅当下面的 AB2′ 成立:

AB2′. 任一单射是其余核的核, 任一满射是其核的余核。

证. 必要性: 若 $f: A \to B$ 是单射, 则 $\ker(\operatorname{coker}(f)) = \operatorname{im}(f) \cong \operatorname{coim}(f) = \operatorname{coker}(\ker(f)) \cong A$, 类似地可得 AB2′ 的另一个断言。

充分性: 由 AB2′ 立得任一既满又单的态射为同构, 故由对偶性只需证明 $\operatorname{coim}(f) \to \operatorname{im}(f)$ 是满射, 或 $A \to \operatorname{im}(f)$ 是满射即可。令 $C = \operatorname{coker}(A \to \operatorname{im}(f))$, $K = \ker(\operatorname{im}(f) \to C)$, 则 $i: K \to \operatorname{im}(f) \to B$ 是单射, 且存在 $g: A \to K$ 使得 $i \circ g = f$。故有满射 $\operatorname{coker}(f) \twoheadrightarrow \operatorname{coker}(K \to B) \twoheadrightarrow \operatorname{coker}(\operatorname{im}(f) \to B)$。由于余核是满射, 由 AB2′ 有 $\operatorname{coker}(f) \cong \operatorname{coker}(\ker(B \to \operatorname{coker}(f)) \to B) \cong \operatorname{coker}(\operatorname{im}(f) \to B)$, 故 $\operatorname{coker}(K \to B) \cong \operatorname{coker}(f)$, 从而由 AB2′ 有 $K \cong \ker(\operatorname{coker}(K \to B)) \cong \ker(\operatorname{coker}(f)) = \operatorname{im}(f)$。由此 $C = 0$, 故 $A \to \operatorname{im}(f)$ 为满射。证毕。

由定义 $\mathfrak{Ab}$ 和 $\mathfrak{M}_R$ (对任一 R) 为阿贝尔范畴。下面给出另一个例子。

例 1.1. 设 X 是一个拓扑空间, 按例 XI.1.1.vii) 的方式看作一个小范畴。设 F 是 X 上的一个阿贝尔群预层。对 X 中开集的一个包含关系 $i: V \to U$, 记 $F(i) = \rho_{UV}$。对任一开集 U 及其任一开覆盖 $\{U_i | i \in I\}$, 我们有复形

$$0 \to F(U) \xrightarrow{f} \prod_{i \in I} F(U_i) \xrightarrow{g} \prod_{i,j \in I} F(U_i \cap U_j) \tag{1}$$

其中 $g\left(\prod\limits_{i \in I} s_i\right) = \prod\limits_{i,j \in I} (\rho_{U_i(U_i \cap U_j)}(s_i) - \rho_{U_j(U_i \cap U_j)}(s_j))$, $f(s) = \prod\limits_{i \in I} \rho_{UU_i}(s)$。若对任意 U 及任意开覆盖 (1) 都是正合的, 则称 F 是 X 上的一个 (阿贝尔群) *层*。记 $\mathfrak{Ab}_X$ 为 X 上的阿贝尔群层的范畴 (作为阿贝尔群预层范畴的全子范畴)。

对任意预层 F, 我们可以构造一个典范的*伴随层* F^+ 如下: 对任一点 $x \in X$, 令 $F_x = \varinjlim\limits_{x \in U} F(U)$ (一个元 $s \in F(U)$ 在 F_x 中的象记作 s_x)。对任一开集 U 令 $\Phi(U) = \prod\limits_{x \in U} F_x$, 则不难看出 Φ 是一个层。令 $F^+(U)$ 为 $\Phi(U)$ 中局部常值函数全体组成的子群 (即 $F^+(U) = \{s \in \Phi(U) |$ 存在 U 的开覆盖 $\{U_i | i \in I\}$ 及 $s_i \in U_i$ $(i \in I)$ 使得对任意 $x \in U_i$ 有 $s_x = (s_i)_x\}$)。不难验证 F^+ 是一个层, 且存在典范态射 $\theta: F \to F^+$。易见若 F 是层, 则 θ 是同构, 故 F^+ 具有如下泛性: 对 X 上的任意阿贝尔群层 G 及任一态射 $\phi: F \to G$, 存在唯一态射 $\psi: F^+ \to G$ 使得 $\phi = \psi \circ \theta$ (因 ϕ 诱导 $\psi: F^+ \to G^+ \cong G$)。

若 $\phi: F \to G$ 是层的态射, 则易见 $\ker(\phi)$ 是一个层; 但 $\mathrm{coker}(\phi)$ 未必是层, 不过由上所述 $\mathrm{coker}(\phi)^+$ 是 ϕ 在 $\mathfrak{Ab}_X$ 中的余核。不难验证 $\mathfrak{Ab}_X$ 中的一个态射列 $0 \to F \to G \to H \to 0$ 为正合当且仅当对任一 $x \in U$, $0 \to F_x \to G_x \to H_x \to 0$ 正合。由此即可得 $\mathfrak{Ab}_X$ 是阿贝尔范畴, 我们将细节留给读者验证。

类似地, 若 $\mathcal{R}$ 是 X 上的环层, 令 $\mathfrak{M}_{\mathcal{R}}$ 为 X 上 $\mathcal{R}$-模层的范畴, 则 $\mathfrak{M}_{\mathcal{R}}$ 是阿贝尔范畴。

一个阿贝尔范畴 $\mathfrak{C}$ 中的一列态射 $\cdots \xrightarrow{f_{n-1}} A_n \xrightarrow{f_n} A_{n+1} \xrightarrow{f_{n+1}} \cdots$ 称作一个**复形**, 如果对每个 n 有 $f_n \circ f_{n-1} = 0$; 称作一个**正合列**, 如果它是复形且对每个 n 诱导态射 $\mathrm{im}(f_{n-1}) \to \ker(f_n)$ 是同构 (注意这等价于 $\mathrm{coker}(f_{n-1}) \to \mathrm{coim}(f_n)$ 是同构, 故正合列的定义是自对偶的)。

命题 1.1. 在任一阿贝尔范畴 $\mathfrak{C}$ 中, 任意两个态射 $f: A \to C, g: B \to C$ 都有纤维积。记 $D = A \times_C B, p: D \to A, q: D \to B$ 为投射, 则

i) $\ker(p) \cong \ker(g)$, 特别地, 若 g 是单射则 p 是单射;

ii) 对任意态射 $h: E \to B$ 有 $E \times_B (A \times_C B) \cong E \times_C A$;

iii) 若 g 是满射则 p 是满射, 且此时 C 是 p 和 q 的推出;

iv) 设 $\rho: C \to \mathrm{coker}(g)$ 为投射, 则有正合列 $A \times_C B \to A \xrightarrow{\rho \circ f} \mathrm{coker}(g)$。

证. 令 $h = (f, -g): A \oplus B \to C$, $D = \ker(h)$, $p: D \to A, q: D \to B$ 为诱导态射, 则有 $f \circ p - g \circ q = 0$, 即 $f \circ p = g \circ q$。若有 $p': D' \to A, q': D' \to B$ 使得 $f \circ p' = g \circ q'$, 则 $f \circ p' - g \circ q' = 0$, 即 $h \circ (p', q') = 0$, 故存在唯一态射 ϕ 使得 $(p, q) \circ \phi = (p', q')$, 由此可见 D 为 A 和 B 在 C 上的纤维积。

i) 令 $K = \ker(g)$, $i: K \to B$ 为嵌入, 则由纤维积的定义, 存在唯一态射 $j: K \to D$ 使得 $q \circ j = i, p \circ j = 0$。若有 $h: E \to D$ 使得 $p \circ h = 0$, 则 $g \circ q \circ h = 0$, 故由核的定义存在唯一态射 $s: E \to K$ 使得 $q \circ h = i \circ s = q \circ j \circ s$, 而 $p \circ j \circ s = 0 = p \circ h$, 故由纤维积的定义有 $j \circ s = h$。显然满足 $j \circ s = h$ 的 s 是唯一的, 因为 i 是单射 (从而 j 是单射)。故由定义有 $K \cong \ker(p)$。

ii) 是抽象废话。

iii) 若 g 是满射, 则 $(f, g): A \oplus B \to C$ 是满射, 从而 $C \cong \mathrm{coker}((p, -q): D \to A \oplus B)$。注意用上面构造拉回 (纤维积) 的方法的**对偶**可构造推出, 可见 C 是 p 和 q 的推出, 从而由 ii)* (ii) 的对偶) 得 $\mathrm{coker}(p) \cong \mathrm{coker}(g) = 0$, 即 p 是满射。

iv) 先考虑 g 是单射的情形, 只需证明 $D = \ker(\rho \circ f)$ 即可。设 $e: E \to A$ 为任一满足 $\rho \circ f \circ e = 0$ 的态射, 则存在 $s: E \to B$ 使得 $g \circ s = f \circ e$, 故存在 $t: E \to D$ 使得 $p \circ t = e$, $q \circ t = s$。由 i) p 是单射, 故满足 $p \circ t = e$ 的 t 是唯一的, 从而 $D = \ker(\rho \circ f)$。

对于一般的 g, 令 $F = \mathrm{im}(g)$, 则将 g 分解成一个满射 $B \to F$ 和一个单射 $F \to C$ 的合成, 且 $\mathrm{coker}(g) \cong \mathrm{coker}(F \to C)$。令 $G = A \times_C F$, 则由 iii) 有

$D \cong G \times_F B$。由上述特殊情形有 $G = \ker(\rho \circ f)$; 而由 iii) $D \to G$ 是满射, 故 $D \to A \to \operatorname{coker}(g)$ 正合。证毕。

定理 1.1. (蛇形引理) 设在阿贝尔范畴 $\mathfrak{C}$ 中有交换图

$$\begin{array}{ccccccc} & & A' & \xrightarrow{g_1} & A & \xrightarrow{h_1} & A'' & \longrightarrow & 0 \\ & & \downarrow{f'} & & \downarrow{f} & & \downarrow{f''} & & \\ 0 & \longrightarrow & B' & \xrightarrow{g_2} & B & \xrightarrow{h_2} & B'' & & \end{array} \tag{2}$$

其中的行都是正合的, 则有典范态射 $\delta : \ker(f'') \to \operatorname{coker}(f')$ 使得典范列

$$\begin{aligned} &\ker(f') \xrightarrow{g_0} \ker(f) \xrightarrow{h_0} \ker(f'') \xrightarrow{\delta} \operatorname{coker}(f') \\ &\xrightarrow{g_3} \operatorname{coker}(f) \xrightarrow{h_3} \operatorname{coker}(f'') \end{aligned} \tag{3}$$

为正合。此外, 若 g_1 是单射, 则 g_0 为单射; 若 h_2 是满射, 则 h_3 为满射。

证. 首先令 $K = A' \times_A \ker(f)$, 则由命题 1.1.i), iv) 有 $K \cong \ker(g_2 \circ f') = \ker(f')$, 且 $K \to \ker(f) \to A''$ 正合, 故 (3) 在 $\ker(f)$ 处正合, 且当 g_1 为单射时 g_0 为单射。由对偶性, (3) 在 $\operatorname{coker}(f)$ 处也正合, 且当 h_2 为满射时 h_3 为满射。

我们来定义 δ。令 $D = A \times_{A''} \ker(f'')$, $p : D \to A$ 和 $q : D \to \ker(f'')$ 为投射, 则由命题 1.1.i) 有右正合列 $A' \xrightarrow{t} D \to \ker(f'') \to 0$。由于 $h_2 \circ f \circ p = 0$, 存在唯一态射 $d : D \to B'$ 使得 $g_2 \circ d = f \circ p$, 而由 $g_2 \circ d \circ t = f \circ g_1 = g_2 \circ f'$ 有 $d \circ t = f'$, 从而 $A' \xrightarrow{t} D \xrightarrow{d} B' \to \operatorname{coker}(f')$ 为零态射。故 d 诱导 $\delta : \ker(f'') \cong \operatorname{coker}(t) \to \operatorname{coker}(f')$。对偶地, 若令 D' 为 $B' \to B$ 和 $B' \to \operatorname{coker}(f')$ 的推出, $p' : B \to D'$ 和 $q' : \operatorname{coker}(f') \to D'$ 为典范态射, 则有 $d' : A'' \to D'$ 使得 $d' \circ g_1 = p' \circ f$, 从而诱导 $\delta' : \ker(f'') \to \operatorname{coker}(f')$。注意 $q' \circ \delta \circ q = p' \circ f \circ p = q' \circ \delta' \circ q$ 且 q 是满射, q' 是单射, 可知 $\delta = \delta'$, 即 δ 的定义是自对偶的。

由对偶性我们只需再证明 (3) 在 $\ker(f'')$ 处正合即可。由 δ 的定义易见 $\delta \circ h_0 = 0$, 故只需验证 $\ker(\delta) \to \operatorname{coker}(h_0)$ 为零态射。

令 $S = A' \times_{B'} D$, $T = \operatorname{im}(d)$, 则 f' 可以分解为一个态射 $f_0 : A' \to T$ 与嵌入 $T \hookrightarrow B'$ 的合成 (因为 $f' = d \circ t$), 且 $S \cong A' \times_T D$。令 S' 为 q 和嵌入 $\ker(\delta) \hookrightarrow \ker(f'')$ 的纤维积, 则由命题 1.1.iii), iv) 有正合列 $S' \to D \to \operatorname{coker}(f')$ 且 $S' \to \ker(\delta)$ 为满射, 而由命题 1.1.iv) 有正合列 $S \to D \to \operatorname{coker}(f')$, 故诱导态射 $S \to S'$ 为满射, 从而 $S \twoheadrightarrow \ker(\delta)$, 换言之 $\operatorname{im}(S \to \ker(f'')) = \ker(\delta)$。令 Q 为 $D \to T$ 和 $D \to \ker(f'')$ 的推出, 则有交换图

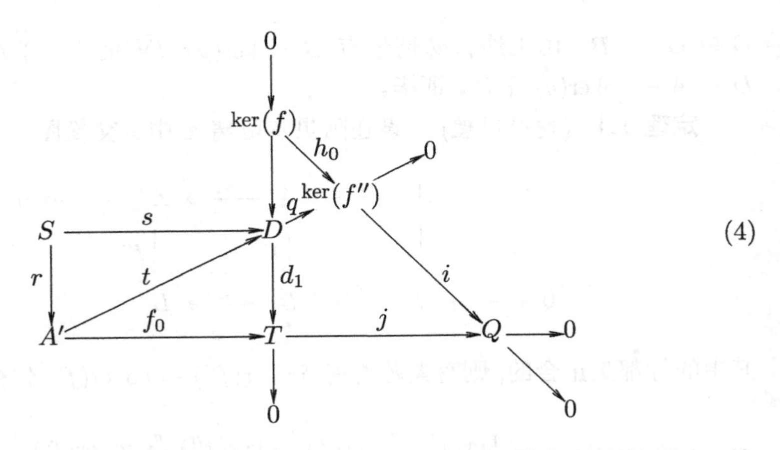

(4)

(但其中无交换关系 $t \circ r = s$)。由命题 1.1.i)*, iv)* 可见 (4) 的各行列均正合, 故 $Q = \mathrm{coker}(h_0)$, 且有 $i \circ q \circ s = j \circ f_0 \circ r = 0$, 从而 $\ker(\delta) = \mathrm{im}(q \circ s) \to \mathrm{coker}(h_0)$ 为零态射。证毕。

注 1.1. 在 δ 的定义中并不一定要用纤维积 D, 只要取一个交换图

$$\begin{array}{ccc} E & \xrightarrow{e} & \ker(f'') \\ \downarrow & & \downarrow \\ A & \longrightarrow & A'' \end{array}$$

使得 e 为满射, 则 $E \to \mathrm{coker}(f')$ 诱导 δ。

注 1.2. 任一阿贝尔小范畴都可以嵌入一个模范畴 $\mathfrak{M}_R$ 中作为一个全子范畴, 且这个嵌入保持直和、直积、核、余核和零对象 (见 [5])。但我们将不引用这个结果, 主要因为一方面我们可以直接、构造性地证明阿贝尔范畴的重要定理如蛇形引理, 这既简单又更有利于应用; 另一方面我们还将考虑投射和内射对象, 它们在上述嵌入中一般不保持。

设 $\mathfrak{C}, \mathfrak{C}'$ 为阿贝尔范畴, $F : \mathfrak{C} \to \mathfrak{C}'$ 为函子。若 F 保持核 (余核), 则称 F 为**左正合的** (**右正合的**), 例如对任一对象 $A \in \mathrm{Ob}(\mathfrak{C})$, $\mathrm{Mor}(A, \cdot) : \mathfrak{C} \to \mathfrak{Ab}$ 是左正合的, 而反变函子 $\mathrm{Mor}(\cdot, A)$ 将右正合列映成左正合列。(由引理 I.3.1 的证法可得抽象废话: $\mathfrak{C}$ 中的一个态射列 $0 \to A' \to A \to A''$ 为正合当且仅当对任意 $B \in \mathrm{Ob}(\mathfrak{C})$, $0 \to \mathrm{Mor}(B, A') \to \mathrm{Mor}(B, A) \to \mathrm{Mor}(B, A'')$ 为正合; 而一个态射列 $A' \to A \to A'' \to 0$ 为正合当且仅当对任意 $B \in \mathrm{Ob}(\mathfrak{C})$, $0 \to \mathrm{Mor}(A'', B) \to \mathrm{Mor}(A, B) \to \mathrm{Mor}(A', B)$ 为正合。) 若 F 既保持核又保持余核, 则称 F 为**正合的** (这等价于对 $\mathfrak{C}$ 中的任一正合列 $A_\cdot$, $F(A_\cdot)$ 是正合的), 例如遗忘函子 $\mathfrak{M}_R \to \mathfrak{Ab}$ (见例 XI.1.2.iii)) 是正合的; 将拓扑空间 X 上的层 $\mathcal{F}$ 映到其在一点 $x \in X$ 上的 "茎" $\mathcal{F}_x$ 的函子 $\mathfrak{Ab}_X \to \mathfrak{Ab}$ 也是正合的 (见例 1.1)。

一个对象 $A \in \mathrm{Ob}(\mathfrak{C})$ 称作**内射的** (**投射的**), 如果 $\mathrm{Mor}(\cdot, A)$ $(\mathrm{Mor}(A, \cdot))$ 是正合函子。我们说 $\mathfrak{C}$ 具有**足够内射** (**足够投射**), 如果对任一对象 $A \in \mathrm{Ob}(\mathfrak{C})$ 都有从 A 到内射对象的单射 $A \hookrightarrow I$ (从投射对象到 A 的满射 $P \twoheadrightarrow A$)。我们知道 $\mathfrak{Ab}$ 和 $\mathfrak{M}_R$ 都既有足够内射又有足够投射 (见 I.3 和例 VI.1.3)。而 $\mathfrak{Ab}_X$ 一般没有足够投射, 甚至可能只有 0 是投射对象; 但有足够内射 (习题 VII.7)。

2. 阿贝尔范畴的一些附加公理

除上面的公理 AB0—AB2 外, 常见的阿贝尔范畴往往还满足一些更强的公理。

为方便起见我们引进下述术语和记号。设 $\mathfrak{C}$ 为阿贝尔范畴。一个对象 $A \in \mathrm{Ob}(\mathfrak{C})$ 的一个**子对象** $B \subset A$ 是指一个单射 $B \hookrightarrow A$, 此时 B 在一个态射 $f: C \to A$ 下的**原象** $f^{-1}(B)$ 是指 $B \times_A C$; 两个子对象 $B \subset A$, $B' \subset A$ 的**交** $B \cap B'$ 是指 $B \times_A B'$, 而**和** $B + B'$ 是指 $\mathrm{im}(B \oplus B' \to A)$。

一个范畴 $\mathfrak{I}$ 称作**过滤性的**, 如果它满足:

i) 对 $\mathfrak{I}$ 中的任意两个态射 $f, g \in \mathrm{Mor}(A, B)$, 存在态射 $h: B \to C$ 使得 $h \circ f = h \circ g$;

ii) 对任意 $A, B \in \mathrm{Ob}(\mathfrak{I})$, 存在 $C \in \mathrm{Ob}(\mathfrak{I})$ 使得 $\mathrm{Mor}(A, C) \neq \varnothing$, $\mathrm{Mor}(B, C) \neq \varnothing$。

例如, 对任一集合 I 可以定义一个过滤性小范畴 $\mathfrak{I}_I$, 其对象为 I 的有限子集而态射为包含关系。

常见的阿贝尔范畴附加公理有:

AB3. 任意 (以一个集合标记的对象集的) 直和存在。

AB3*. 任意直积存在。

若阿贝尔范畴 $\mathfrak{C}$ 满足 AB3, 则对任一过滤性小范畴 $\mathfrak{I}$ 及任意共变函子 $F: \mathfrak{I} \to \mathfrak{C}$, $\varinjlim F$ (定义见例 XI.2.1.iii)) 存在。欲证明这一断言, 令 $\mathrm{Arr}(\mathfrak{I})$ 为 $\mathfrak{I}$ 中的所有态射组成的集合, 且对一个 $\mathfrak{I}$ 中的态射 θ, 记 $s(\theta)$ 为其源。不难验证我们有正合列

$$\bigoplus_{\theta \in \mathrm{Arr}(\mathfrak{I})} F(s(\theta)) \stackrel{\phi_F}{\to} \bigoplus_{j \in \mathrm{Ob}(\mathfrak{I})} F(j) \to \varinjlim F \to 0 \tag{5}$$

其中 $\phi_F|_{F(s(\theta))} = (\mathrm{id}_{F(s(\theta))}, -F(\theta))$。若有态射 $\varinjlim F \to A$ 使得 $F(i) \to A$ $(i \in \mathrm{Ob}(\mathfrak{I}))$ 都是单射, 则称 $\{F(i) | i \in \mathrm{Ob}(\mathfrak{I})\}$ 为 A 的一个**过滤性子对象族**。

AB4. AB3 成立且任意 (以一个集合标记的) 单射集的直和为单射。

AB4*. AB3* 成立且任意满射集的直积为满射。

AB5. AB3 成立且对 A 的任意过滤性子对象族 $\{A_i | i \in I\}$ 及任意子对象 $B \hookrightarrow A$, 典范态射 $\varinjlim_{i \in I}(A_i \cap B) \to (\varinjlim_{i \in I} A_i) \times_A B$ 是同构。

例如, $\mathfrak{Ab}$ 和 $\mathfrak{M}_R$ 满足 AB5 和 AB4* (但不满足 AB5*, 参看习题 XII.4); $\mathfrak{Ab}_X$ 满足 AB5 和 AB3*。

引理 2.1. 设阿贝尔范畴 $\mathfrak{C}$ 满足 AB3, 则下列条件等价:

i) $\mathfrak{C}$ 满足 AB5;

ii) 对任意过滤性小范畴 $\mathfrak{I}$, 任意三个函子 $F, G, H : \mathfrak{I} \to \mathfrak{C}$ 及自然变换 $F \to G \to H$ 使得 $0 \to F(i) \to G(i) \to H(i) \to 0$ 对每个 $i \in \mathrm{Ob}(\mathfrak{I})$ 正合, 则 $0 \to \varinjlim F \to \varinjlim G \to \varinjlim H \to 0$ 正合。

证. ii)$\Rightarrow$i): 不妨设 $A = \varinjlim_{i \in I} A_i$。由 ii), 对正合列 $0 \to A_i \to B \to A/A_i$ 取直极限得正合列

$$0 \to \varinjlim_{i \in I} A_i \to A \to \varinjlim_{i \in I}(A/A_i) \to 0$$

故 $\varinjlim_{i \in I}(A/A_i) = 0$。再由 ii), 对正合列 $0 \to A_i \cap B \to B \to A/A_i$ 取直极限得正合列

$$0 \to \varinjlim_{i \in I}(A_i \cap B) \to B \to 0$$

i)$\Rightarrow$ii): 我们有交换图

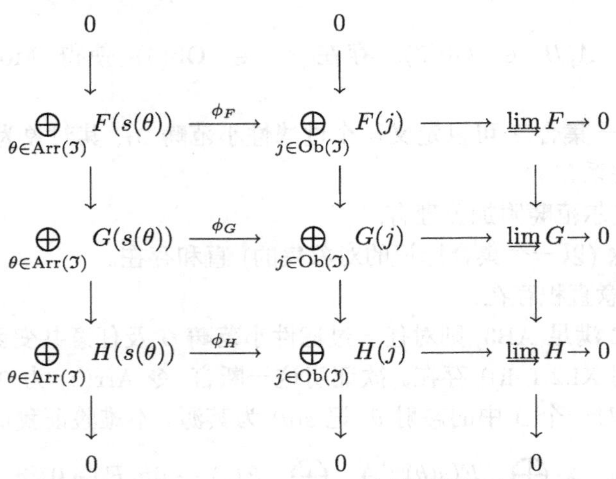

故由蛇形引理只需证明 $\ker(\phi_G) \to \ker(\phi_H)$ 为满射即可。由 i) 我们只需证明对 $\mathrm{Arr}(\mathfrak{I})$ 的任意有限子集 S,

$$\ker(\phi_H) \cap \bigoplus_{\theta \in S} H(s(\theta)) \subset \mathrm{im}(\ker(\phi_G) \to \ker(\phi_H))$$

这样就归结为 $\mathfrak{I}$ 是有限范畴的情形, 但这是显然的, 因为有限过滤性范畴有终止对象, 而直极限由终止对象代表。证毕。

推论 2.1. AB5$\Rightarrow$AB4。

证. 对任一族单射 $A_i \hookrightarrow B_i$ $(i \in I)$, 令 $\mathfrak{I} = \mathfrak{I}_I$, 则不难验证

$$\bigoplus_{i\in I} A_i \cong \varinjlim_{S\in \mathrm{Ob}(\mathfrak{I})} \left(\bigoplus_{i\in S} A_i\right)$$

故由引理 2.1.ii) 有 $\bigoplus_{i\in I} A_i \cong \varinjlim_{S\in \mathrm{Ob}(\mathfrak{I})} \left(\bigoplus_{i\in S} A_i\right) \hookrightarrow \varinjlim_{S\in \mathrm{Ob}(\mathfrak{I})} \left(\bigoplus_{i\in S} B_i\right) \cong \bigoplus_{i\in I} B_i$。证毕。

还应指出, 对于 $\mathfrak{M}_R$ 和 $\mathfrak{Ab}_X$, 函子 $\mathrm{Mor}(\cdot,\cdot)$ 都等于一个函子 $G:\mathfrak{C}\to\mathfrak{Ab}$ 和一个函子 $H:\mathfrak{C}^{\mathrm{op}}\times\mathfrak{C}\to\mathfrak{C}$ 的合成: 对于 $\mathfrak{M}_R$, $H = Hom_R(\cdot,\cdot)$, G 为遗忘函子; 对 $\mathfrak{Ab}_X$, $H=\mathcal{H}om$ 的定义是对 X 上的两个阿贝尔群层 $\mathcal{E}$, $\mathcal{F}$, 在任一开集 $U\subset X$ 上令 $\mathcal{H}om(\mathcal{E},\mathcal{F})(U) = \mathrm{Mor}(\mathcal{E}|_U,\mathcal{F}|_U))$, 而 $G=\Gamma$ 的定义是 $\Gamma(\mathcal{E}) = \mathcal{E}(X)$ (注意由例 1.1 可见 Γ 是左正合函子)。具有这种性质的范畴称为*闭范畴* (参看例如 [15])。

3. 阿贝尔张量范畴

一个交换环 R 上的模范畴 $\mathfrak{M}_R$ 不仅是阿贝尔范畴, 而且具有张量积。在 $\mathfrak{Ab}_X$ 中也可以定义张量积: 对 X 上的任意两个阿贝尔群层 $\mathcal{E}$, $\mathcal{F}$, 显然 $U\mapsto \mathcal{E}(U)\otimes\mathcal{F}(U)$ 是 X 上的预层, 其伴随层定义为 $\mathcal{E}\otimes\mathcal{F}$ (命题 VI.1.1 也可以推广到 $\mathfrak{Ab}_X$ 这样的范畴)。下面来推广这样的范畴。

定义 3.1. 一个范畴 $\mathfrak{C}$ 称为*张量范畴*, 如果给定了一个共变函子 (“张量函子”) $\otimes:\mathfrak{C}\times\mathfrak{C}\to\mathfrak{C}$ 及自然同构 $\alpha_{X,Y,Z}: X\otimes(Y\otimes Z)\xrightarrow{\cong}(X\otimes Y)\otimes Z$ $(\forall X,Y,Z\in \mathrm{Ob}(\mathfrak{C}))$ 和 $\tau_{X,Y}: X\otimes Y\xrightarrow{\cong} Y\otimes X$ $(\forall X,Y\in\mathrm{Ob}(\mathfrak{C}))$, 满足条件

i) $\tau_{Y,X}\circ\tau_{X,Y} = \mathrm{id}_{X\otimes Y}$ $(\forall X,Y\in\mathrm{Ob}(\mathfrak{C}))$;

ii) 对任意 $X,Y,Z,W\in\mathrm{Ob}(\mathfrak{C})$ 有

$$\alpha_{X\otimes Y,Z,W}\circ\alpha_{X,Y,Z\otimes W} = (\alpha_{X,Y,Z}\otimes\mathrm{id}_W)\circ\alpha_{X,Y\otimes Z,W}\circ(\mathrm{id}_X\otimes\alpha_{Y,Z,W})$$

iii) 对任意 $X,Y,Z\in\mathrm{Ob}(\mathfrak{C})$ 有

$$(\tau_{X,Z}\otimes\mathrm{id}_Y)\circ\alpha_{X,Z,Y}\circ(\mathrm{id}_X\otimes\tau_{Y,Z}) = \alpha_{Z,X,Y}\circ\tau_{X\otimes Y,Z}\circ\alpha_{X,Y,Z}$$

其中 ii) 和 iii) 常表为著名的“五角”交换图

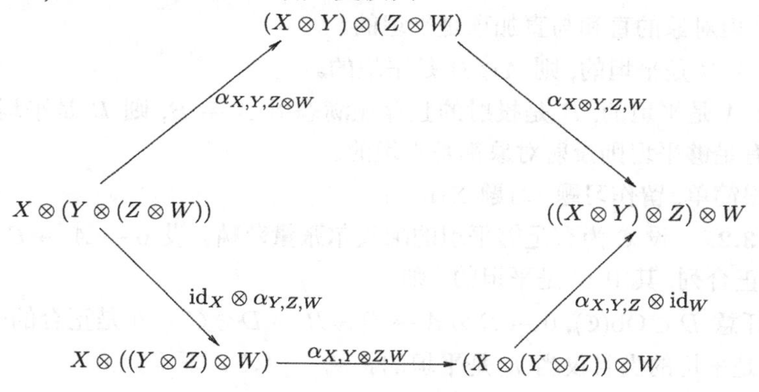

和“六角”交换图

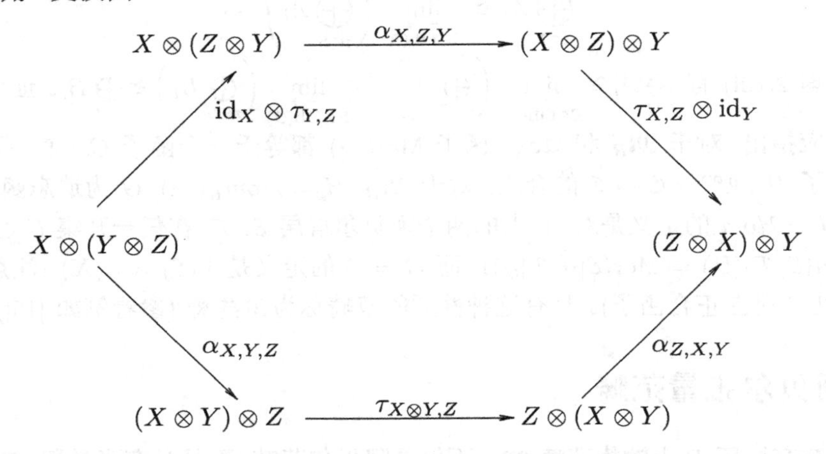

注意 $\otimes$ 的函子性说明 $\mathfrak{C}$ 中的任意两个态射 $f: X \to X'$, $g: Y \to Y'$ 诱导一个典范态射 $f \otimes g: X \otimes Y \to X' \otimes Y'$, 与合成交换, 且 $\mathrm{id}_X \otimes \mathrm{id}_Y = \mathrm{id}_{X \otimes Y}$。

在代数几何中会遇到多种张量范畴 (参看例如 [4] 或 [7])。

定义 3.2. 一个阿贝尔范畴 $\mathfrak{C}$ 称为*阿贝尔张量范畴*, 如果它是一个张量范畴, 且张量积满足下列性质:

(*) 对任意对象 $A \in \mathrm{Ob}(\mathfrak{C})$, 函子 $A \otimes : \mathfrak{C} \to \mathfrak{C}$ 是加性的和右正合的。

此时一个对象 $F \in \mathrm{Ob}(\mathfrak{C})$ 称为*平坦的*, 如果 $F \otimes : \mathfrak{C} \to \mathfrak{C}$ 是正合函子。如果对任意 $A \in \mathrm{Ob}(\mathfrak{C})$ 存在平坦对象 $F \in \mathrm{Ob}(\mathfrak{C})$ 及满态射 $F \to A$, 则称 $\mathfrak{C}$ *有足够平坦*。

易见 $\mathfrak{M}_R$ 和 $\mathfrak{Ab}_X$ 都是阿贝尔张量范畴, 且不难验证它们都有足够平坦 (习题 XII.10)。

由定义立见阿贝尔张量范畴的下列简单性质。

引理 3.1. 设 $\mathfrak{C}$ 为阿贝尔张量范畴, $A, B, C \in \mathrm{Ob}(\mathfrak{C})$。

i) 存在典范同构 $A \otimes (B \oplus C) \cong A \otimes B \oplus A \otimes C$, 简言之张量积与直和满足分配律。故平坦对象的直和与直加项是平坦的。

ii) 若 A, B 是平坦的, 则 $A \otimes B$ 是平坦的。

iii) 若 A 是平坦的, B 是投射的且存在满态射 $A \twoheadrightarrow B$, 则 B 是平坦的。特别地, 若 $\mathfrak{C}$ 有足够平坦则投射对象都是平坦的。

证明很简单, 留作习题 (习题 XII.11)。

引理 3.2. 设 $\mathfrak{C}$ 为有足够平坦的阿贝尔张量范畴。设 $0 \to A \to B \to C \to 0$ 为 $\mathfrak{C}$ 中的正合列, 其中 C 是平坦的, 则

i) 对任意 $D \in \mathrm{Ob}(\mathfrak{C})$, $0 \to D \otimes A \to D \otimes B \to D \otimes C \to 0$ 是正合的;

ii) A 是平坦的当且仅当 B 是平坦的。

证. i) 由所设可取平坦对象 F 使得有满态射 $f: F \to D$。令 $K = \ker(f)$, 则有交换图

$$\begin{array}{ccccc} K\otimes A & \longrightarrow & K\otimes B & \longrightarrow & K\otimes C \to 0 \\ \downarrow & & \downarrow & & \downarrow \sigma \\ 0\to F\otimes A & \longrightarrow & F\otimes B & \longrightarrow & F\otimes C\to 0 \\ \downarrow & & \downarrow & & \downarrow \\ D\otimes A & \xrightarrow{\tau} & D\otimes B & \longrightarrow & D\otimes C\to 0 \end{array} \tag{6}$$

其中的行和列都是正合的。由 C 平坦可见 σ 为单射, 再由蛇形引理 (或 9-引理) 可见 τ 是单射。

ii) 对任意单射 $D \to E$, 由 i) 可知交换图

$$\begin{array}{ccccc} 0\to D\otimes A & \longrightarrow & D\otimes B & \longrightarrow & D\otimes C\to 0 \\ \downarrow \nu & & \downarrow \lambda & & \downarrow \sigma \\ 0\to E\otimes A & \longrightarrow & E\otimes B & \longrightarrow & E\otimes C\to 0 \end{array} \tag{7}$$

中的行都是正合的, 因为 C 平坦。由于 σ 是单射, 由蛇形引理可知 λ 是单射当且仅当 ν 是单射。这说明 A 平坦当且仅当 B 平坦。证毕。

习 题 XII

XII.1 在一个阿贝尔范畴 $\mathfrak{C}$ 中, 一个短正合列

$$0 \to A \xrightarrow{f} B \xrightarrow{g} C \to 0 \tag{$*$}$$

称作分裂的, 如果存在同构 $h: B \cong A \oplus C$ 使得在此等价之下 f 为到第一个因子的包含映射而 g 为到第二个因子的投射。一个 f 的分拆指的是一个态射 $\phi: B \to A$ 使得 $\phi \circ f = \mathrm{id}_A$; 一个 g 的分拆指的是一个态射 $\psi: C \to B$ 使得 $g \circ \psi = \mathrm{id}_C$。证明

$$(*) \text{ 分裂} \Leftrightarrow f \text{ 具有分拆} \Leftrightarrow g \text{ 具有分拆}$$

(参看习题 I.12。)

XII.2 证明 5-引理, 9-引理和 (加强的) Schanuel 引理对任意阿贝尔范畴都成立, 并证明 Schanuel 引理的对偶。

XII.3 设范畴 I 只有一个对象 A 及两个态射 $a = \mathrm{id}_A, b \in \mathrm{Mor}(A, A)$, 故 b^2 等于 a 或 b。

i) 证明 I 是过滤性的当且仅当 $b^2 = b$。

ii) 设 F 为从 I 到某个阿贝尔范畴的函子。证明 $\varinjlim F \cong \mathrm{coker}(F(a) - F(b))$。

iii) 设 $F \to G \to H$ 为从 I 到某个阿贝尔范畴的函子的正合列。证明若 $b^2 = b$ 则

$\varinjlim F \to \varinjlim G \to \varinjlim H$ 为正合。(提示: 证明存在典范同构 $F(A) \simeq \mathrm{ker}F(b) \oplus \mathrm{coker}F(b)$。) 当 $b^2 = a$ 时这是否还成立?

XII.4* 证明: 若一个阿贝尔范畴既满足 AB5 又满足 AB5*, 则它只有零对象。(提示: 证明对任意对象 A 及任意指标集 I, 典范态射 $\bigoplus_I A \to \prod_I A$ 为同构。)

XII.5* 对任意拓扑空间 X, 在 $\mathfrak{Ab}_X$ 中 AB4* 是否一定成立?

XII.6* 设 A 某个阿贝尔范畴中的对象而 $\phi, \psi \in \mathrm{Mor}(A, A)$。证明存在典范长正合列:

$$
\begin{aligned}
0 \to \ker(\psi) \to \ker(\phi \circ \psi) &\xrightarrow{\bar{\psi}} \ker(\phi) \\
\to \mathrm{coker}(\psi) \xrightarrow{\bar{\phi}} \mathrm{coker}(\phi \circ \psi) &\to \mathrm{coker}(\phi) \to 0
\end{aligned}
$$

其中 $\bar{\phi}$ 和 $\bar{\psi}$ 分别由 ϕ 和 ψ 诱导, 而其他态射由包含和投射诱导。

XII.7* 证明对任意拓扑空间 X, $\mathfrak{Ab}_X$ 具有足够内射。

XII.8 设 $\mathfrak{C}$ 为阿贝尔范畴。证明:

i) 设 $f : A \to C$, $f' : A' \to C$ 为 $\mathfrak{C}$ 中的态射, $g : A \oplus A' \to C$ 和 $h : A' \to \mathrm{coker}(f)$ 为 f, f' 诱导的态射, 则 $\mathrm{coker}(g) \cong \mathrm{coker}(h)$;

ii) 设 $f : A \to C$ 为 $\mathfrak{C}$ 中的态射, $B \subset A$, 则 $f^{-1}(f(B)) = B + \ker(f)$。

叙述上述事实的对偶。

XII.9 将阿贝尔群的同构定理和分解定理 (参看附录 A) 推广到任意阿贝尔范畴。

XII.10 验证阿贝尔张量范畴 $\mathfrak{M}_R$ 和 $\mathfrak{Ab}_X$ 都有足够平坦。

XII.11 证明引理 3.1。

XIII 同调

1. 复形的同调

设 $A_. = \cdots \overset{d_{n+1}}{\to} A_n \overset{d_n}{\to} A_{n-1} \overset{d_{n-1}}{\to} \cdots$ 为阿贝尔范畴 $\mathfrak{C}$ 中的复形。由于 $d_n \circ d_{n+1} = 0$, 故有诱导态射 $A_{n+1} \to \ker(d_n)$。定义 $A_.$ 的第 n 同调为

$$H_n(A_.) = \operatorname{coker}(A_{n+1} \to \ker(d_n)) \tag{1}$$

对偶地, 若 $A^{\cdot} = \cdots \overset{d^{n-1}}{\to} A^n \overset{d^n}{\to} A^{n+1} \overset{d^{n+1}}{\to} \cdots$ 为 $\mathfrak{C}$ 中的复形, 定义 $A^{\cdot}$ 的第 n 上同调为

$$H^n(A^{\cdot}) = \ker(\operatorname{coker}(d^{n-1}) \to A^{n+1}) \tag{2}$$

事实上, 我们有 $H_n(A_.) = \ker(\operatorname{coker}(d_{n+1}) \to A_{n-1})$, 这是因为, 若令 P 为 $\ker(d_n) \hookrightarrow A_n$ 和 $\ker(d_n) \twoheadrightarrow H_n(A_.)$ 的推出, 则由命题 XII.1.1.iv)* 有正合列 $A_{n+1} \to A_n \to P \to 0$, 换言之 $P \cong \operatorname{coker}(d_{n+1})$; 另一方面, 由命题 XII.1.1.i)* 有正合列 $0 \to H_n(A_.) \to P \to A_{n-1}$, 即 $H_n(A_.) \cong \ker(P \to A_{n-1})$。

由此可见同调和上同调的概念实质上是一样的, 只是复形指标不同 (从大到小和从小到大)。但在我们将遇到的很多情形中复形从 A^0 开始或到 A_0 终止, 这时同调与上同调就有所不同了。指标从大到小的复形称为**链复形**, 而指标从小到大的复形称为**上链复形**。在本节中我们主要讨论链复形和同调, 而上同调的相应理论可由对偶性得出。

按照例 XI.1.2.vi), 一个复形可以看作一个函子 $\mathfrak{I} \to \mathfrak{C}$, 其中 $\mathfrak{I}$ 为小范畴 (可取 $\mathrm{Ob}(\mathfrak{I}) = \mathbb{Z}$, 而 $\mathrm{Arr}(\mathfrak{I})$ 为大小关系)。记 $\mathrm{Co}(\mathfrak{C})$ 为 $\mathfrak{C}$ 中所有链复形的范畴 (其中的态射为自然变换, 换言之, 一个从 $A_. = \cdots \overset{d^A_{n+1}}{\to} A_n \overset{d^A_n}{\to} A_{n-1} \overset{d^A_{n-1}}{\to} \cdots$ 到 $B_. = \cdots \overset{d^B_{n+1}}{\to} B_n \overset{d^B_n}{\to} B_{n-1} \overset{d^B_{n-1}}{\to} \cdots$ 的态射 $f_.$ 是一组 $\mathfrak{C}$ 中的态射 $f_n : A_n \to B_n$ 使得对每个 n 有 $d^B_n \circ f_n = f_{n-1} \circ d^A_n$, 参看 XI.1)。不难验证 $\mathrm{Co}(\mathfrak{C})$ 也是阿贝尔范畴, 而 n 次同调可以看作一个加性函子 $H_n : \mathrm{Co}(\mathfrak{C}) \to \mathfrak{C}$。

命题 1.1. 设 $0 \to A_. \overset{f_.}{\to} B_. \overset{g_.}{\to} C_. \to 0$ 为 $\mathrm{Co}(\mathfrak{C})$ 中的正合列, 则有典范长正

合列

$$\begin{aligned}\cdots \to H_{n+1}(C.) &\xrightarrow{\partial_{n+1}} H_n(A.) \to H_n(B.)\\ &\to H_n(C.) \xrightarrow{\partial_n} H_{n-1}(A.) \to \cdots\end{aligned} \tag{3}$$

其中 $H_n(A.) \to H_n(B.)$ 和 $H_n(B.) \to H_n(C.)$ 分别由 $f.$ 和 $g.$ 诱导。

证. 对交换图

$$\begin{array}{ccccccccc} 0 \to & A_n & \xrightarrow{f_n} & B_n & \xrightarrow{g_n} & C_n & \to 0 \\ & \downarrow{\scriptstyle d_n^A} & & \downarrow{\scriptstyle d_n^B} & & \downarrow{\scriptstyle d_n^C} & \\ 0 \to & A_{n-1} & \xrightarrow{f_{n-1}} & B_{n-1} & \xrightarrow{g_{n-1}} & C_{n-1} & \to 0 \end{array}$$

应用蛇形引理, 得长正合列

$$\begin{aligned}0 \to \ker(d_n^A) \to \ker(d_n^B) &\to \ker(d_n^C)\\ \to \operatorname{coker}(d_n^A) \to \operatorname{coker}(d_n^B) &\to \operatorname{coker}(d_n^C) \to 0\end{aligned}$$

故又有交换图

$$\begin{array}{ccccccc} & \operatorname{coker}(d_{n+1}^A) & \to & \operatorname{coker}(d_{n+1}^B) & \to & \operatorname{coker}(d_{n+1}^C) & \to 0 \\ & \downarrow & & \downarrow & & \downarrow & \\ 0 \to & \ker(d_{n-1}^A) & \to & \ker(d_{n-1}^B) & \to & \ker(d_{n-1}^C) & \end{array} \tag{4}$$

其中的行都是正合的。再对 (4) 应用蛇形引理即得 (3)。证毕。

例 1.1. i) 在很多情形, 每个短正合列 $0 \to A_n \to B_n \to C_n \to 0$ 都分裂 (参看习题 XI.1), 此时存在分拆 $s_n : B_n \to A_n$ 使得 $s_n \circ f_n = \mathrm{id}_{A_n}$ 及分拆 $t_n : C_n \to B_n$ 使得 $g_n \circ s_n = \mathrm{id}_{C_n}$。由注 XII.1.1 可知, 在此情形下 $\partial_n : H_n(C.) \to H_{n-1}(A.)$ 由 $s_{n-1} \circ d_n^B \circ t_n : C_n \to A_{n-1}$ 诱导。

ii) 设 $A.$ 和 $B.$ 为复形, $\phi. : A. \to B.$ 为态射。令 $E_n = A_{n-1} \oplus B_n$,

$$d_n^E = \begin{pmatrix} -d_{n-1}^A & 0 \\ \phi_{n-1} & d_n^B \end{pmatrix} : E_n \to E_{n-1} (\forall n)$$

不难验证 $E.$ 是一个复形, 而且有正合列 $0 \to B. \xrightarrow{\beta.} E. \xrightarrow{\alpha.} A._{-1} \to 0$。由 i) 我们有长正合列

$$\begin{aligned}\cdots \to H_n(A.) \xrightarrow{H_n(\phi.)} H_n(B.) &\xrightarrow{H_n(\beta.)} H_n(E.)\\ &\xrightarrow{H_n(\alpha.)} H_{n-1}(A.) \xrightarrow{H_{n-1}(\phi.)} \cdots\end{aligned}$$

定义 1.1. $\mathrm{Co}(\mathfrak{C})$ 中的两个态射 $f_.,g_.:A_.\to B_.$ 称作 (链) 同伦的, 如果存在态射 $\Delta_n:A_n\to B_{n+1}$ $(\forall n)$ 使得 $f_n-g_n=d_{n+1}^B\circ\Delta_n+\Delta_{n-1}\circ d_n^A$ $(\forall n)$, 记作 $f_.\sim g_.$。

显然我们有

i) 若 $f_.\sim g_.$, $g_.\sim h_.$, 则 $f_.\sim h_.$, 故 $\sim$ 是一个等价关系;

ii) 若 $f_.\sim g_.$, 且 $h_.:B_.\to C_.$, $e_.:C_.\to A_.$ 为 $\mathrm{Co}(\mathfrak{C})$ 中的态射, 则 $f_.\circ e_.\sim g_.\circ e_.$, $h_.\circ f_.\sim h_.\circ g_.$。

命题 1.2. 设 $f_.,g_.:A_.\to B_.$ 为 $\mathrm{Co}(\mathfrak{C})$ 中的两个态射。若 $f_.\sim g_.$, 则 $H_n(f_.)=H_n(g_.)$ $(\forall n)$。

证. 只需考虑 $g_.=0$ 的情形即可, 此时由定义有 $f_n=d_{n+1}^B\circ\Delta_n+\Delta_{n-1}\circ d_n^A$ $(\forall n)$。注意交换图

$$\begin{array}{ccccc} A_{n+1} & \longrightarrow & \ker(d_n^A) & \longrightarrow & H_n(A_.) \\ \downarrow{\scriptstyle f_{n+1}} & & \downarrow & & \downarrow{\scriptstyle H_n(f_.)} \\ B_{n+1} & \longrightarrow & \ker(d_n^B) & \longrightarrow & H_n(B_.) \end{array}$$

由于 $\Delta_{n-1}\circ d_n^A(\ker(d_n^A))=0$, 我们有

$$f_n(\ker(d_n^A))=d_{n+1}^B\circ\Delta_n(\ker(d_n^A))\subset\mathrm{im}(d_{n+1}^B),$$

故 $H_n(f_.)=0$。证毕。

定义 1.2. $\mathfrak{C}$ 中的两个复形 $A_.$ 和 $B_.$ 称作 (链) 同伦的, 如果存在态射 $f_.:A_.\to B_.$, $g_.:B_.\to A_.$ 使得 $f_.\circ g_.\sim\mathrm{id}_{B_.}$, $g_.\circ f_.\sim\mathrm{id}_{A_.}$, 此时我们称 $f_.$ 为一个 (链) 同伦。

显然链同伦是一个等价关系, 且一个链同伦 $f_.:A_.\to B_.$ 诱导典范同构 $H_n(A_.)\to H_n(B_.)$ $(\forall n)$。

设 $\mathfrak{C}'$ 为另一个阿贝尔范畴, $F:\mathfrak{C}\to\mathfrak{C}'$ 为加性 (共变) 函子, 则对 $\mathfrak{C}$ 中的任一复形 $A_.$, $F(A_.)$ 是 $\mathfrak{C}'$ 中的 (链) 复形 (因为 $F(0)=0$)。注意对 $\mathrm{Co}(\mathfrak{C})$ 中的两个态射 $f_.,g_.:A_.\to B_.$, 若 $f_.\sim g_.$, 则 $F(f_.)\sim F(g_.)$, 这是因为由 $f_n-g_n=d_{n+1}^B\circ\Delta_n+\Delta_{n-1}\circ d_n^A$ 可得 $F(f_n)-F(g_n)=F(d_{n+1}^B)\circ F(\Delta_n)+F(\Delta_{n-1})\circ F(d_n^A)$。

2. 导出函子

设阿贝尔范畴 $\mathfrak{C}$ 有足够投射。对 $A\in\mathrm{Ob}(\mathfrak{C})$, 取满射 $P_0\twoheadrightarrow A$, 其中 P_0 为投射对象; 令 $A_1=\ker(P_0\to A)$, 再取满射 $P_1\twoheadrightarrow A$, 其中 P_1 为投射对象; 等等。这样我

们就得到一个正合列

$$\cdots \to P_n \to P_{n-1} \to \cdots \to P_1 \to P_0 \to A \to 0 \tag{5}$$

称 $\cdots \to P_n \to \cdots \to P_0 \to 0$ 为 A 的一个**投射预解**。对偶地可以定义内射预解。

引理 2.1. 设 $f: A \to B$ 为 $\mathfrak{C}$ 中的态射, $P., Q.$ 分别为 A, B 的投射预解, 则存在与 f 相容的态射 $f.: P. \to Q.$ ("相容" 指合成态射 $P_0 \to A \xrightarrow{f} B$ 等于合成态射 $P_0 \xrightarrow{f_0} Q_0 \to B$)。此外, 若 $f'.: P. \to Q.$ 也是与 f 相容的态射, 则 $f. \sim f'.$。

证. 由于 P_0 是投射的, 我们可以将 $P_0 \to A \to B$ 提升到一个态射 $f_0: P_0 \to Q_0$。由于 $P_1 \to Q_0 \to B$ 为零态射, 有诱导态射 $P_1 \to \mathrm{im}(d_1^Q)$, 它又可以提升成 $f_1: P_1 \to Q_1$, 等等。这样我们就得到 $f.: P. \to Q.$。

若 $f'.: P. \to Q.$ 也与 f 相容, 则 $g. = f. - f'.$ 与 $0: A \to B$ 相容。我们需要证明 $g. \sim 0$, 即存在 $\Delta_n: P_n \to Q_{n+1}$ $(n \geqslant 0)$ 使得 $g_n = d_{n+1}^Q \circ \Delta_n + \Delta_{n-1} \circ d_n^P$ $(\forall n)$。首先, 由于 $P_0 \xrightarrow{g_0} Q_0 \to B$ 为零态射, 有诱导态射 $P_0 \to \mathrm{im}(d_1^Q)$, 它可以提升成 $\Delta_0: P_0 \to Q_1$, 即 $g_0 = d_1^Q \circ \Delta_0$。设已有 $\Delta_0, \cdots, \Delta_{n-1}$ 使得 $g_i = d_{i+1}^Q \circ \Delta_i + \Delta_{i-1} \circ d_i^P$ $(\forall i < n)$。令 $h_n = g_n - \Delta_{n-1} \circ d_n^P$, 则 $d_n^Q \circ h_n = d_n^Q \circ g_n - d_n^Q \circ \Delta_{n-1} \circ d_n^P = g_{n-1} \circ d_n^P - d_n^Q \circ \Delta_{n-1} \circ d_n^P = (g_{n-1} - d_n^Q \circ \Delta_{n-1}) \circ d_n^P = \Delta_{n-2} \circ d_{n-1}^P \circ d_n^P = 0$, 故 $\mathrm{im}(h_n) \subset \ker(d_n^Q) = \mathrm{im}(d_{n+1}^Q)$。于是可将 h_n 提升成 $\Delta_n: P_n \to Q_{n+1}$, 即 $d_{n+1}^Q \circ \Delta_n = h_n$, 从而 $g_n = d_{n+1}^Q \circ \Delta_n + \Delta_{n-1} \circ d_n^P$。证毕。

推论 2.1. 任意 $A \in \mathrm{Ob}(\mathfrak{C})$ 的任两个投射预解相互同伦。

证. 设 $P., P'.$ 为 A 的两个投射预解, 则由引理 2.1, id_A 诱导 $f.: P. \to P'.$ 和 $f'.: P'. \to P.$, 故 $f'. \circ f.: P. \to P.$ 与 id_A 相容; 另一方面, 显然 $\mathrm{id}_{P.}$ 与 id_A 相容, 故由引理 2.1 有 $f'. \circ f. \sim \mathrm{id}_{P.}$。同理 $f. \circ f'. \sim \mathrm{id}_{P'.}$, 这说明 $f.$ 是一个同伦。证毕。

设 $\mathfrak{C}'$ 为另一个阿贝尔范畴, $F: \mathfrak{C} \to \mathfrak{C}'$ 为加性 (共变) 函子。对任意 $A \in \mathrm{Ob}(\mathfrak{C})$, 任取 A 的一个投射预解 $P.$, 则 $F(P.)$ 是一个复形, 记 $L_nF(A) = H_n(F(P.))$。我们来验证 $L_nF(A)$ 若不计典范 (唯一) 同构则与 $P.$ 的选择无关。若 $P'.$ 为 A 的另一个投射预解, 则由推论 2.1, $P.$ 和 $P'.$ 同伦, 故 $F(P.)$ 和 $F(P'.)$ 同伦, 从而由命题 1.2 有 $H_n(F(P.)) \cong H_n(F(P'.))$, 且由引理 2.1 和命题 1.2, 这个同构与同伦 $P. \to P'.$ 的选择无关, 即为典范的。此外, 引理 2.1 和命题 1.2 还说明 $\mathfrak{C}$ 中的任一态射 $f: A \to B$ 诱导典范态射 $L_nF(f): L_nF(A) \to L_nF(B)$ $(\forall n)$。由此可得一个加性 (共变) 函子 $L_nF: \mathfrak{C} \to \mathfrak{C}'$, 称为 F 的**左导出函子**。类似地, 若 $G: \mathfrak{C} \to \mathfrak{C}'$ 为反变加性函子, 则 $G(P.)$ 为上链复形, 故可定义**右导出函子** $R^nG(A) = H^n(G(P.))$。若 $\mathfrak{C}$ 具有足够内射, 则可用内射预解定义一个共变加性函子的右导出函子和一个反变加性函子的左导出函子。

在很多情形我们遇到的共变函子 F 是右正合的, 此时 $L_0F \simeq F$, 这是因为

$A \in \mathrm{Ob}(\mathfrak{C})$ 的投射预解 $P.$ 给出右正合列 $F(P_1) \xrightarrow{F(d_1^P)} F(P_0) \to F(A) \to 0$, 从而

$$F(A) \cong \mathrm{coker}(F(d_1^P)) = H_0(F(P.)) = L_0F(A)$$

对上同调也有对偶的结果。

命题 2.1. 设 $\mathfrak{C}$ 具有足够投射, $F : \mathfrak{C} \to \mathfrak{C}'$ 为加性共变函子, $0 \to A \to B \to C \to 0$ 为 $\mathfrak{C}$ 中的正合列, 则有典范长正合列

$$\begin{aligned}&\cdots \to L_nF(A) \to L_nF(B) \to L_nF(C) \xrightarrow{\partial_n} L_{n-1}F(A) \to \\ &\cdots \to L_0F(C) \to 0 \end{aligned} \tag{6}$$

证. 设 $P.$ 和 $Q.$ 分别为 A 和 C 的投射预解, 我们来构造一个 B 的投射预解。首先, 我们可以提升 $Q_0 \to C$ 到 $Q_0 \to B$, 而得到态射 $\rho_B : E_0 = P_0 \oplus Q_0 \to B$, 且有交换图

$$\begin{array}{ccccccc} 0 \to P_0 & \longrightarrow & P_0 \oplus Q_0 & \longrightarrow & Q_0 \to 0 \\ \downarrow \rho_A & & \downarrow \rho_B & & \downarrow \rho_C \\ 0 \to A & \longrightarrow & B & \longrightarrow & C \to 0 \end{array}$$

由蛇形引理有正合列 $0 \to \ker(\rho_A) \to \ker(\rho_B) \to \ker(\rho_C) \to 0$ 且 ρ_B 是满射。注意 $\cdots \to P_n \to \cdots \to P_1 \to 0$ 和 $\cdots \to Q_n \to \cdots \to Q_1 \to 0$ 分别是 $\ker(\rho_A)$ 和 $\ker(\rho_C)$ 的投射预解, 故可重复上述构造方法得 $E_1 = P_1 \oplus Q_1 \twoheadrightarrow \ker(\rho_B)$, 等等。这样我们就归纳地构造出一个 B 的投射预解 $E.$, 并且有正合列 $0 \to P. \to E. \to Q. \to 0$。此外由 $0 \to P_n \to E_n \to Q_n \to 0$ 分裂可见 $0 \to F(P_n) \to F(E_n) \to F(Q_n) \to 0$ 正合 $(n \geqslant 0)$, 故有正合列 $0 \to F(P.) \to F(E.) \to F(Q.) \to 0$, 由命题 1.1 和导出函子的定义即得 (6)。证毕。

若 A 本身是投射的, 则可取 $\cdots \to 0 \to \cdots \to 0 \to A \to 0$ 为 A 的投射预解, 故有 $L_0F(A) = F(A)$ 而 $L_nF(A) = 0$ $(n > 0)$。一般地, 若对任意 $n > 0$ 均有 $L_nF(A) = 0$, 则称 A 为 F-零调的。若 $\cdots \to A_n \to \cdots \to A_1 \to A_0 \to A \to 0$ 为正合列且所有 A_n 都是 F-零调的, 则称 $A.$ 为 A 的一个 F-零调预解。

命题 2.2. 设 $F : \mathfrak{C} \to \mathfrak{C}'$ 为右正合加性函子, 则对 A 的任一 F-零调预解 $A.$ 有 $L_nF(A) \cong H_n(F(A.))$。

证. 首先由 F 的右正合性有 $L_0F(A) = F(A) \cong \mathrm{coker}(F(A_1) \to F(A_0)) = H_0(F(A.))$。令 $K = \ker(A_0 \to A)$, 则由命题 2.1 有长正合列

$$\begin{aligned}&\cdots \to L_nF(A_0) \to L_nF(A) \to L_{n-1}F(K) \to L_{n-1}F(A_0) \to \\ &\cdots \to L_1F(A_0) \to L_1F(A) \to F(K) \to F(A_0) \to F(A) \to 0\end{aligned}$$

由 $L_nF(A_0)=0\ (n>0)$ 有 $L_nF(A)\cong L_{n-1}F(K)\ (n>1)$ 且 $L_1F(A)\cong \ker(F(K)\to F(A_0))$。此外有正合列 $F(A_2)\to F(A_1)\to F(K)\to 0$, 故

$$\ker(F(K)\to F(A_0))\cong \operatorname{coker}(F(A_2)\to \ker(F(d_1^A)))=H_1(F(A.))$$

注意这对任意 A 都成立, 特别由 K 的 F-零调预解 $\cdots\to A_n\to\cdots\to A_1\to 0$ 得 $L_2F(A)\cong L_1F(K)\cong H_2(F(A.))$, 这样归纳地重复下去即得 $L_nF(A)\cong H_n(F(A.))$ 对所有 n 成立。证毕。

3. 扩张

下面我们来看同调在扩张理论中的应用。

定义 3.1. 设 A,B 为阿贝尔范畴 $\mathfrak{C}$ 的对象, 一个 A 通过 B 的**扩张**是 $\mathfrak{C}$ 中的一个短正合列 $0\to B\to E\to A\to 0$; 若此短正合列分裂, 则称该扩张是**平凡的** (这等价于 $E\cong A\oplus B$, $B\to E$ 为嵌入而 $E\to A$ 为投射)。两个扩张 $0\to B\xrightarrow{f}E\xrightarrow{g}A\to 0$ 和 $0\to B\xrightarrow{f'}E'\xrightarrow{g'}A\to 0$ 称为**等价的**, 如果存在态射 $\phi:E\to E'$ 使下图交换

$$\begin{array}{ccccccc} 0\to & B & \xrightarrow{f} & E & \xrightarrow{g} & A\to 0 \\ & \downarrow{\scriptstyle \mathrm{id}_B} & & \downarrow{\scriptstyle\phi} & & \downarrow{\scriptstyle \mathrm{id}_A} \\ 0\to & B & \xrightarrow{f'} & E' & \xrightarrow{g'} & A\to 0 \end{array} \tag{7}$$

(故 ϕ 是同构)。记 $\operatorname{Ext}_{\mathfrak{C}}(A,B)$ 为 A 通过 B 的扩张的等价类全体 (在没有疑问时可简记为 $\operatorname{Ext}(A,B)$)。

若 $\mathfrak{C}$ 具有足够投射, 令 $F=\operatorname{Mor}(\cdot,B):\mathfrak{C}\to\mathfrak{Ab}$, 定义 $\operatorname{Ext}^n_{\mathfrak{C}}(A,B)=R^nF(A)$; 若 $\mathfrak{C}$ 具有足够内射, 令 $G=\operatorname{Mor}(A,\cdot):\mathfrak{C}\to\mathfrak{Ab}$, 定义 $\widetilde{\operatorname{Ext}}^n_{\mathfrak{C}}(A,B)=R^nG(B)$。

引理 3.1. 若 $\mathfrak{C}$ 既有足够投射又有足够内射, 则有典范同构 $\operatorname{Ext}^n_{\mathfrak{C}}(A,B)\cong\widetilde{\operatorname{Ext}}^n_{\mathfrak{C}}(A,B)$。

证. 令 $P.$ 为 A 的一个投射预解, $I^{\cdot}$ 为 B 的一个内射预解。令 $K=\ker(P_0\to A)$, 则由命题 2.1* 及 $\operatorname{Mor}(\cdot,B)$ 的左正合性有长正合列

$$\begin{aligned} &0\to\operatorname{Mor}(A,B)\to\operatorname{Mor}(P_0,B)\to\operatorname{Mor}(K,B)\\ &\quad\to\operatorname{Ext}^1(A,B)\to\operatorname{Ext}^1(P_0,B)\to\operatorname{Ext}^1(K,B)\to\cdots \end{aligned}\tag{8}$$

另一方面, 在 $\operatorname{Co}(\mathfrak{Ab})$ 中有正合列

$$0\to\operatorname{Mor}(A,I^{\cdot})\to\operatorname{Mor}(P_0,I^{\cdot})\to\operatorname{Mor}(K,I^{\cdot})\to 0$$

故由命题 1.1 得长正合列

$$
\begin{aligned}
0 &\to \mathrm{Mor}(A,B) \to \mathrm{Mor}(P_0,B) \to \mathrm{Mor}(K,B) \\
&\to \widetilde{\mathrm{Ext}}^1(A,B) \to \widetilde{\mathrm{Ext}}^1(P_0,B) \to \widetilde{\mathrm{Ext}}^1(K,B) \to \cdots
\end{aligned}
\tag{9}
$$

易见对任意内射对象 I 有 $\mathrm{Ext}^n(A,I)=0\ (n>0)$, 因为 $\mathrm{Mor}(\cdot,I)$ 是正合函子; 类似地, 对任意投射对象 P 有 $\widetilde{\mathrm{Ext}}^n(P,B)=0\ (n>0)$。故有典范同构 $\mathrm{Ext}^1(A,B)\cong\widetilde{\mathrm{Ext}}^1(A,B)$ 及 $\mathrm{Ext}^n(A,B)\cong\mathrm{Ext}^{n-1}(A,K)$, $\widetilde{\mathrm{Ext}}^n(A,B)\cong\widetilde{\mathrm{Ext}}^{n-1}(A,K)\ (n>1)$。由归纳法得 $\mathrm{Ext}^n(A,B)\cong\widetilde{\mathrm{Ext}}^n(A,B)\ (n\geqslant 0)$。证毕。

我们以后将 $\widetilde{\mathrm{Ext}}$ 也写成 Ext, 由引理 3.1 这样不会引起混淆。

引理 3.2. 设阿贝尔范畴 $\mathfrak{C}$ 有足够投射或足够内射, $A\in\mathrm{Ob}(\mathfrak{C})$, 则下列条件等价:

i) A 是投射的;

ii) 对任意 $B\in\mathrm{Ob}(\mathfrak{C})$ 有 $\mathrm{Ext}^n(A,B)=0\ (n>0)$;

iii) 对任意 $B\in\mathrm{Ob}(\mathfrak{C})$ 有 $\mathrm{Ext}^1(A,B)=0$。

证. 我们已看到 i)⇒ii), 而 ii)⇒iii) 是平庸的, 现在来证 iii)⇒i)。对任意满射 $p:B\twoheadrightarrow C$ 及任意态射 $f:A\to C$, 令 $K=\ker(p)$, 则由命题 2.1 有正合列 $0\to\mathrm{Mor}(A,K)\to\mathrm{Mor}(A,B)\to\mathrm{Mor}(A,C)\to\mathrm{Ext}^1(A,K)=0$, 故 f 可以提升成一个态射 $A\to B$。证毕。

对偶地有如下结论。

推论 3.1. 设阿贝尔范畴 $\mathfrak{C}$ 有足够投射或足够内射, $A\in\mathrm{Ob}(\mathfrak{C})$, 则下列条件等价:

i) A 是内射的;

ii) 对任意 $B\in\mathrm{Ob}(\mathfrak{C})$ 有 $\mathrm{Ext}^n(B,A)=0\ (n>0)$;

iii) 对任意 $B\in\mathrm{Ob}(\mathfrak{C})$ 有 $\mathrm{Ext}^1(B,A)=0$。

命题 3.1. 设阿贝尔范畴 $\mathfrak{C}$ 有足够投射或足够内射, $A,B\in\mathrm{Ob}(\mathfrak{C})$, 则有典范一一对应 $\mathrm{Ext}(A,B)\to\mathrm{Ext}^1(A,B)$。

证. 由对偶性不妨设 $\mathfrak{C}$ 有足够投射。取满射 $p:P\twoheadrightarrow A$, 其中 P 为投射的。令 $K=\ker(p)$, $i:K\to P$ 为嵌入。对任一 $f\in\mathrm{Mor}(K,B)$, 令 E_f 为 i 和 f 的推出 (记 $g_0:P\to E_f$, $j:B\to E_f$ 为典范态射), 则由命题 XII.1.1.i)*, iii)* 有正合列 $0\to B\to E_f\to A\to 0$, 即一个 A 通过 B 的扩张。反之, 若有一个扩张 $0\to B\to E\to A\to 0$, 则 p 可以提升成一个态射 $g:P\to E$, 而 g 诱导 $f:K\to B$, 于是有交换图

$$\begin{array}{ccccc} 0 \to B & \longrightarrow & E_f & \longrightarrow & A \to 0 \\ \downarrow \mathrm{id}_B & & \downarrow & & \downarrow \mathrm{id}_A \\ 0 \to B & \longrightarrow & E & \longrightarrow & A \to 0 \end{array}$$

换言之 $0 \to B \to E \to A \to 0$ 与 $0 \to B \to E_f \to A \to 0$ 等价。于是有满射 $\phi: \mathrm{Mor}(K, B) \twoheadrightarrow \mathrm{Ext}(A, B)$, 特别地 $\mathrm{Ext}(A, B)$ 是一个集合。另一方面, 不难验证对任意 $h \in \mathrm{Mor}(P, B)$, 交换图

$$\begin{array}{ccc} K & \xrightarrow{i} & P \\ \downarrow f+h\circ i & & \downarrow g_0+j\circ h \\ B & \xrightarrow{j} & E_f \end{array}$$

是一个推出, 故 f 与 $f+h\circ i$ 对应于同一个扩张等价类。反之, 若 $f, f' \in \mathrm{Mor}(K, B)$ 对应于 $\mathrm{Ext}(A, B)$ 的同一个元 $0 \to B \xrightarrow{j} E \xrightarrow{q} A \to 0$, 则存在 $g, g' \in \mathrm{Mor}(P, E)$ 使得 $g \circ i = j \circ f$, $g' \circ i = j \circ f'$, 且 $q \circ g = q \circ g' = p$, 故 $q \circ (g' - g) = 0$, 从而存在 $h \in \mathrm{Mor}(P, B)$ 使得 $g' - g = j \circ h$, 由于 j 是单射有 $f' = f + h \circ i$。总而言之我们有一一对应

$$\mathrm{Ext}(A, B) \to \mathrm{coker}(\mathrm{Mor}(P, B) \to \mathrm{Mor}(K, B)) \cong \mathrm{Ext}^1(A, B)$$

(参看 (8))。证毕。

4. 谱序列

如果研究复合函子的同调, 就会涉及"同调的同调", 这就将引导到谱序列的概念。由于谱序列多半应用于上同调, 我们下面采用上同调的语言。

设 $\mathfrak{C}$ 为阿贝尔范畴。一个 $\mathfrak{C}$ 中的**带滤对象**是指一个对象 $E \in \mathrm{Ob}(\mathfrak{C})$ 及一个 E 的过滤 $\{F^nE | -\infty < n < \infty\}$ (对每个 n 有 $F^{n+1}E \subset F^nE \subset E$)。若 $\varinjlim_{n\to-\infty} F^nE$ 存在且等于 E, 则称过滤 $\{F^nE | -\infty < n < \infty\}$ 为**竭尽的**；若 $\varprojlim_{n\to\infty} F^nE$ 存在且等于 0, 则称过滤 $\{F^nE | -\infty < n < \infty\}$ 为**分离的**；若对 $n \gg 0$ 有 $F^nE = F^{n+1}E$ 且对 $n \ll 0$ 有 $F^nE = F^{n-1}E$, 则称过滤 $\{F^nE | -\infty < n < \infty\}$ 为**有限的**。对任意 n 记 $\mathrm{gr}^n_F E = F^nE/F^{n+1}E$。

记 $\mathrm{Co}(\mathfrak{C})$ 为 $\mathfrak{C}$ 中所有上链复形组成的范畴, $\mathrm{Co}^+(\mathfrak{C})$ 为 $\mathfrak{C}$ 中所有复形 $0 \to A^0 \to A^1 \to A^2 \to \cdots$ 组成的范畴, 它可以看作 $\mathrm{Co}(\mathfrak{C})$ 的全子范畴。由于 $\mathrm{Co}(\mathfrak{C})$ 是阿贝尔范畴 (见 XIII.1), $\mathrm{Co}^+(\mathfrak{C})$ 也是阿贝尔范畴。

设 $K^{\cdot}=\{\cdots\xrightarrow{d^{n-1}}K^n\xrightarrow{d^n}K^{n+1}\xrightarrow{d^{n+1}}\cdots\}\in \mathrm{Ob}(\mathrm{Co}(\mathfrak{C}))$, $\{F^nK^{\cdot}|-\infty<n<\infty\}$ 为 $K^{\cdot}$ 的一个过滤。对任意非负整数 r 及 $p,q\in\mathbb{Z}$, 定义 K^{p+q} 的子对象

$$\begin{aligned} Z_r^{p,q}&=F^pK^{p+q}\cap(d^{p+q})^{-1}(F^{p+r}K^{p+q+1}),\\ B_r^{p,q}&=F^{p+1}K^{p+q}+d^{p+q-1}(F^{p-r+1}K^{p+q-1})\end{aligned}\tag{10}$$

并令

$$E_r^{p,q}=Z_r^{p,q}/Z_r^{p,q}\cap B_r^{p,q}\tag{11}$$

易见

$$d^{p+q}(Z_r^{p,q})\subset d^{p+q}(F^pK^{p+q})\cap F^{p+r}K^{p+q+1}\subset Z_r^{p+r,q-r+1}\tag{12}$$

而

$$d^{p+q}(B_r^{p,q})=d^{p+q}(F^{p+1}K^{p+q})\subset B_r^{p+r,q-r+1}\tag{13}$$

故 d^{p+q} 诱导典范态射 $d_r^{p,q}:E_r^{p,q}\to E_r^{p+r,q-r+1}$。显然有 $d_r^{p,q}\circ d_r^{p-r,q+r-1}=0$, 故有复形

$$\cdots\to E_r^{p-r,q+r-1}\xrightarrow{d_r^{p-r,q+r-1}}E_r^{p,q}\xrightarrow{d_r^{p,q}}E_r^{p+r,q-r+1}\to\cdots\tag{14}$$

我们来验证 (14) 在 $E_r^{p,q}$ 处的上同调

$$\ker(d_r^{p,q})/\mathrm{im}(d_r^{p-r,q+r-1})\cong E_{r+1}^{p,q}\tag{15}$$

由 $(d^{p+q})^{-1}(B_r^{p+r,q-r+1})=(d^{p+q})^{-1}(F^{p+r+1}K^{p+q+1})+F^{p+1}K^{p+q}$ (参看习题 XII.8, 或用注 XII.1.2 中的方法) 得

$$Z_{r+1}^{p,q}\subset(d^{p+q})^{-1}(B_r^{p+r,q-r+1})\subset Z_{r+1}^{p,q}+B_r^{p,q}\tag{16}$$

另一方面, 由 $d^{p+q-1}(Z_r^{p-r,q+r-1})=d^{p+q-1}(F^{p-r}K^{p+q-1})\cap F^pK^{p+q}$ 易见

$$\begin{aligned} d^{p+q-1}(Z_r^{p-r,q+r-1})&\subset Z_r^{p,q}\cap B_{r+1}^{p,q}\\ &\subset d^{p+q-1}(Z_r^{p-r,q+r-1})+B_r^{p,q}\end{aligned}\tag{17}$$

故由 (16) 和 (17) 得 (参看习题 XII.9)

$$\begin{aligned}\ker(d_r^{p,q})/\mathrm{im}(d_r^{p-r,q+r-1})&\cong Z_{r+1}^{p,q}+B_{r+1}^{p,q}/B_{r+1}^{p,q}\\ &\cong Z_{r+1}^{p,q}/Z_{r+1}^{p,q}\cap B_{r+1}^{p,q}=E_{r+1}^{p,q}\end{aligned}$$

显然有 $Z_0^{p,q}=F^pK^{p+q}$, $B_0^{p,q}=F^{p+1}K^{p+q}$, 故 $E_0^{p,q}=\mathrm{gr}_F^pK^{p+q}$, 从而 $d_0^{p,q}=\mathrm{gr}_F^pd^{p+q}$。故由 (15) 有

$$E_1^{p,q}=H^{p+q}(\mathrm{gr}_F^pK^{\cdot})\tag{18}$$

设过滤 $\{F^nK^{\cdot} \mid -\infty < n < \infty\}$ 为有限的, 则对充分大的 r 有 $F^{p+r}K^{p+q+1} = F^{p+r+1}K^{p+q+1}$, $F^{p-r+1}K^{p+q-1} = F^{p-r}K^{p+q-1}$, 从而 $Z_r^{p,q} = Z_{r+1}^{p,q}$, $B_r^{p,q} = B_{r+1}^{p,q}$, 故 (15) 给出的是 $E_r^{p,q} \cong E_{r+1}^{p,q}$。对任意 n, p 令

$$E^n = H^n(K^{\cdot}), \quad F^pE^n = \mathrm{im}(H^n(F^pK^{\cdot}) \to H^n(K^{\cdot})) \tag{19}$$

注意对 $r \gg 0$ 有 $Z_r^{p,q} = F^pK^{p+q} \cap \ker(d^{p+q})$, $B_r^{p,q} = F^{p+1}K^{p+q} + \mathrm{im}(d^{p+q-1})$, 由此不难得到

$$E_r^{p,q} \cong \mathrm{gr}_F^p E^{p+q} \tag{20}$$

定义 4.1. 一个阿贝尔范畴 $\mathfrak{C}$ 中的一个*谱序列*由下列要素组成:

A) 一列带滤对象 $(E^n, F^{\cdot}E^n)$;

B) 对任意整数 $r \geqslant r_0$ ($r_0 \geqslant 0$ 为固定整数) 及任意 p, q, 有对象 $E_r^{p,q}$ 以及态射 $d_r^{p,q} : E_r^{p,q} \to E_r^{p+r,q-r+1}$, 满足 $d_r^{p,q} \circ d_r^{p-r,q+r-1} = 0$;

C) 对任意 $r \geqslant r_0$ 及任意 p, q, 有一个同构 (15)。

这个谱序列称为*强收敛的*, 如果对任意 p, q 存在整数 r_{pq}, 使得对任意 $r \geqslant r_{pq}$ 有 $d_r^{p,q} = 0$ 且 (20) 成立。

前面的讨论说明了如下结论。

命题 4.1. 对 $\mathrm{Co}(\mathfrak{C})$ 中的任意带滤对象 $(K^{\cdot}, F^{\cdot}K^{\cdot})$, (11) 和 (19) 给出一个典范谱序列, 满足 (18)。若过滤 $F^{\cdot}K^i$ 对每个 i 是有限的, 则这个谱序列是强收敛的。

一个 $\mathfrak{C}$ 中的*双复形*是指一组对象 $A^{\cdot,\cdot} = \{A^{s,t}\}$ (s, t 为非负整数) 以及态射 $d'^{s,t} : A^{s,t} \to A^{s+1,t}$, $d''^{s,t} : A^{s,t} \to A^{s,t+1}$, 满足 $d''^{s+1,t} \circ d'^{s,t} = d'^{s,t+1} \circ d''^{s,t}$, $d'^{s+1,t} \circ d'^{s,t} = 0$, $d''^{s,t+1} \circ d''^{s,t} = 0$ $(\forall s, t)$。令 $A^n = \bigoplus\limits_{s+t=n} A^{s,t}$ $(n \geqslant 0)$, $d^{s,t} = d'^{s,t} + (-1)^s d''^{s,t} : A^{s,t} \to A^{s+1,t} \oplus A^{s,t+1} \subset A^{s+t+1}$, $d^n = \bigoplus\limits_{s+t=n} d^{s,t} : A^n \to A^{n+1}$, 则不难验证 $A^{\cdot}$ 是一个复形, 记为 $\mathrm{Tot}(A^{\cdot,\cdot})$。记 $\mathbb{H}^n(A^{\cdot,\cdot}) = H^n(\mathrm{Tot}(A^{\cdot,\cdot}))$, 称为 $A^{\cdot,\cdot}$ 的*超上同调*。令 $F^pA^n = \bigoplus\limits_{s=p}^{n} A^{s,n-s}$, 则 $F^{\cdot}A^{\cdot}$ 为 $A^{\cdot}$ 的过滤。易见 $\mathrm{gr}_F^p A^{p+q} \cong A^{p,q}$。故由命题 4.1 立得如下结论。

推论 4.1. 对 $\mathfrak{C}$ 中的任意双复形 $A^{\cdot,\cdot}$, 存在典范强收敛谱序列 $(E^{\cdot}, E^{\cdot,\cdot}_{\cdot})$ 满足 $E_1^{p,q} \cong H^q(A^{p,\cdot})$ 及 $E^n \cong \mathbb{H}^n(A^{\cdot,\cdot})$, 且 $F^0E^n = E^n$, $F^{n+1}E^n = 0$ (故 E^n 的过滤是竭尽的, 分离的和有限的)。

引理 4.1. 一个 $\mathrm{Co}^+(\mathfrak{C})$ 的对象 $A^{\cdot}$ 为内射当且仅当

(*) 每个 A^n 为内射, $H^0(A^{\cdot})$ 为内射且 $H^n(A^{\cdot}) = 0$ $(n > 0)$。

证. 充分性: 令 $Z^n = \ker(A^n \to A^{n+1})$ $(n \geqslant 0)$, 则 (*) 等价于每个 Z^n 是 $\mathfrak{C}$ 的内射对象, $A^n \cong Z^n \oplus Z^{n+1}$ 且 $A^n \to A^{n+1}$ 为 $\begin{pmatrix} 0 & 0 \\ \mathrm{id}_{Z^{n+1}} & 0 \end{pmatrix}$。若 $B^{\cdot} \in \mathrm{Ob}(\mathrm{Co}^+(\mathfrak{C}))$,

则易见一个态射 $B^{\cdot} \to A^{\cdot}$ 等价于一组 $\mathfrak{C}$ 中的态射 $B^n \to Z^n$ $(n \geqslant 0)$, 故显然 $A^{\cdot}$ 为 $\mathrm{Co}^+(\mathfrak{C})$ 的内射对象。

反之, 设 $A^{\cdot}$ 为内射的。对任意 $B \in \mathrm{Ob}(\mathfrak{C})$, 令 $B^{\cdot} = \{0 \to B \to 0 \to 0 \to \cdots\}$, 则一个 $\mathrm{Co}^+(\mathfrak{C})$ 中的态射 $B^{\cdot} \to A^{\cdot}$ 等价于一个 $\mathfrak{C}$ 中的态射 $B \to H^0(A^{\cdot})$, 由此可见 $H^0(A^{\cdot})$ 为 $\mathfrak{C}$ 的内射对象。另一方面, 易见 $A'^{\cdot} = \{0 \to A^1 \to A^2 \to \cdots\}$ 为 $\mathrm{Co}^+(\mathfrak{C})$ 的内射对象, 故 $A^0/H^0(A^{\cdot}) \cong H^0(A'^{\cdot})$ 为 $\mathfrak{C}$ 的内射对象, 从而 A^0 也是内射的。对 n 用归纳法即得 $(*)$。证毕。

由上述证明还得出如下结论。

推论 4.2. 若 $\mathfrak{C}$ 有足够内射, 则 $\mathrm{Co}^+(\mathfrak{C})$ 亦然。

设 $\mathfrak{C}'$ 为另一个阿贝尔范畴, $F : \mathfrak{C} \to \mathfrak{C}'$ 为左正合加性函子, 则 F 诱导一个从 $\mathrm{Co}^+(\mathfrak{C})$ 到 $\mathrm{Co}^+(\mathfrak{C}')$ 的左正合加性函子, 记作 $\mathrm{Co}^+(F)$。

命题 4.2. 设阿贝尔范畴 $\mathfrak{C}$ 有足够内射, F 为从 $\mathfrak{C}$ 到另一个阿贝尔范畴 $\mathfrak{C}'$ 的左正合加性函子, $A^{\cdot} \in \mathrm{Ob}(\mathrm{Co}^+(\mathfrak{C}))$, 则存在典范强收敛谱序列 $(E^{\cdot}, E^{\cdot,\cdot}_{\cdot})$ 满足 $E_2^{p,q} \cong H^p(R^q\mathrm{Co}^+(F)(A^{\cdot}))$。

证. 任取 $A^{\cdot}$ 的内射预解 $I^{\cdot,\cdot}$, 则 $F(I^{\cdot,\cdot})$ 可以看作 $\mathfrak{C}'$ 中的一个双复形, 故由推论 4.1 有强收敛谱序列 $(E^{\cdot}, E^{\cdot,\cdot}_{\cdot})$ 满足 $E_1^{p,q} \cong R^qF(A^p)$。注意 (14) 当 $r = 1$ 时给出的复形为 $\cdots \to E_1^{p,q} \to E_1^{p+1,q} \to \cdots$, 即得 $E_2^{p,q} \cong H^p(R^q\mathrm{Co}^+(F)(A^{\cdot}))$。此外, 若 $J^{\cdot,\cdot}$ 是 $A^{\cdot}$ 的另一个内射预解, 则由推论 2.1 的对偶可知 $I^{\cdot,\cdot}$ 与 $J^{\cdot,\cdot}$ 同伦 (由此易见 $\mathrm{Tot}(F(I^{\cdot,\cdot}))$ 与 $\mathrm{Tot}(F(J^{\cdot,\cdot}))$ 同伦), 从而给出同构的谱序列, 这说明上述谱序列是典范的。证毕。

定理 4.1. 设 $\mathfrak{C}, \mathfrak{C}', \mathfrak{C}''$ 为阿贝尔范畴, 其中 $\mathfrak{C}, \mathfrak{C}'$ 有足够内射, $F : \mathfrak{C} \to \mathfrak{C}'$, $G : \mathfrak{C}' \to \mathfrak{C}''$ 为左正合加性函子。若对任意内射对象 $I \in \mathrm{Ob}(\mathfrak{C})$, $F(I)$ 为 G-零调的, 则对任意 $A \in \mathrm{Ob}(\mathfrak{C})$ 存在典范强收敛谱序列 $(E^{\cdot}, E^{\cdot,\cdot}_{\cdot})$ 满足 $E_2^{p,q} \cong R^pG(R^qF(A))$ 及 $E^n \cong R^n(G \circ F)(A)$。

证. 任取 A 的内射预解 $I^{\cdot}$, 则 $F(I^{\cdot}) \in \mathrm{Ob}(\mathrm{Co}^+(\mathfrak{C}'))$。对每个 $\mathrm{im}(F(I^n) \to F(I^{n+1}))$ 和 $H^n(F(I^{\cdot})) \cong R^nF(A)$ 各取一个 $\mathfrak{C}'$ 中的内射预解, 则用命题 2.1 的证明中的方法可以构造出一个双复形 $J^{\cdot,\cdot}$, 使得对每个 n, $J^{n,\cdot}$ 是 $F(I^n)$ 的内射预解, $\mathrm{im}(J^{n,\cdot} \to J^{n+1,\cdot})$ 是 $\mathrm{im}(F(I^n) \to F^{n+1})$ 的内射预解, $\ker(J^{n,\cdot} \to J^{n+1,\cdot})/\mathrm{im}(J^{n-1,\cdot} \to J^{n,\cdot})$ 是 $H^n(F(I^{\cdot}))$ 的内射预解。

将推论 4.1 应用于双复形 $G(J^{\cdot,\cdot})$, 就得到一个强收敛谱序列 $(E'^{\cdot}, E'^{\cdot,\cdot}_{\cdot})$ 满足 $E_1'^{p,q} \cong H^q(G(J^{p,\cdot})) \cong R^qG(F(I^p))$ 及 $E'^n \cong \mathbb{H}^n(G(J^{\cdot,\cdot}))$。由所设 $F(I^p)$ 是 G-零调的, 故 $R^0G(F(I^p)) \cong G \circ F(I^p)$ 而 $R^qG(F(I^p)) = 0$ $(q > 0)$。于是由 (15) 得 $E_2'^{p,0} \cong H^p(G \circ F(I^p)) \cong R^p(G \circ F)(A))$ 而 $E_2'^{p,q} = 0$ $(q > 0)$, 再用 (15) 就得到当 $r > 2$ 时有 $E_r'^{p,q} \cong E_2'^{p,q}$。由 (20), 这给出 $\mathrm{gr}^n E'^n \cong R^n(G \circ F)(A))$, 而对 $p < n$ 有 $\mathrm{gr}^p E'^n = 0$, 故 $E'^n \cong R^n(G \circ F)(A))$。

另一方面, 交换双复形 $G(I^{\cdot,\cdot})$ 的两个指标再用推论 4.1, 则得到一个强收敛谱序列 $(E^{\cdot}, E^{\cdot\cdot}_{\cdot})$ 满足 $E_1^{p,q} \cong H^p(G(J^{\cdot,q}))$。由 $J^{\cdot,\cdot}$ 的构造有 $H^p(G(J^{\cdot,q})) \cong G(H^p(J^{\cdot,q}))$ 且 $H^{\cdot}(J^{\cdot,q})$ 为 $R^qF(A)$ 的内射预解, 故由 (15) 得 $E_2^{p,q} \cong H^p(G(H^{\cdot}(J^{\cdot,q}))) \cong R^pG(R^qF(A))$。而由上所证有 $E^n \cong \mathbb{H}^n(G(J^{\cdot,\cdot})) \cong E'^n \cong R^n(G \circ F)(A))$。证毕。

5. 张量函子的同调

以下设 $\mathfrak{C}$ 为有足够平坦的阿贝尔张量范畴。在一般情形对于张量函子可用平坦预解建立导出函子。若有足够投射则用投射预解更方便 (参看引理 XII.3.1), 但很多阿贝尔张量范畴没有足够投射 (例如对于很多 $X, \mathfrak{Ab}_X$ 没有足够投射)。

引理 5.1. 设 $f: A \to B$ 为 $\mathfrak{C}$ 中的满态射。令 $A.$ 和 $B.$ 分别为 A 和 B 的平坦预解, 则存在一个由平坦对象组成的复形 $C.$ 及满态射 $g.: C. \to A., h.: C. \to B.$, 使得 $C.$ 通过 $g.$ 为 A 的预解, 而 $h.$ 与 f 相容。此外 $\ker(h.)$ 是 $\ker(f)$ 的平坦预解。

证. 先证明存在 A 的一个平坦预解 $D.$ 连同一个与 f 相容的满态射 $D. \to B.$。令 $K = \ker(f)$, P 为 $A \to B$ 和 $B_0 \to B$ 的拉回, 则 $K \cong \ker(P \to B_0)$ (参看命题 XII.1.1)。由所设存在一个平坦对象 D_0 连同一个满态射 $D_0 \to P$。由命题 XII.1.1 可知 $P \to A$ 和 $P \to B_0$ 都是满的, 故 $D_0 \to A$ 和 $D_0 \to B_0$ 都是满的。令 K_0 为 $K \to P$ 和 $D_0 \to P$ 的拉回, 则 $K_0 \cong \ker(D_0 \to B_0)$ 且 $K_0 \to K$ 为满态射。由蛇形引理有正合列

$$0 \to \ker(K_0 \to K) \to \ker(D_0 \to A) \to \ker(B_0 \to B) \to 0 \tag{21}$$

将 $0 \to K \to A \to B \to 0$ 换为 (21) 再重复上面的构造过程, 这样就可归纳地构造出 $D.$。

现在只需证明存在一个由平坦对象组成的复形 $C.$ 连同满态射 $g.: C. \to A.$ 使得 $C.$ 通过 $g.$ 为 A 的预解, 换言之约化到 $A = B$ 且 $f = \mathrm{id}_A$ 的情形。

令 P 为 $A_0 \to A = B$ 和 $B_0 \to B$ 的拉回。由所设存在一个平坦对象 C_0 连同一个满态射 $C_0 \to P$。由命题 XII.1.1 可知 $P \to A_0$ 和 $P \to B_0$ 都是满的, 故 $C_0 \to A_0$ 和 $C_0 \to B_0$ 都是满的。令 $D = \ker(C_0 \to A_0)$。令 C_1 为 $C_0 \to A_0$ 和 $A_1 \to A_0$ 的拉回, 则由命题 XII.1.1 可知 $C_1 \to C_0 \to A$ 是正合的, 且 $C_1 \to A_1$ 是满的。由正合列

$$0 \to C_1 \to A_1 \oplus C_0 \to A_0 \to 0 \tag{22}$$

和引理 XII.3.2.ii) 可见 C_1 平坦。此外 $D \cong \ker(C_1 \to A_1)$, 即有正合列

$$0 \to D \to C_1 \to A_1 \to 0 \tag{23}$$

从而由蛇形引理可见 $\ker(C_1 \to C_0) \cong \ker(A_1 \to A_0)$。

可将 $A.$ 换为 A 的令一个平坦预解 $\cdots \to A_n \to \cdots \to A_2 \to C_1 \to C_0$, 从而可设已有一个与 f 相容的满射 $A_0 \to B_0$。由蛇形引理可见 $A' = \ker(A_0 \to A) \to \ker(B_0 \to A) = B'$ 是满射。令 $A.(1)$ 和 $B.(1)$ 分别为将 $A.$ 和 $B.$ 去掉 A_0 和 B_0 所得到的复形, 则它们分别为 A' 和 B' 的平坦预解。将 $A. \to A$ 和 $B. \to B$ 分别换为 $A.(1) \to A'$ 和 $B.(1) \to B'$ 再重复上面的构造过程, 这样就可归纳地构造出 $C.$。

最后一个断言由引理 XII.3.2 立得。证毕。

现在可以建立张量函子的同调。对任意两个对象 $A, B \in \mathrm{Ob}(\mathfrak{C})$, 取 A 的平坦预解 $A.$ 并定义

$$Tor_n(A, B) = H_n(A. \otimes B) \quad (\forall n) \tag{24}$$

我们需要验证这个定义在同构之下与 $A.$ 的选择无关, 且具有函子性。

设 $f : A \to A'$ 为态射而 $A'_.$ 为 A' 的一个平坦预解。令 $K = \ker(f)$, $Q = \mathrm{coker}(f)$, $L = \mathrm{im}(f)$。任取 Q 的一个平坦预解 $Q.$。由引理 5.1 可取一个由平坦对象组成的复形 $C'_.$ 及满态射 $g'_. : C'_. \to A'_.$, $h'_. : C'_. \to Q.$ 使得 $C'_.$ 通过 $g'_.$ 为 A' 的预解, $h'_.$ 与投射 $A' \to Q$ 相容, 而 $L. = \ker(h'_.)$ 是 $\ker(A' \to Q) \cong L$ 的平坦预解。再由引理 5.1 可取一个由平坦对象组成的复形 $C.$ 及满态射 $g. : C. \to A.$, $h. : C. \to L.$ 使得 $C.$ 通过 $g.$ 为 A 的预解, $h.$ 与投射 $A \to L$ 相容, 而 $K. = \ker(h.)$ 是 K 的平坦预解。注意 $\ker(g'_.)$ 是 0 的平坦预解, 由引理 XII.3.2 和命题 1.1 可见 $g'_.$ 诱导的态射 $H_n(C'_. \otimes B) \to H_n(A'_. \otimes B)$ $(\forall n)$ 都是同构, 同理 $g.$ 诱导的态射 $H_n(C. \otimes B) \to H_n(A. \otimes B)$ $(\forall n)$ 也都是同构。这样 $h.$ 与嵌入 $L. \to C'_.$ 的合成就诱导态射

$$H_n(A. \otimes B) \cong H_n(C. \otimes B) \to H_n(C'_. \otimes B) \cong H_n(A'_. \otimes B) \quad (\forall n) \tag{25}$$

且每个诱导态射在同构之下与 $C.$ 和 $C'_.$ 的选取无关, 再由引理 5.1 即可见 (25) 在同构之下与 $A.$ 和 $A'_.$ 的选取无关。特别地，这也说明了 (24) 在同构之下与 $A.$ 的选择无关。再由命题 1.1 即得到如下结论。

命题 5.1. 任一 $B \in \mathrm{Ob}(\mathfrak{C})$ 诱导加性函子 $Tor_n(\cdot, B) : \mathfrak{C} \to \mathfrak{C}$ $(\forall n \in \mathbb{N})$, 其中 $Tor_0(\cdot, B)$ 自然等价于 $\cdot \otimes B$, 且对任意短正合列 $0 \to A' \to A \to A'' \to 0$ 有典范长正合列

$$\begin{aligned} \cdots \to Tor_n(A', B) \to Tor_n(A, B) \to Tor_n(A'', B) \\ \to Tor_{n-1}(A', B) \to \cdots \to 0 \end{aligned} \tag{26}$$

对称地, 取 B 的平坦预解 $B.$ 并定义

$$\widetilde{Tor}_n(A, B) = H_n(A \otimes B.) \quad (\forall n) \tag{27}$$

则得到加性函子 $\widetilde{Tor}_n(A,\cdot):\mathfrak{C}\to\mathfrak{C}\ (\forall n\in\mathbb{N})$。

引理 5.2. 对任意 $A,B\in \mathrm{Ob}(\mathfrak{C})$ 有典范同构

$$Tor_n(A,B)\cong \widetilde{Tor}_n(A,B)\quad (\forall n) \tag{28}$$

证. 令 $B.$ 为 B 的一个平坦预解, 且取满态射 $q:Q\to A$, 其中 Q 为平坦对象。令 $K=\ker(q)$, 则由命题 1.1 及 $\cdot\otimes B$ 的右正合性有长正合列

$$0\to \widetilde{Tor}_1(A,B)\to K\otimes B\to Q\otimes B\to A\otimes B\to 0 \tag{29}$$

以及同构

$$\widetilde{Tor}_n(A,B)\cong \widetilde{Tor}_{n-1}(K,B)\quad (n>1) \tag{30}$$

另一方面, 由每个 B_i 平坦可见在 $\mathrm{Co}(\mathfrak{C})$ 中有正合列

$$0\to K\otimes B.\to Q\otimes B.\to A\otimes B.\to 0 \tag{31}$$

故由命题 1.1 得长正合列

$$0\to Tor_1(A,B)\to K\otimes B\to Q\otimes B\to A\otimes B\to 0 \tag{32}$$

以及同构

$$Tor_n(A,B)\cong Tor_{n-1}(K,B)\quad (n>1) \tag{33}$$

由 (29) 和 (32) 得典范同构 $Tor_1(A,B)\cong \widetilde{Tor}_1(A,B)$, 再由 (30), (33) 及归纳法即得 (28)。证毕。

推论 5.1. 对任意 $A\in \mathrm{Ob}(\mathfrak{C})$ 下列条件等价:

i) A 是平坦的;

ii) 对任意 $B\in \mathrm{Ob}(\mathfrak{C})$ 有 $Tor_n(A,B)=0\ (n>0)$;

iii) 对任意 $B\in \mathrm{Ob}(\mathfrak{C})$ 有 $Tor_1(A,B)=0$。

证. 我们已看到 i)⇒ii), 而 ii)⇒iii) 是平庸的, 现在来证 iii)⇒i)。对任意单射 $f:B'\to B$, 由命题 5.1 有正合列

$$0=Tor_1(A,\mathrm{coker}(f))\to A\otimes B'\to A\otimes B\to A\otimes \mathrm{coker}(f)\to 0$$

故 A 平坦。证毕。

对任一 $A\in \mathrm{Ob}(\mathfrak{C})$, 称 A 的最短平坦预解的长度为 A 的**平坦维数** A, 记为 $\mathrm{f.dim}(A)$ (若 A 没有有限长的平坦预解则令 $\mathrm{f.dim}(A)=\infty$)。由推论 5.1 不难得到 (习题 XIII.7)

推论 5.2. 对任一 $A \in \mathrm{Ob}(\mathfrak{C})$, $\mathrm{f.dim}(A)$ 等于满足 $Tor_n(A,\cdot) = 0$ 的最小的 n (若没有 n 使得 $Tor_n(A,\cdot) = 0$ 则 $\mathrm{f.dim}(A) = \infty$)。此外对任一短正合列 $0 \to A \to B \to C \to 0$ 有

$$\begin{aligned} \mathrm{f.dim}(B) &\leqslant \max(\mathrm{f.dim}(A), \mathrm{f.dim}(C)) \\ \mathrm{f.dim}(A) &\leqslant \max(\mathrm{f.dim}(B), \mathrm{f.dim}(C) - 1) \\ \mathrm{f.dim}(C) &\leqslant \max(\mathrm{f.dim}(B), \mathrm{f.dim}(A) + 1) \end{aligned} \tag{34}$$

特别地, 若 A, B, C 中有两个平坦维数有限, 则第三个亦然。

习 题 XIII

XIII.1 设 $\mathfrak{C}$ 为阿贝尔范畴, $A \in \mathrm{Ob}(\mathfrak{C})$。设 $P.$, $P'.$ 为 A 的两个投射预解。证明存在 0 的两个投射预解 $Q.$, $Q'.$ 使得 $P. \oplus Q. \simeq P'. \oplus Q'.$。

XIII.2 设 $\mathfrak{A}$, $\mathfrak{B}$ 为两个阿贝尔范畴, 其中 $\mathfrak{A}$ 具有足够投射。设 F', F, F'' 为从 $\mathfrak{A}$ 到 $\mathfrak{B}$ 的加性函子。假设存在自然变换 $T : F' \to F$ 与 $T' : F \to F''$ 使得对任意投射对象 $P \in \mathrm{Ob}(\mathfrak{A})$, $0 \to F'(P) \xrightarrow{T(P)} F(P) \xrightarrow{T'(P)} F''(P) \to 0$ 是正合的。证明对任意 $A \in \mathrm{Ob}(\mathfrak{A})$ 有长正合列

$$\begin{aligned} &\cdots \to L_nF'(A) \to L_nF(A) \to L_nF''(A) \to L_{n-1}F'(A) \to \\ &\cdots \to L_0F''(A) \to 0 \end{aligned}$$

XIII.3 叙述引理 2.1, 推论 2.1 和命题 2.1 在内射预解、反变函子和/或上同调情形的相应结论。

XIII.4 设 $\mathfrak{A}$, $\mathfrak{B}$ 为两个阿贝尔范畴。一个从 $\mathfrak{A}$ 到 $\mathfrak{B}$ 的∂-函子 $(T., \partial)$ 是指一列加性函子 $T_n : \mathfrak{A} \to \mathfrak{B}$ 使得对 $\mathfrak{A}$ 中的任意短正合列 $0 \to A \to B \to C \to 0$, 存在典范态射 $\partial_n^T : T_n(C) \to T_{n-1}(A)$ 使下面的态射列为复形:

$$\cdots \to T_n(A) \to T_n(B) \to T_n(C) \xrightarrow{\partial_n^T} T_{n-1}(A) \to \cdots$$

按显而易见的方式可以定义 ∂-函子的态射。

设 $\mathfrak{A}$ 有足够投射。设 $F : \mathfrak{A} \to \mathfrak{B}$ 为加性函子, $S_n = L_nF$ 而 ∂_n^S 为命题 2.1 中的 ∂_n, 则 $(S., \partial)$ 为 ∂-函子。证明 $(S., \partial)$ 具有下述泛性:

对任意 ∂-函子 $(T., \partial)$, 任意自然变换 $T_0 \to S_0$ 可以唯一地扩张成态射 $(T., \partial) \to (S., \partial)$。故 $(S., \partial)$ 由 S_0 唯一决定。

XIII.5* 设阿贝尔范畴 $\mathfrak{C}$ 有足够投射或足够内射。设 $A, B \in \mathrm{Ob}(\mathfrak{C})$。令 $\Delta : A \to A \oplus A$ 为对角态射而 $\nabla : B \oplus B \to B$ 为余对角态射 (见 XI I.1)。令 $\Phi : \mathrm{Ext}^1(A, B) \to \mathrm{Ext}(A, B)$ 为命题 3.1 给出的典范映射。证明:

i) $\Phi(0)$ 为平凡扩张。

ii) 若 $\Phi(a)$ 为 $0 \to B \xrightarrow{f} E \xrightarrow{g} A \to 0$, 则 $\Phi(-a)$ 为 $0 \to B \xrightarrow{-f} E \xrightarrow{g} A \to 0$。

iii) 若 $\Phi(a_1)$ 为 $0 \to B \to E_1 \to A \to 0$, $\Phi(a_2)$ 为 $0 \to B \to E_2 \to A \to 0$, 令 E_3 为 $E_1 \oplus E_2 \to A \oplus A$ 与 Δ 的拉回, 而 E 为 $B \oplus B \to E_3$ 和 ∇ 的推出, 则所得的扩张 $0 \to B \to E \to A \to 0$ 就是 $\Phi(a_1 + a_2)$。

iv) 设 $f : A' \to A$, $g : B \to B'$ 为态射, $\Phi(a)$ 为 $0 \to B \xrightarrow{i} E \xrightarrow{p} A \to 0$。令 F 为 $p : E \to A$ 和 $f : A' \to A$ 的拉回, G 为 $i : B \to E$ 和 $g : B \to B'$ 的推出, 则由命题 XII.1.1.i) 及其对偶有正合列 $0 \to B \to F \to A' \to 0$ 及 $0 \to B' \to G \to A \to 0$。令 $f^* : \mathrm{Ext}^1(A, B) \to \mathrm{Ext}^1(A', B)$ 和 $g^* : \mathrm{Ext}^1(A, B) \to \mathrm{Ext}^1(A, B')$ 分别为 f 和 g 诱导的态射, 则 $f^*(a)$ 对应的扩张为 $0 \to B \to F \to A' \to 0$ 而 $g^*(a)$ 对应的扩张为 $0 \to B' \to G \to A \to 0$。特别地, 若 $\mathfrak{C} = \mathfrak{M}_R$, $r \in R$, 令 E' 为 $r\cdot : B \to B$ 和 f 的推出, 则所得的扩张 $0 \to B \to E' \to A \to 0$ 就是 $\Phi(ra)$, 它也可以通过 $r\cdot : A \to A$ 和 g 的拉回得到。

XIII.6* 设 $\mathfrak{C}, \mathfrak{C}'$ 为阿贝尔范畴, 其中 $\mathfrak{C}$ 有足够内射, $F : \mathfrak{C} \to \mathfrak{C}'$ 为左正合加性函子。证明对任意 $q \geqslant 0$ 有自然等价 $R^q\mathrm{Co}^+(F) \simeq \mathrm{Co}^+(R^qF)$。

XIII.7* 设 $f : A \to B$ 为阿贝尔范畴 $\mathfrak{C}$ 中的单射, $A.$, $B.$ 分别为 A 和 B 的预解, $f. : A. \to B.$ 为复形的态射, 且与 f 相容 (即合成 $A_0 \to A \to B$ 与 $A_0 \to B_0 \to B$ 相等)。证明存在 $\mathrm{coker}(f)$ 的预解 $C.$, 其中 $C_0 = B_0$, $C_i = B_i \oplus A_{i-1}$ $(\forall i > 0)$。

XIII.8* 设 $\mathfrak{C}$ 为 (任意) 阿贝尔范畴, $A \in \mathrm{Ob}(\mathfrak{C})$, $A.$ 为 A 的预解 (即 $\cdots \to A_n \to \cdots \to A_0 \to A \to 0$ 为正合列)。令 $K = \ker(A_0 \to A)$ (它有预解 $A._{+1}$)。定义一个复形 $B.$ 如下: $B_n = A_{n+1} \oplus A_n$, 而 $d_n^B : B_n \to B_{n-1}$ 由 $d_n^B = \begin{pmatrix} d_{n+1}^A & \mathrm{id}_{A_n} \\ 0 & d_n^A \end{pmatrix}$ 给出。证明 $B.$ 为 A_0 的预解, 其中 $B_0 \to A_0$ 由 $q = (d_1^A, \mathrm{id}_{A_0})$ 给出, 且 $B. \to A_0 \to 0$ 分裂。此外, 令 $i. : A._{+1} \to B.$ 为到第一直加项的嵌入而 $p. : B. \to A._-$ 为到第二直加项的投射, 其中 $A._-$ 为将 $A.$ 中的 d_n^A 改为 $-d_n^A$ $(\forall n > 0)$ 的复形, 则短正合列 $0 \to A._{+1} \xrightarrow{i.} B. \xrightarrow{p.} A._- \to 0$ 与正合列 $0 \to K \to A_0 \to A \to 0$ 相容。

XIII.9 设 R 为诺特环, $I \subset R$ 为理想, $a_1, \cdots, a_r \in I$ 为 R-正则列。证明 $a_1, \cdots, a_r$ 的科斯居尔复形是 $R/(a_1, \cdots, a_r)$ 的自由预解。(提示: 对 r 作归纳并利用习题 XIII.7。)

XIV 深 度

本章中的环都是诺特环, 而且模都是有限生成的, 除非特别说明。若 M 为 R-模, 记 $\mathrm{Supp}(M) = V(\mathrm{Ann}_R(M)) \subset \mathrm{Spec}(R)$ (见习题 VIII.3)。

1. 平坦性的局部判据

由于 $\mathfrak{M}_R$ 有足够投射且投射模是平坦的, 由 XII.3 节和 XIII.5 节可以对 $\mathfrak{M}_R$ 建立 Tor 函子, 即 $F = M \otimes_R \cdot : \mathfrak{M}_R \to \mathfrak{M}_R$ 的左导出函子 L_nF。记 $Tor_n^R(M, \cdot) = L_nF$, 在没有疑问时可略去上标 R。若仅将 $Tor_n^R(M, N)$ 看作一个加群 (即将 $Tor_n^R(M, \cdot)$ 与遗忘函子 $\mathfrak{M}_R \to \mathfrak{Ab}$ 合成), 则记为 $Tor_n^R(M, N)$ (类似地也可以使用记号 Ext_R^n 和 Ext_R^n)。

例 1.1. 事实上, 同调的方法在前面已用到, 例如命题 VII.2.1 的证明中使用的方法可以归结为: 若 M 是平坦模而 $N.$ 是 R-模复形, 则 $H_n(M \otimes_R N.) \cong M \otimes_R H_n(N.)$。由此不难得出 $N.$ 正合当且仅当对任意极大理想 $P \subset R$, $(N.)_P$ 正合。

应用同调的方法 (见 XIII.5) 可以建立下面的*平坦性局部判据*。

命题 1.1. 设 R 为诺特环, M 为 R-模, $I \subsetneq R$ 为理想, $R_0 = R/I$, $M_0 = M/IM$。假设

(*) 对任一理想 $J \subset R$, $\bigcap_n I^n(J \otimes_R M) = 0$,

则下列条件等价:

i) M 是 R-平坦的;

ii) M_0 是 R_0-平坦的且 $I \otimes_R M \to M$ 是单射;

iii) M_0 是 R_0-平坦的且 $Tor_1^R(R_0, M) = 0$;

iv) 对任意 R_0-模 N 有 $Tor_1^R(N, M) = 0$;

v) 对任意 $n > 0$, M/I^nM 在 R/I^n 上平坦。

证. i)⇒ii): 由命题 VII.1.2.iii) 和命题 VII.1.1.iii) 立得。

ii)⇒iii): 将命题 XIII.2.1 应用于正合列 $0 \to I \to R \to R_0 \to 0$ 和函子 $\cdot \otimes_R M$ 得长正合列

$$0 = Tor_1^R(R, M) \to Tor_1^R(R_0, M) \to I \otimes_R M \to M$$

由此立得 $Tor_1^R(R_0, M) = 0$。

iii)⇒iv): 取满同态 $f : F \to N$, 其中 F 为自由 R_0-模。令 $K = \ker(f)$, 将命题 XIII.2.1 应用于正合列 $0 \to K \to F \to N \to 0$ 和函子 $\cdot \otimes_R M$ 得长正合列

$$Tor_1^R(F, M) \to Tor_1^R(N, M) \to K \otimes_R M \to F \otimes_R M$$

由所设有 $Tor_1^R(F, M) = 0$ (因为它是 $Tor_1^R(R_0, M)$ 的拷贝的直和), 且 $K \otimes_R M \cong K \otimes_{R_0} M_0 \hookrightarrow F \otimes_{R_0} M_0 \cong F \otimes_R M$, 故 $Tor_1^R(N, M) = 0$。

iv)⇒v): 我们先对 n 用归纳法, 证明对任意 (R/I^n)-模 N, $Tor_1^R(N, M) = 0$。将命题 XIII.2.1 应用于正合列 $0 \to IN \to N \to N/IN \to 0$ 和函子 $\cdot \otimes_R M$ 得正合列

$$Tor_1^R(IN, M) \to Tor_1^R(N, M) \to Tor_1^R(N/IN, M)$$

由于 IN 和 N/IN 为 (R/I^{n-1})-模, 由归纳法假设有

$$Tor_1^R(IN, M) = 0, \quad Tor_1^R(N/IN, M) = 0$$

故 $Tor_1^R(N, M) = 0$。

对任意 (R/I^n)-模正合列 $0 \to N' \to N \to N'' \to 0$, 由命题 XIII.2.1 有正合列 $Tor_1^R(N'', M) \to N' \otimes_R M \to N \otimes_R M$, 而由上所述 $Tor_1^R(N'', M) = 0$, 故 $N' \otimes_{R/I^n} M/I^n M \cong N' \otimes_R M \hookrightarrow N \otimes_R M \cong N \otimes_{R/I^n} M/I^n M$。这说明 $M/I^n M$ 是 (R/I^n)-平坦的。

v)⇒i): 由命题 VII.1.1.iii) 只需证明对任意理想 $J \subset R$, $j : J \otimes_R M \to M$ 是单射。由 $(*)$ 只需证明 $\ker(j) \subset I^n(J \otimes_R M)$ $(\forall n > 0)$ 即可。由引理 IX.1.1, 存在 $r > 0$ 使得 $J \cap I^m = I^{m-r}(J \cap I^r)$ $(m > r)$, 故当 $m > n + r$ 时 $J \cap I^m \subset I^n J$。由于 $M/I^m M$ 在 R/I^m 上平坦, 而 $J/J \cap I^m$ 是 R/I^m 的理想, 有单射 $j_m : (J/J \cap I^m) \otimes_R M/I^m M \hookrightarrow M/I^m M$。由交换图

$$\begin{array}{ccccc}
J \otimes_R M & \xrightarrow{f} & (J/J \cap I^m) \otimes_R M & \xrightarrow{g} & (J/I^n J) \otimes_R M \\
\downarrow{\scriptstyle j} & & \downarrow{\scriptstyle j_m} & & \\
M & \longrightarrow & M/I^m M & &
\end{array}$$

可见 $\ker(j) \subset \ker(f) \subset \ker(g \circ f) = \mathrm{Im}(I^n J \otimes_R M \to J \otimes_R M) = I^n(J \otimes_R M)$。证毕。

注 1.1. 在上述证明中, 条件 $(*)$ 仅在 v)⇒i) 中用到。下列诸情形都是 $(*)$ 的特例:

i) I 是幂零的 (此时甚至不必假定 R 是诺特环);

ii) M 是 R-平坦的且 $\bigcap_n I^n M = 0$ (注意此时 $J \otimes_R M \cong JM$), 后者特别当 M 是有限生成的且 $I \subset J(R)$ 时成立;

iii) R 是 PID 且 $\bigcap_n I^n M = 0$ (此时 $J \cong R$);

iv) A 是诺特 R-代数, $IA \subset J(A)$ 且 M 是有限生成的 A-模 (此时可对有限生成的 A-模 $J \otimes_R M$ 应用推论 IX.1.1)。

推论 1.1. 设 $R \to A \to B$ 为诺特环同态, 其中 A 在 R 上平坦。设 M 为有限生成的 B-模, 且在 R 上平坦。设 $I \subset R$ 为理想使得 $IB \subset J(B)$。若 M/IM 在 A/IA 上平坦, 则 M 在 A 上平坦。

证. 注 1.1 中的条件 iv) 对理想 $I' = IA \subset A$ 及同态 $A \to B$ 成立, 且有 $I' \otimes_A M \cong (I \otimes_R A) \otimes_A M \cong I \otimes_R M \cong IM = I'M$, 故命题 1.1.ii) 成立。证毕。

一个局部环的同态 $\phi : R \to A$ 称为*局部的*, 如果 ϕ 将 R 的极大理想映入 A 的极大理想。

命题 1.2. 设 $\phi : R \to A$ 为诺特局部环的局部同态, $p \subset R$ 为 R 的极大理想, $f : M \to N$ 为有限生成 A-模的同态, 其中 N 是 R-平坦的, 则下面两个条件等价:

i) f 是单射且 $\mathrm{coker}(f)$ 是 R-平坦的;

ii) f 诱导的同态 $\bar{f} : M/pM \to N/pN$ 是单射。

证. i)⇒ii): 记 $C = \mathrm{coker}(f)$, 由命题 XIII.2.1 有长正合列

$$Tor_1^R(R/p, N) \to Tor_1^R(R/p, C) \to M/pM \to N/pN \tag{1}$$

而由 C 在 R 上平坦有 $Tor_1^R(R/p, C) = 0$, 故 $\bar{f}$ 是单射。

ii)⇒i): 先证明 f 是单射。设 $m \in \ker(f)$, 由所设条件只需证明 $m \in p^n M$ ($\forall n > 0$) 即可, 我们对 n 用归纳法。记 $\bar{m}$ 为 m 在 M/pM 中的象, 则因 $\bar{f}(\bar{m}) = 0$ 有 $\bar{m} = 0$, 即 $m \in pM$。设 $m \in p^{n-1}M$, 具体说 $m = \sum_i r_i m_i$ ($r_i \in p^{n-1}$, $m_i \in M$), 则 $0 = f(m) = \sum_i r_i f(m_i)$, 故由命题 VII.1.1.iv) 存在 $b_{ij} \in R$ 及 $n_j \in N$ 使得 $f(m_i) = \sum_j b_{ij} n_j$ ($\forall i$) 且 $\sum_i r_i b_{ij} = 0$ ($\forall j$)。我们可取 $\{r_i\}$ 为 p^{n-1} 的一个极小生成元组, 这样就有 $b_{ij} \in p$ ($\forall i, j$)。于是 $f(m_i) \in pN$, $\bar{f}(\bar{m}_i) = 0$, 故 $\bar{m}_i = 0$, 即 $m_i \in \ker(f)$, 从而由上面所证明的 $n = 1$ 的情形得 $m_i \in pM$, 故 $m \in p^n M$。

由 N 在 R 上平坦及 (1) 得 $Tor_1^R(R/p, C) = 0$, 且注 1.1 中的条件 iii) 成立, 故由命题 1.1.iii) 得 C 为 R-平坦的。证毕。

注意由 i) 可得 M 是 R-平坦的。

推论 1.2. 设 $f : R \to A$ 为诺特环的同态, M 为有限生成的 A-模且为 R-平坦的, $a \neq 0 \in A$。若对 A 的任一极大理想 P, a 是 $M/f^{-1}(P)M$ 的非零因子, 则 a

是 M 的非零因子且 M/aM 为 R-平坦的。特别地, 若 $A=R[x_1,\cdots,x_n]$ 而 a 的系数生成 R 的单位理想, 则 a 在 A 中非零因子且 A/aA 为 R-平坦的。

证.　只需证明对 A 的任一极大理想 P, a 是 M_P 的非零因子且 M_P/aM_P 是 $R_{f^{-1}(P)}$-平坦的, 故不妨设 R,A 为局部环而 f 是局部同态。将命题 1.2 应用于 $a\cdot:M\to M$, 即得 $a\cdot$ 为单射 (或 a 不是 M 的零因子) 且 M/aM 是 R-平坦的。证毕。

2. 正则列与深度

设 $I\subset R$ 为理想, M 为 R-模。一个序列 $a_1,\cdots,a_n\in I$ 称作 **M-正则的**, 如果每个 a_i $(1\leqslant i\leqslant n)$ 不是 $M/(a_1,\cdots,a_{i-1})M$ 的零因子 (即 $a_i\cdot:M/(a_1,\cdots,a_{i-1})M\to M/(a_1,\cdots,a_{i-1})M$ 为单射)。

引理 2.1.　下列条件等价:

i) 对任意有限生成 R-模 N, 若 $\mathrm{Supp}(N)\subset V(I)$, 则 $Ext^i_R(N,M)=0$ $(i<n)$;

ii) $Ext^i_R(R/I,M)=0$ $(i<n)$;

iii) I 中存在长度为 n 的 M-正则列。

证.　i)⇒ii): 平凡。

ii)⇒iii): 对 n 用归纳法。当 $n=1$ 时, 若 I 中的非零元都是 M 的零因子, 则

$$I\subset\bigcup_{P\in\mathrm{Ass}_R(M)}P$$

故存在 $P\in\mathrm{Ass}_R(M)$ 使得 $I\subset P$, 这样就存在非零同态 $R/I\twoheadrightarrow R/P\hookrightarrow M$, 即 $0\neq Hom_R(R/I,M)=Ext^0_R(R/I,M)$, 与所设矛盾。

设 $n>1$, 则可取 M 的非零因子 $a_1\in I$, 故有正合列

$$0\to M\xrightarrow{a_1\cdot}M\to M/a_1M\to 0$$

由命题 XIII.2.1 有正合列

$$\begin{aligned}\cdots\to Ext^{i-1}_R(R/I,M)&\to Ext^{i-1}_R(R/I,M/a_1M)\\&\to Ext^i_R(R/I,M)\to\cdots\end{aligned}\tag{2}$$

而当 $i<n-1$ 时 $Ext^{i+1}_R(R/I,M)=Ext^i_R(R/I,M)=0$, 故 $Ext^i_R(R/I,M/a_1M)=0$。由归纳法 I 中有长度为 $n-1$ 的 (M/a_1M)-正则列 $a_2,\cdots,a_n$, 于是 $a_1,\cdots,a_n\in I$ 就是长为 n 的 M-正则列。

iii)⇒i): 仍对 n 用归纳法, $n=0$ 的情形是平凡的。设 $a_1\in I$ 是 M 的非零因子, 则由归纳法假设有 $Ext^i_R(N,M/a_1M)=Ext^i_R(N,M)=0$ $(i<n-1)$, 且和 (2)

同样的理由有正合列

$$0 = Ext_R^{n-2}(N, M/a_1M) \to Ext_R^{n-1}(N, M) \xrightarrow{a_1\cdot} Ext_R^{n-1}(N, M)$$

但 $a_1 \in I \subset \sqrt{\mathrm{Ann}_R(N)}$, 故存在 $r > 0$ 使得 $a_1^r \in \mathrm{Ann}_R(N)$, 于是 $a_1^r \cdot Ext_R^{n-1}(N, M) = 0$ (因为显然零态射诱导同调的零态射), 从而 $Ext_R^{n-1}(N, M) = 0$。证毕。

推论 2.1. 若 M-正则列 $a_1, \cdots, a_n \in I$ 为极大的 (即 I 中没有 $M/(a_1, \cdots, a_n)M$ 的非零因子), 则 $Ext_R^n(R/I, M) \neq 0$。

证. 当 $n = 0$ 时由引理 2.1 中 ii)⇒iii) 的证明有 $Ext_R^0(R/I, M) \neq 0$。当 $n > 0$ 时对 n 用归纳法, 由 (2) 及归纳法假设有 $0 \neq Ext_R^{n-1}(R/I, M/a_1M) \hookrightarrow Ext_R^n(R/I, M)$。证毕。

由此可见, 极大 M-正则列的长度不依赖于正则列的选择, 我们称之为 M 在 I 中的*深度*, 记作 $\mathrm{depth}_I(M)$。若 R 是局部环而 I 是极大理想, 则记 $\mathrm{depth}(M) = \mathrm{depth}_I(M)$, 并称之为 M 的*深度*。(故 $\mathrm{depth}_I(0) = \infty$。) 若 $M \neq 0$, 则由引理 2.1, $\mathrm{depth}_I(M)$ 等于使 $Ext_R^i(R/I, M) = 0$ $(i < n)$ 的最大 n。此外, $\mathrm{depth}_I(M) = 0$ 当且仅当 I 含于 M 的一个伴随素理想中; 若 $a \in I$ 是 M 的非零因子, 则 $\mathrm{depth}_I(M/aM) = \mathrm{depth}_I(M) - 1$。

若 R 是局部环而 I 是极大理想, 则对 I 中的任一非零因子 a, 由命题 X.2.1 有 $\dim(R/(a)) = \dim(R) - 1$, 故由归纳法得 $\mathrm{depth}(R) \leqslant \dim(R)$。更一般地有如下结论。

命题 2.1. 设 M 是局部环 R 上的模, $P \in \mathrm{Ass}_R(M)$, 则 $\mathrm{depth}(M) \leqslant \dim(R/P)$。

证. 我们对 $n = \dim(R/P)$ 用归纳法。若 $n = 0$, 则 P 是极大理想, 而 P 中的非零元都是 M 的零因子, 故 $\mathrm{depth}(M) = 0$。若 $n > 0$ 且 $\mathrm{depth}(M) > 0$, 在极大理想中任取 M 的非零因子 a, 则 $a \notin P$, 故 $\dim(R/(P, a)) = \dim(R/P) - 1$。另一方面, 存在 $m \in M$ 使得 $\mathrm{Ann}_R(m) = P$。若 $m \in aM$, 则因 $\bigcap_r a^r M = 0$ (推论 IX.1.1), 存在 $r > 0$ 使得 $m \in a^r M - a^{r+1} M$, 故 $m = a^r m'$, $m' \notin aM$, 且 $\mathrm{Ann}_R(m') = P$。令 $m_1 \neq 0$ 为 m' 在 M/aM 中的象, 则 $\mathrm{Ann}_R(m_1) \supset (P, a)$, 故由引理 V.1.1 存在 $Q \in \mathrm{Ass}_R(M/aM)$ 使得 $(P, a) \subset Q$。于是由归纳法假设得

$$\mathrm{depth}(M) - 1 = \mathrm{depth}(M/aM) \leqslant \dim(R/Q) \leqslant \dim(R/P) - 1$$

即 $\mathrm{depth}(M) \leqslant \dim(R/P)$。证毕。

若局部环 R 满足 $\mathrm{depth}(R) = \dim(R)$, 则称 R 为*科恩–麦考莱* (简记为 C.M.) 环; 一般地, 一个环 R 称为 C.M., 如果对任一 $P \in \mathrm{Spec}(R)$, R_P 是 C.M.。

推论 2.2. 若 R 是 C.M. 局部环, 则

i) 对任意 $p \in \mathrm{Ass}_R(R)$ 有 $\mathrm{depth}(R) = \dim(R/p)$, 特别地 p 是极小的。

ii) 若 $a_1, \cdots, a_r$ 是 R-正则列, 则 $R/(a_1, \cdots, a_r)$ 为 C.M. 且 $\dim(R/(a_1, \cdots, a_r) = \dim(R) - r$。

iii) 若 $p \in \mathrm{Spec}(R)$, 则 R_p 是 C.M.。

证. i) 由命题 2.1 有 $\dim(R/p) \geqslant \mathrm{depth}(R) = \dim(R) \geqslant \dim(R/p)$;

ii) 显然;

iii) 若 $\mathrm{ht}(p) > 0$, 则由 i) 存在非零因子 $a \in p$, 于是 a 也是 R_p 的非零因子, 再对 R/aR 用归纳法。证毕。

例 2.1. 设 k 是域, $R = k[x, y]/(x^2, xy)$, $P = (x, y)$, 则 $\dim(R_P) = 1$, 而由例 V.2.3 有 $\mathrm{depth}(R_P) = 0$。

命题 2.2. 设 R, A 为局部环, p, P 分别为其极大理想, $f : R \to A$ 为局部同态, M 为 R-模, N 为 A-模且为 R-平坦的, 则

$$\mathrm{depth}_P(M \otimes_R N) = \mathrm{depth}_p(M) + \mathrm{depth}_P(N/pN)$$

证. 我们对 $n = \mathrm{depth}_p(M) + \mathrm{depth}_P(N/pN)$ 用归纳法。当 $n = 0$ 时, $P \in \mathrm{Ass}_P(N/pN)$, 故由引理 VII.2.2.ii) 可知 $P \in \mathrm{Ass}_P(M \otimes_R N)$, 从而

$$\mathrm{depth}_P(M \otimes_R N) = 0$$

若 $\mathrm{depth}_p(M) > 0$, 取 M 的非零因子 $a \in p$, 则 $f(a)$ 是 $M \otimes_R N$ 的非零因子, 对 M/aM 用归纳法假设得 $\mathrm{depth}_P(M \otimes_R N/aM \otimes_R N) = \mathrm{depth}_P(M \otimes_R N) - 1$。

若 $\mathrm{depth}_P(N/pN) > 0$, 取 N/pN 的非零因子 $b \in P$。将命题 1.2 应用于 $b\cdot : N \to N$, 即得 N/bN 是 R-平坦的。于是有正合列 $0 = Tor_1^R(M, N/bN) \to M \otimes_R N \xrightarrow{b\cdot} M \otimes_R N$, 即 b 是 $M \otimes_R N$ 的非零因子, 从而 $\mathrm{depth}_P(M \otimes_R N/bM \otimes_R N) = \mathrm{depth}_P(M \otimes_R N) - 1$。证毕。

推论 2.3. 若 $R \to A$ 是局部环的平坦局部同态, $p \subset R$ 为极大理想, 则 $\mathrm{depth}(A) = \mathrm{depth}(R) + \mathrm{depth}(A/pA)$。特别地, A 是 C.M. 当且仅当 R 和 A/pA 都是 C.M.。

证. 对 $M = R$, $N = A$ 应用命题 2.2 即得第一个断言。对第二个断言, 注意由引理 X.3.1 有 $\dim(A) = \dim(R) + \dim(A/pA)$。证毕。

命题 2.3. 设 M 为 R-模, $I \subset R$ 为理想, $a_1, \cdots, a_r \in I$ 为 M-正则列。若对 M 的任一商模 N 有 $\bigcap\limits_n a_i^n N = 0$ $(1 \leqslant i \leqslant r)$, 则 $a_1, \cdots, a_r$ 的任意置换仍是 M-正则列。

证. 只需证明对任意 $i < r$, $a_1, \cdots, a_{i-1}, a_{i+1}, a_i, a_{i+2}, \cdots, a_r$ 是 M-正则的。由于 $a_1, \cdots, a_{i-1}$ 是 M-正则的, 只需证明 $a_{i+1}, a_i, a_{i+2}, \cdots, a_r$ 是 $(M/(a_1, \cdots, a_{i-1})M)$-正则的, 故可将 M 换成 $M/(a_1, \cdots, a_{i-1})M$, 即假定 $i = 1$。我们需要证明 a_2 是 M 的非零因子且 a_1 是 M/a_2M 的非零因子。

若对 $m \neq 0 \in M$ 有 $a_2m = 0$, 由所设存在 $n > 0$ 使得 $m \in a_1^rN - a_1^{r+1}N$, 即存在 $m' \in M - a_1M$ 使得 $m = a_1^rm'$。因 a_1 不是 M 的零因子有 $a_2m' = 0$, 从而 a_2 是 M/a_1M 的零因子, 与所设矛盾。

若 a_1 是 M/a_2M 的零因子, 则可取 $m \in M - a_2M$ 使得 $a_1m \in a_2M$。设 $a_1m = a_2m_1$, 则因 a_2 不是 M/a_1M 的零因子而 $a_2m_1 \in a_1M$, 有 $m_1 \in a_1M$。设 $m_1 = a_1m_2$, 则因 a_1 不是 M 的零因子有 $m = a_2m_2 \in a_2M$, 矛盾。证毕。

例 2.2. 设 k 为域, $R = k[x,y,z]$, $a_1 = x(y-1)$, $a_2 = y$, $a_3 = z(y-1)$, 则 a_1, a_2, a_3 为 $I = (x,y,z)$ 中的 R-正则列, 但 a_1, a_3, a_2 却不是。

3. 科恩–麦考莱环

命题 3.1. 若 R 为 C.M., 则 R 上的多项式代数亦然。

证. 由归纳法只需考虑一个变元的多项式代数 $R[x]$。设 $P \in \mathrm{Spec}R[x]$, $p = P \cap R$, 我们在命题 X.4.1 的证明中已看到或者 $P = pR[x]$, 或者 $\mathrm{ht}(P/pR[x]) = 1$。在后一情形, 可取首一多项式 $f \in R_p[x]$ 使得 $PR_p = (p, f)$ (因为 $R_p[x]/pR_p[x] \cong \kappa(p)[x]$)。设 $a_1, \cdots, a_r$ 为 R_p-正则列 ($r = \mathrm{ht}(p)$), 则 $a_1, \cdots, a_r$ 也是 $R_p[x]$-正则列, 且在后一情形由推论 1.2 可知 f 不是 $R_p/(a_1, \cdots, a_r)[x]$ 的零因子。故在任何情形下都有 $\dim(R[x]_P) = \mathrm{depth}(R[x]_P)$。证毕。

引理 3.1. 设 R 是局部环, $a_1, \cdots, a_r$ 为 R 的极大理想中的元, $I = (a_1, \cdots, a_r)$。则 $a_1, \cdots, a_r$ 为 R-正则列当且仅当典范同态 $R/I[x_1, \cdots, x_r] \to \mathrm{gr}^I(R)$ 是同构。

证. 必要性: 我们对 r 用归纳法, $r = 0$ 的情形是平凡的。设 $r > 0$, 记 $J = (a_1, \cdots, a_{r-1}) \subset R$。我们要证明的是对任一 n 次齐次多项式 $f \in R[x_1, \cdots, x_r]$, 若 $f(a_1, \cdots, a_r) \in I^{n+1}$, 则 $f \in IR[x_1, \cdots, x_r]$。易见存在 n 次齐次多项式 $f_0 \in IR[x_1, \cdots, x_r]$ 使得 $f(a_1, \cdots, a_r) = f_0(a_1, \cdots, a_r)$, 故不妨用 $f - f_0$ 代替 f, 而假设 $f(a_1, \cdots, a_r) = 0$。设 f 作为 x_r 的多项式的次数为 d, 则 $f = x_r^dg + f_1$, 其中 g 是 $x_1, \cdots, x_{r-1}$ 的 $n-d$ 次齐次多项式, 而 f_1 作为 x_r 的多项式的次数小于 d。我们再对 d 用归纳法, 当 $d = 0$ 时由对 r 的归纳法假设得 $f \in JR[x_1, \cdots, x_{r-1}]$。若 $d > 0$, 则易见 $a_r^dg(a_1, \cdots, a_{r-1}) = -f_1(a_1, \cdots, a_r) \in J^{n-d+1}$, 故由对 r 的归纳法假设得 $a_r^dg \in JR[x_1, \cdots, x_{r-1}]$。由所设 a_r 是 R/J 的非零因子, 换言之若 $a_rb \in J$, 则 $b \in J$, 因而 $g \in JR[x_1, \cdots, x_{r-1}]$。因此我们可取 $x_1, \cdots, x_{r-1}$ 的 $n-d+1$ 次齐次多项式 h 使得 $h(a_1, \cdots, a_{r-1}) = g(a_1, \cdots, a_{r-1})$。令 $f_2 = a_rx_r^{d-1}h + f_1$, 则 f_2 是 n 次齐次的且 $f_2(a_1, \cdots, a_r) = f(a_1, \cdots, a_r) = 0$, 故由对 d 的归纳法假设有 $f_2 \in IR[x_1, \cdots, x_r]$, 从而 $f = f_2 - a_rx_r^{d-1}h + x_r^dg \in IR[x_1, \cdots, x_r]$。

充分性: 仍对 r 用归纳法, $r = 0$ 的情形是平凡的。若 $r > 0$, 首先注意 a_1 是非零因子, 因若 $a_1b = 0$ 而 $b \neq 0$, 则存在 n 使得 $b \in I^n - I^{n+1}$, 故有系数不全在

I 中的 n 次齐次多项式 $g \in R[x_1, \cdots, x_r]$ 使得 $b = g(a_1, \cdots, a_r)$; 令 $h = x_1 g$, 则 $h(a_1, \cdots, a_r) = 0$ 而 $h \notin IR[x_1, \cdots, x_r]$, 与所设矛盾。

为使用归纳法假设我们只需再验证 $R/I[x_2, \cdots, x_r] \to \mathrm{gr}^{I/(a_1)}(R/(a_1))$ 是同构即可。注意

$$\mathrm{gr}^{I/(a_1)}(R/(a_1)) = \bigoplus_{n=0}^{\infty}((a_1) + I^n)/((a_1) + I^{n+1})$$

设 n 次齐次多项式 $f \in R[x_2, \cdots, x_r]$ 满足 $f(a_2, \cdots, a_r) \in (a_1) + I^{n+1}$, 或 $f(a_2, \cdots, a_r) = a_1 b + c$ $(c \in I^{n+1})$。若 $b \in I^n$, 则 $f(a_2, \cdots, a_r) \in I^{n+1}$, 故由所设有 $f \in IR[x_2, \cdots, x_r]$。若 $b \notin I^n$, 则存在 $m < n$ 使得 $b \in I^m - I^{m+1}$, 故可取一个系数不全在 I 中的 m 次齐次多项式 $g \in R[x_1, \cdots, x_r]$ 使得 $b = g(a_1, \cdots, a_r)$, 于是 $a_1 g(a_1, \cdots, a_r) = f(a_2, \cdots, a_r) - c \in I^n$, 从而由所设 $m \geqslant n - 1$, 故 $m = n - 1$; 再由 $f(a_2, \cdots, a_r) - a_1 g(a_1, \cdots, a_r) = c \in I^{n+1}$ 及所设得 $f - x_1 g \in IR[x_1, \cdots, x_r]$, 故仍有 $f \in IR[x_2, \cdots, x_r]$。证毕。

由此立得如下结论。

推论 3.1. 设 R 为 n 维诺特局部环, 则 R 为 C.M. 当且仅当存在由 n 个元生成的定义理想 I 使得 $R/I[x_1, \cdots, x_n] \to \mathrm{gr}^I(R)$ 是同构。

命题 3.2. 设 R 为 C.M. 局部环, 则

i) 对任意理想 $I \subsetneq R$ 有 $\mathrm{ht}(I) + \dim(R/I) = \dim(R)$;

ii) 若 $p, q \in \mathrm{Spec}(R)$, $p \supset q$, 则 $\mathrm{ht}(p) = \mathrm{ht}(q) + \mathrm{ht}(p/q)$;

iii) 一列元素 $a_1, \cdots, a_r \in R$ 是 R-正则的当且仅当 $\mathrm{ht}((a_1, \cdots, a_r)) = r$, 且此时 $R/(a_1, \cdots, a_r)$ 的每个伴随素理想具有高度 r。

证. i) 由定义 X.1.1, 不妨设 I 是素理想。对 $\mathrm{ht}(I)$ 用归纳法。若 $\mathrm{ht}(I) = 0$, 则由推论 2.2.i) 得 $\dim(R/I) = \dim(R)$。若 $\mathrm{ht}(I) > 0$, 则由推论 2.2.i) 可取非零因子 $a \in I$, 而由推论 2.2.ii), iii) 有 $\dim(R/(a)) = \dim(R) - 1$, $\mathrm{ht}(I/(a)) = \dim(R_I/aR_I) = \dim(R_I) - 1 = \mathrm{ht}(I) - 1$, 故由归纳法假设有 $\mathrm{ht}(I) - 1 + \dim(R/I) = \dim(R) - 1$。

ii) 由 i) 和推论 2.2.iii) 有

$$\mathrm{ht}(p) = \dim(R_p) = \mathrm{ht}(qR_p) + \dim(R_p/qR_p) = \mathrm{ht}(q) + \mathrm{ht}(p/q)$$

iii) 第一个断言的必要性由 i) 和推论 2.2.ii) 立得; 注意 $p \in \mathrm{Ass}_R(R/(a_1, \cdots, a_r))$ 当且仅当 $p/(a_1, \cdots, a_r) \in \mathrm{Ass}_{R/(a_1, \cdots, a_r)}(R/(a_1, \cdots, a_r))$, 故由 i) 和推论 2.2.i), ii) 得第二个断言。

为证明第一个断言的充分性, 我们对 r 用归纳法。由命题 X.2.1 有 $\mathrm{ht}((a_1, \cdots, a_{r-1})) = r - 1$ (否则由 i) 有 $\dim(R/(a_1, \cdots, a_{r-1})) > \dim(R) - r + 1$, 从而 $\dim(R/(a_1, \cdots, a_r)) > \dim(R) - r$, 再由 i) 有 $\mathrm{ht}((a_1, \cdots, a_r)) < r$, 矛盾), 故由归纳法假设 $a_1, \cdots, a_{r-1}$ 是 R-正则列。若 a_r 是 $R/(a_1, \cdots, a_{r-1})$ 的零因子, 则 a_r 在

$R/(a_1,\cdots,a_{r-1})$ 的某个伴随素理想 p 中, 故由第二个断言有 $\mathrm{ht}((a_1,\cdots,a_r))\leqslant \mathrm{ht}(p)=r-1$, 矛盾。证毕。

习 题 XIV

XIV.1 设 M 为平坦 R-模。证明对任意 R-模 N,N' 及任意 n 有

$$Tor_n^R(N,N'\otimes_R M)\cong Tor_n^R(N,N')\otimes_R M$$

XIV.2 设 $f:R\to A$ 为环同态, M 为 R-模而 N 为 A-模。证明:

i) 设 $P\in\mathrm{Spec}(A)$ 而 $p=f^{-1}(P)$, 则对任意 n 有

$$(Tor_n^R(M,N))_P\cong Tor_n^{R_p}(M_p,N_P)$$

此外若 R 为诺特环而 M 为有限生成的 R-模, 则对任意 n 有

$$(Ext_R^n(M,N))_P\cong Ext_{R_p}^n(M_p,N_P)$$

ii) f 为平坦当且仅当对任意极大理想 $P\subset A$, A_P 在 R_p 上平坦, 其中 $p=f^{-1}(P)$。

iii) 若 f 平坦, 则对任意 n 有

$$Tor_n^A(M\otimes_R A,N)\cong Tor_n^R(M,N), Ext_A^n(M\otimes_R A,N)\cong Ext_R^n(M,N)$$

XIV.3 设 $R\to A\to B$ 为诺特局部环的局部同态, $P\subset R$ 为极大理想。假设 A,B 在 R 上平坦而 B/PB 在 A/PA 上平坦。证明 B 在 A 上平坦。

XIV.4 设 R 为诺特局部环, P 为其极大理想, $k=R/P$。一个有限生成 R-模的同态 $f:M\to N$ 称作*极小的*, 如果 $f\otimes\mathrm{id}_k:M/PM\to N/PN$ 为同构。证明:

i) f 为极小当且仅当 f 为满射且 $\ker(f)\subset PM$;

ii) 对任意有限生成的 R-模 M, 存在极小同态 $f:F\to M$, 其中 F 为自由模;

iii) 在 ii) 中, 若 $K=\ker(f)$ 是平坦的, 则对任意 n, 诱导同态 $\mathrm{Ext}_R^n(k,K)\to\mathrm{Ext}_R^n(k,F)$ 为 0。(提示: 此时 K 也是自由模, 故 $K\to F$ 可以表为一个矩阵, 其中的元都在 P 中。)

XIV.5 设 R 为有单位元的交换环, M 为具有有限展示的 (见 VII.1) R-模。证明对 R 的任意乘性子集 S 及任意 R-模 N 有 $Hom_R(M,S^{-1}N)\cong S^{-1}Hom_R(M,N)$, 并由此用同调的方法给出引理 VII.1.3 的另一个证明。

XIV.6 设 R 为诺特环, $I\subset R$ 为理想而 M 为有限生成的 R-模。证明:

i) $\mathrm{depth}_I(M)=\inf\limits_{\substack{p\in\mathrm{Spec}(R)\\ p\supset I}}\mathrm{depth}(M_p)$。(提示: 利用习题 XIV.2。)

ii) $\mathrm{depth}_I(M)=\infty$ 当且仅当 $M=IM$。

XIV.7 设 R 为诺特局部环而 M 为有限生成的 R-模。是否一定有 $\mathrm{depth}(M)\leqslant\mathrm{depth}(R)$?

XIV.8 设 R 为诺特环, $I\subset R$ 为理想, M,N 为有限生成的 R-模, 其中 M 是平坦的。证明 $\mathrm{depth}_I(N)\leqslant\mathrm{depth}_I(M\otimes_R N)$, 特别地有 $\mathrm{depth}_I(R)\leqslant\mathrm{depth}_I(M)$。

XIV.9* 设 R 为诺特环, M,N 为有限生成的 R-模。证明下列条件等价:

i) $Hom_R(M, N) = 0$;

ii) 任一 $P \in \mathrm{Ass}_R(M)$ 不包含于 N 的任何伴随素理想中;

iii) 对任意 $P \in \mathrm{Ass}_R(M)$ 有 $\mathrm{depth}_P(N) > 0$;

iv) 对任意 $P \in \mathrm{Ass}_R(M)$ 有 $Hom_R(R/P, N) = 0$。

XIV.10* 设 R 为戴德金环而 A 为有限生成的 R-代数。设 $P \subset P' \subset P'' \in \mathrm{Spec}(A)$。证明 $\mathrm{ht}(P''/P) = \mathrm{ht}(P''/P') + \mathrm{ht}(P'/P)$。

XIV.11 设 R 为诺特环, M, N, N' 为有限生成的 R-模, 其中 M 是平坦的。证明若 $Hom_R(N, N') = 0$ 则 $Hom_R(N, M \otimes_R N') = 0$。(提示: 利用习题 XIV.9。)

正规环与正则环

本章中的环都是诺特环。

1. 正规环

设 R 为环, $S \subset R$ 为 R 的所有非零因子的集合, 则 S 是乘子集。称 $S^{-1}R$ 为 R 的**全商环**。若 R 没有幂零元且 R 在 $S^{-1}R$ 中整闭, 则称 R 为**正规的**。

引理 1.1. 正规局部环是整环。

证. 用反证法, 设正规局部环 R 非整环。记 S 为 R 的非零因子的集合, $p_1, \cdots, p_n$ 为 R 的极小素理想全体, 则因 $N(R) = p_1 \cap \cdots \cap p_n = 0$, 有 $n > 1$, 且由定理 V.2.1 可知 $S = R - \bigcup_{i=1}^{n} p_i$。取 $a \in p_1 - p_2 \cup \cdots \cup p_n$, $b \in p_2 \cap \cdots \cap p_n - p_1$, 则 $ab = 0$ 而 $a + b \in S$ (因 $a + b$ 不属于任一 p_i)。易见 $\left(\dfrac{a}{a+b}\right)^2 - \dfrac{a}{a+b} = 0$, 故 $\dfrac{a}{a+b} \in S^{-1}R$ 在 R 上是整的, 于是由所设有 $\dfrac{a}{a+b} \in R$, 从而 $\dfrac{b}{a+b} = 1 - \dfrac{a}{a+b} \in R$。因 R 是局部环, $\dfrac{a}{a+b}$ 和 $\dfrac{b}{a+b}$ 中至少有一个是单位, 故 a 和 b 中至少有一个是单位, 与 $ab = 0$ 矛盾。证毕。

推论 1.1. 下列条件等价:

i) R 是正规环;

ii) 对 R 的任一极大理想 P, R_P 是整闭整环;

iii) $R \cong R_1 \times \cdots \times R_n$, 其中 $R_1, \cdots, R_n$ 为整闭整环。

证. i)⇒ii): 由引理 1.1 只需证明 R 的任一局部化仍是正规的。仍记 S 为 R 的非零因子的集合。设 $T \subset R$ 为乘性子集, 则易见 $(ST)^{-1}R$ 为 $T^{-1}R$ 的全商环 (注意 $(ST)^{-1}R$ 为 $S^{-1}R$ 的一个剩余类环)。设 $r/st \in (ST)^{-1}R$ ($r \in R$, $s \in S$, $t \in T$) 在 R 上是整的, 即存在首一多项式 $f \in R[x]$ 使得 $f(r/st) = 0$, 则存在 $t' \in R$ 使得 $t'r/s \in S^{-1}R$ 在 R 上是整的, 故 $t'r/s \in R$, 从而 $r/st \in T^{-1}R$。

ii)⇒iii): 由 ii) 可知任一极大理想 P 仅包含一个极小素理想, 故任两个极小素理想生成单位理想。设 $p_1, \cdots, p_n$ 为 R 的极小素理想全体, 则由中国剩余定理得

$R \cong R/p_1 \times \cdots \times R/p_n$, 于是每个 R/p_i 是 R 的局部化, 故由 i)⇒ii) 的证明可知 R/p_i 为整闭的。

iii)⇒i): 注意 $s = (s_1, \cdots, s_n) \in R_1 \times \cdots \times R_n$ 是非零因子当且仅当每个 $s_i \neq 0$, 此时对任意 $r = (r_1, \cdots, r_n) \in R$, r/s 在 R 上是整的 ⇔ 每个 r_i/s_i 在 R_i 上是整的 ⇔ $r_i/s_i \in R_i$ $(1 \leqslant i \leqslant n)$ ⇔ $r/s \in R$。证毕。

由命题 II.2.2, 若 R 是正规环则 $R[x]$ 也是正规的。

2. 正则环

设 R 是 n 维局部环, $P \subset R$ 为极大理想, $k = R/P$。若 P 由 n 个元生成, 则称 R 是**正则的**, 由中山正引理这等价于 $\dim_k(P/P^2) = n$ (注意由命题 X.2.1, P 的生成元个数不小于 n)。一般地, 一个环 R 称作**正则的**, 如果对任意极大理想 $P \subset R$, R_P 是正则的。

例 2.1. i) 一个域 k 上的多项式代数 $k[x_1, \cdots, x_n]$ 是正则的, 因为它的任一极大理想由 n 个元生成 (习题 III.2);

ii) 任一戴德金环是正则的;

iii) 域上的形式幂级数代数 $k[x_1, \cdots, x_n]$ 是正则的, 因为它是 n 维局部环且极大理想为 $(x_1, \cdots, x_n)$。

引理 2.1. 设 R 是诺特局部环, $P \subset R$ 为极大理想, 则 R 为正则环当且仅当对某个 d 有分次同构 $\mathrm{gr}^P(R) \cong R/P[x_1, \cdots, x_d]$ (此时有 $d = \dim(R)$)。

证. 记 $k = R/P$。

必要性: 设 $d = \dim(R)$, 则存在 P 的一组生成元 $a_1, \cdots, a_d$, 从而有满同态 $f: A = k[x_1, \cdots, x_d] \twoheadrightarrow \mathrm{gr}^P(R)$ 使得 $f(x_i) = \bar{a}_i \in P/P^2$ $(1 \leqslant i \leqslant d)$。若 $\ker(f) \neq 0$, 取 $\ker(f)$ 的一个非零齐次元 b, 则由命题 X.2.1 有 $\dim(R) = \deg(\chi_R^P) \leqslant \deg(\chi_{A/(b)}) = d - 1$, 矛盾。

充分性: 设 $f: A = k[x_1, \cdots, x_d] \to \mathrm{gr}^P(R)$ 为同构, 则 $\dim(R) = \deg(\chi_R^P) = \deg(\chi_A) = d$, 且 P/P^2 有一组生成元 $f(x_1), \cdots, f(x_d)$, 故由中山正引理 P 由 d 个元生成, 即 R 是正则的。证毕。

命题 2.1. 设 R 为 d 维正则局部环, $a_1, \cdots, a_d$ 为极大理想 P 的一组生成元, 则

i) R 是整环;

ii) $a_1, \cdots, a_d$ 是 R-正则列, 故 R 为 C.M.;

iii) 对任意 $i < d$, $(a_1, \cdots, a_i)$ 是素理想, 且 $R/(a_1, \cdots, a_i)$ 是正则的;

iv) 若 $Q \in \mathrm{Spec}(R)$ 使得 R/Q 是正则的, 则存在 P 的一组生成元 $b_1, \cdots, b_d$ 使得 $Q = (b_1, \cdots, b_i)$, 其中 $i = \mathrm{ht}(Q)$。

证. i) 设 $a, b \neq 0 \in R$, 则存在 r, s 使得 $a \in P^r - P^{r+1}$, $b \in P^s - P^{s+1}$。令 a^*, b^* 分别为 a, b 在 $P^r/P^{r+1} \subset \mathrm{gr}^P(R)$ 和 $P^s/P^{s+1} \subset \mathrm{gr}^P(R)$ 中的象, 则 $a^*, b^* \neq 0$。若 $ab = 0$, 则有 $a^*b^* = 0$, 而由引理 2.1 知 $\mathrm{gr}^P(R)$ 是整环, 矛盾。

ii) 由引理 2.1 和引理 XIV.2.1 立得。

iii) 由 ii) 和推论 XIV.1.2.ii) 有 $\dim(R/(a_1, \cdots, a_i)) = d - i$, 而 $P/(a_1, \cdots, a_i)$ 由 $a_{i+1}, \cdots, a_d$ 在 $R/(a_1, \cdots, a_i)$ 中的象生成, 故 $R/(a_1, \cdots, a_i)$ 为正则的。再由 i) 得 $(a_1, \cdots, a_i)$ 为素理想。

iv) 由命题 XIV.2.2.i) 有 $\dim(R/Q) = d - i$。记 $k = R/P$, $p = P/Q$, 则由所设有

$$\begin{aligned} d - i = \dim_k p/p^2 &= \dim_k P/(P^2 + Q) \\ &= \dim_k P/P^2 - \dim_k Q/(Q \cap P^2) \\ &= d - \dim_k Q/(Q \cap P^2) \end{aligned}$$

故 $\dim_k Q/(Q \cap P^2) = i$。取 $b_1, \cdots, b_i \in Q$ 生成 $Q/(Q \cap P^2)$, $b_{i+1}, \cdots, b_d \in P$ 生成 $P/(P^2 + Q)$, 则 $b_1, \cdots, b_d$ 生成 P。由 iii) 可知 $(b_1, \cdots, b_i)$ 为 (高度 i 的) 素理想, 故等于 Q。证毕。

我们将用下面的记号: 设 R 为诺特环, 记性质

(S_n) $\mathrm{depth}(R_p) \geqslant \inf(n, \mathrm{ht}(p))$ $(\forall p \in \mathrm{Spec}(R))$;

(R_n) 对任意 $p \in \mathrm{Spec}(R)$, 若 $\mathrm{ht}(p) \leqslant n$, 则 R_p 是正则的。

(S_0) 是永真的; (S_1) 等价于 R 没有嵌入素理想 (即伴随素理想都是极小的); R 为 C.M. 当且仅当所有 (S_n) 成立; R 为既约的当且仅当 (R_0) 和 (S_1) 成立 (由定理 V.2.1, 若 $p \in \mathrm{Ass}_R(R)$ 是极小的, 则 R_p 是整环当且仅当在 (0) 的准素分解中出现 p)。

命题 2.2. 一个诺特环 R 是正规的当且仅当 (R_1) 和 (S_2) 成立。若 R 是正规整环 (即整闭整环), 则

$$R = \bigcap_{\substack{p \in \mathrm{Spec}(R) \\ \mathrm{ht}(p) = 1}} R_p$$

证. 先证第一个断言。

必要性: 由推论 1.1 不妨设 R 是整环。设 $p \in \mathrm{Spec}(R)$, $\mathrm{ht}(p) = 1$, 则 R_p 为戴德金环, 故由引理 IV.3.1 知 R_p 是 DVR, 这就证明了 (R_1)。为证明 (S_2), 不妨设 R 是维数大于 1 的局部环, $p \in R$ 为极大理想, 只需证明对任意非零元 $a \in R$ 有 $p \notin \mathrm{Ass}_R(RR/(a))$。用反证法, 设有 $b \in R - (a)$ 使得 $\mathrm{Ann}_R(\bar{b}) = p$ ($\bar{b}$ 为 b 在 $R/(a)$ 中的象)。令 $s = b/a \in \mathrm{q.f.}(R)$, 则 $s \notin R$ 且 $sp \subset R$。由 R 的整闭性有 $sp \not\subset p$ (否则由引理 II.1.1 有 $s \in R$, 从而 $b \in (a)$, 矛盾), 故 $sp = R$, 从而 $s^{-1} \in R$ 且 $p = (s^{-1})$。由推论 X.2.1 有 $\dim(R) = \mathrm{ht}(p) \leqslant 1$, 与所设矛盾。

充分性: 记 S 为 R 的非零因子的集合, 则对任意 $a \in S$, 由 (S_2) 任意 $p \in \mathrm{Ass}_R(R/(a))$ 的高度为 1, 从而由 (R_1) 得 R_p 为 DVR。设有 $b \in R$ 使得 b/a 在 R 上是整的, 则有 $bR_p \subset aR_p$, 即存在 $s \in R - p$ 使得 $sb \in (a)$, 或 $\mathrm{Ann}_R(\bar{b}) \not\subset p$ ($\bar{b}$ 为 b 在 $R/(a)$ 中的象), 故 $\bar{b} = 0$, 从而 $b/a \in R$。

由此还可见 $b/a \in R$ 当且仅当

$$b/a \in \bigcap_{p \in \mathrm{Ass}_R(R/(a))} R_p,$$

而每个 $p \in \mathrm{Ass}_R(R/(a))$ 的高度为 1, 故有

$$R = \bigcap_{\substack{p \in \mathrm{Spec}(R) \\ \mathrm{ht}(p)=1}} R_p。$$

证毕。

设 M 为 R-模。若存在有限长的投射预解 $0 \to P_n \to \cdots \to P_0 \to M \to 0$, 则称最短的投射预解的长度 n 为 M 的**投射维数**, 记为 $\mathrm{proj.dim}(M)$ (若 M 没有有限长投射预解, 则令 $\mathrm{proj.dim}(M) = \infty$)。对偶地可定义**内射维数** $\mathrm{inj.dim}(M)$。易见 $\mathrm{proj.dim}(M) =$ 最小的 n 使得对任意 $m > n$ 及任意 R-模 N 有 $Ext_R^m(M, N) = 0$。

引理 2.2. (Auslander-Buchsbaum) 设 R 为诺特局部环, $M \neq 0$ 为有限生成的 R-模使得 $\mathrm{proj.dim}(M) < \infty$, 则

$$\mathrm{proj.dim}(M) + \mathrm{depth}(M) = \mathrm{depth}(R)$$

证. 令 $P \subset R$ 为极大理想, $k = R/P$。对 $n = \mathrm{proj.dim}(M)$ 用归纳法。若 $n = 0$, 则 M 是投射模, 故为自由模 (推论 VII.1.2), 因而 $\mathrm{depth}(M) = \mathrm{depth}(R)$。

若 $n > 0$, 则可取满同态 $f: R^{\oplus r} \twoheadrightarrow M$, 其中 $r = \dim_k M/PM$。令 $K = \ker(f)$, 则 $K \subset P^{\oplus r}$, 且易见 $\mathrm{proj.dim}(K) = n - 1$, 故由归纳法假设有 $n - 1 + \mathrm{depth}(K) = \mathrm{depth}(R)$。由引理 XIV.1.1 及命题 XIII.2.1 得 $Ext_R^i(k, M) = 0$ ($\forall i < \mathrm{depth}(K) - 1$)。若 $n > 1$, 则由推论 XIV.1.1 还有

$$Ext_R^{\mathrm{depth}(K)-1}(k, M) \cong Ext_R^{\mathrm{depth}(K)}(k, K) \neq 0 \tag{1}$$

若 $n = 1$, 则 K 为非零自由模。由习题 XIV.4.iii) 可知对任意 $i \geqslant 0$, $Ext_R^i(k, K) \to Ext_R^i(k, R^{\oplus r})$ 是零同态, 故 $Ext_R^0(k, K) = 0$, 从而 $\mathrm{depth}(R) = \mathrm{depth}(K) > 0$, 且 (1) 仍成立。

由引理 XIV.1.1 得 $\mathrm{depth}(M) = \mathrm{depth}(K) - 1$, 故 $\mathrm{proj.dim}(M) + \mathrm{depth}(M) = \mathrm{depth}(R)$。证毕。

引理 2.3. 对任一环 R 下列条件等价:

i) 对任意 R-模 M 有 $\text{proj.dim}(M) \leqslant n$;

ii) 对任意有限生成的 R-模 M 有 $\text{proj.dim}(M) \leqslant n$;

iii) 对任意 R-模 N 有 $\text{inj.dim}(M) \leqslant n$;

iv) 对任意 R-模 M, N 有 $Ext_R^{n+1}(M,N) = 0$。

证. i)⇒ii): 平庸。

ii)⇒iii): 取正合列 $0 \to N \to I^0 \to \cdots \to I^{n-1} \to C \to 0$, 其中 $I^0, \cdots, I^{n-1}$ 为内射模, 则由命题 XIII.2.1 用归纳法易得 $Ext_R^1(M,C) \cong Ext_R^{n+1}(M,N)$ 对任意 R-模 M 成立, 而由 ii) 对任意有限生成的 R-模 M 有 $Ext_R^{n+1}(M,N) = 0$。若 $0 \to M' \to M \to M'' \to 0$ 为 R-模正合列且 M'' 为有限生成的, 则由命题 XIII.2.1 有正合列 $Hom_R(M,C) \to Hom_R(M',C) \to Ext_R^1(M'',C) = 0$, 即任意同态 $M' \to C$ 可以扩张到 M 上, 故由佐恩引理可得 C 是内射的。

iii)⇒iv): 显然。

iv)⇒i): 取正合列 $0 \to K \to P_{n-1} \to \cdots \to P_0 \to M \to 0$, 其中 $P_0, \cdots, P_{n-1}$ 为投射模, 则由命题 XIII.2.1 用归纳法易得 $Ext_R^1(K,N) \cong Ext_R^{n+1}(M,N) = 0$ 对任意 R-模 N 成立, 故由引理 XIII.3.2 可得 K 是投射的。证毕。

我们定义 R 的**整体维数**为

$$\text{gl.dim}(R) = \sup_M \ \text{proj.dim}(M) = \sup_M \ \text{inj.dim}(M) \tag{2}$$

不难验证 $\text{gl.dim}(R) = \sup\limits_{p \in \text{Spec}(R)} \text{gl.dim}(R_p)$ (留给读者作为习题)。

引理 2.4. 设 R 为诺特局部环, P 为 R 的极大理想, $k = R/P$, 则

$$\text{gl.dim}(R) = \text{proj.dim}(k) = \text{使} Tor_{n+1}^R(k,k) = 0 \text{ 的最小 } n$$

证. 首先我们证明对任意有限生成的 R-模 M, $\text{proj.dim}(M) \leqslant n$ 当且仅当 $Tor_{n+1}^R(M,k) = 0$。由命题 XIII.2.1 及归纳法可归结为 $n = 0$ 的情形, 这由命题 XIV.1.1.iii) 和推论 VII.1.2 立得。

若 $Tor_{n+1}^R(k,k) = 0$, 则 $\text{proj.dim}(k) \leqslant n$, 从而对任意有限生成的 R-模有 $Tor_{n+1}^R(M,k) = 0$, 于是又有 $\text{proj.dim}(M) \leqslant n$, 故 $\text{gl.dim}(R) \leqslant n$。证毕。

设 $C., D.$ 为两个 R-模复形 (分别到 C_0, D_0 为止), 则 $C. \otimes_R D.$ 为 R-模双复形 (参看 XIII.4), 称 $\text{Tot}(C. \otimes_R D.)$ 为 $C.$ 和 $D.$ 在 R 上的**张量积**。由此还可以定义多个复形的张量积。

设 R 为局部环, $P \subset R$ 为极大理想。对任一组 $a_1, \cdots, a_r \in P$, 定义其**科斯居尔复形** $K.$ 为所有复形 $0 \to R \xrightarrow{a_i} R \to 0$ 在 R 上的张量积。注意 $K_i \cong R^{\oplus\binom{r}{i}}$, 且

$\mathrm{coker}(d_1^K) \cong R/(a_1, \cdots, a_r)$。每个 d_i^K 可以表为一个 $\binom{r}{i} \times \binom{r}{i-1}$ 矩阵, 其中每个元为某个 $\pm a_i$ 或 0, 但每个 a_i 在每行或每列至多出现一次, 且每行都不全是 0, 特别地有 $\mathrm{im}(d_i^K) \subset PK_{i-1}$。记 $\bar{a}_i$ 为 a_i 在 P/P^2 中的象, 则 d_i^K 模 P 所诱导的同态 $\delta : (K_i/PK_i) \to P/P^2 \otimes_R K_{i-1}$ 也可以表为一个 $(P/P^2$ 上的$)$ $\binom{r}{i} \times \binom{r}{i-1}$ 矩阵 T, 其中每个元为某个 $\pm\bar{a}_i$ 或 0, 由上所述可见若 $\bar{a}_1, \cdots, \bar{a}_r$ 在 R/P 上线性无关, 则 T 的行向量在 R/P 上线性无关, 故此时 δ 是单射。

令 $K.$ 为 P 的一个极小生成元组 $a_1, \cdots, a_r$ 的科斯居尔复形。由习题 XIV.4.ii) 可以构造一个 $k = R/P$ 的自由预解 $F.$ 使得 $\ker(d_i^F) \subset PF_i$ $(i > 0)$。由引理 XIII.2.1 的证法可见 id_k 诱导一个态射 $f. : K. \to F.$, 其中 f_0, f_1 为同构, 由命题 XIV.1.2 和 $R/P \otimes_R K_i \hookrightarrow P/P^2 \otimes_R K_{i-1}$ 还可见 f_i $(i > 1)$ 将 K_i 嵌入 F_i 作为一个直加项。注意 $d_i^F \otimes_R \mathrm{id}_k = 0$ $(i > 0)$, 故有 $Tor_i^R(k, k) \cong F_i \otimes_R k$ $(i \geqslant 0)$。

定理 2.1. (塞尔)　一个诺特局部环 R 是正则的当且仅当 $\mathrm{gl.dim}(R) < \infty$, 且此时有 $\mathrm{gl.dim}(R) = \dim(R)$。

证.　仍记 $P \subset R$ 为极大理想, $k = R/P$。

必要性: 由命题 XIII.2.1 不难推出, 若 M 为有限生成的 R-模而 $a \in P$ 是 M 的非零因子, 则 $\mathrm{proj.dim}(M/aM) = \mathrm{proj.dim}(M) + 1$。设 $a_1, \cdots, a_d$ 为 P 的一组生成元, 其中 $d = \dim(R)$, 则由归纳法有 $\mathrm{proj.dim}(R/P) = d < \infty$, 从而由引理 2.4 有 $\mathrm{gl.dim}(R) = \dim(R)$。

充分性: 设 $r = \dim_k P/P^2$。由上所述有 $Tor_i^R(k, k) \cong F_i/PF_i \supset K_i/PK_i \neq 0$ $(i \leqslant r)$, 从而由命题 X.2.1, 引理 2.2 和引理 2.4 有 $r \geqslant \dim(R) \geqslant \mathrm{depth}(R) = \mathrm{proj.dim}(k) \geqslant r$, 故 R 是正则的。证毕。

注 2.1.　设 $a_1, \cdots, a_r \in P$ 为 R-正则列, 则由归纳法不难验证其科斯居尔复形是 $R/(a_1, \cdots, a_r)$ 的一个自由预解 (习题 XV.7)。特别地, 若 R 是正则的而 $a_1, \cdots, a_r$ 是 P 的一个极小生成元组, 则其科斯居尔复形是 k 的一个自由预解。

推论 2.1.　若 R 是正则环, 则对任意 $p \in \mathrm{Spec}(R)$, R_p 是正则局部环, 故 R 满足所有 (R_n)。特别地, R 是正规的。

这是因为, 若 M 是 R_p-模而 $F.$ 是 M 作为 R-模的自由预解, 则 $(F.)_p$ 是 M 作为 R_p-模的自由预解。

推论 2.2.　若 R 是正则环, 则 R 上的多项式代数亦然。

证.　由归纳法只需证明 $R[x]$ 是正则的。设 $P \in \mathrm{Spec}(R[x])$, $p = P \cap R$, 则 R_p 是正则的, 故不妨设 $R = R_p$。记 $d = \dim(R)$。或者 $P = pR[x]$, 此时 $\mathrm{ht}(P) = d$ 且 P 由 p 的 d 个生成元生成; 或者 P 对应于 $R/p[x]$ 中的一个非零主理想, 此时 $\mathrm{ht}(P) = d + 1$ 且 P 由 $d + 1$ 个元生成, 故 $R[x]_P$ 是正则的。证毕。

定理 2.2. 设 R 为诺特局部环, $P \subset R$ 为极大理想, $R/P = k$。设 $A \supset R$ 为诺特 R-代数。

i) 若 R 是正则环且 A 作为 R-模是有限生成的, 则 A 在 R 上平坦当且仅当 A 是 C.M. 且 A 的极大理想的高度都等于 $\dim(R)$;

ii) 若 A 是正则局部环且 $R \to A$ 是平坦局部同态, 则 R 是正则的;

iii) 若 A 是局部环, $R \to A$ 是局部同态, R 与 A/PA 是正则的且 $\dim(A) = \dim(R) + \dim(A/PA)$, 则 A 是正则的且在 R 上平坦。

证. i) 必要性: 设 $Q \subset A$ 为极大理想, 则由定理 II.3.1.ii) 有 $Q \cap R = P$, 由推论 X.3.1.ii) 有 $\dim(A_Q) \leqslant \dim(A) = \dim(R)$, 由推论 XIV.1.3 有 $\operatorname{depth}(A_Q) \geqslant \operatorname{depth}(R)$ 且 A_Q 为 C.M., 故 $\dim(A_Q) = \dim(R)$。

充分性: 由定理 II.3.1.ii), A 中包含 PA 的素理想都是极大的, 故由所设 $d = \operatorname{ht}(PA) = \dim(R)$。设 $a_1, \cdots, a_d$ 为 P 的一组生成元, 则由命题 XIV.2.2.iii), 对任意极大理想 $Q \subset A$, $a_1, \cdots, a_d$ 为 A_Q-正则列, 从而为 A-正则列 (因 A 是所有 A_Q 的直和的子模)。这说明 A 作为 R-模具有深度 d。由定理 2.1, A 作为 R-模具有有限投射维数, 故由引理 2.2 有 $\operatorname{proj.dim}(A) = 0$, 即 A 是投射 R-模。

ii) 由例 XIV.1.1 得 $Tor_n^R(k,k) \otimes_R A \cong Tor_n^A(k \otimes_R A, k \otimes_R A)$, 而由定理 2.1, 当 $n > \dim A$ 时 $Tor_n^A(k \otimes_R A, k \otimes_R A) = 0$, 由推论 VII.2.1, A 在 R 上忠实平坦, 故 $Tor_n^R(k,k) = 0$。由引理 2.4 和定理 2.1 得 R 是正则的。

iii) 令 Q 为 A 的极大理想, $r = \dim(R)$, $s = \dim(A/PA)$。取 P 的一组生成元 $a_1, \cdots, a_r$ 及 $b_1, \cdots, b_s \in Q$ 生成 Q/PA, 则 $a_1, \cdots, a_r, b_1, \cdots, b_s$ 生成 Q, 故 A 为正则的。

设 $K.$ 为 $a_1, \cdots, a_r$ 的科斯居尔复形, 则由注 2.1 可知 $K. \otimes_R A$ 为 A/PA 在 A 上的一个自由预解, 故 $Tor_1^R(k, A) \cong H_1(K. \otimes_R A) = 0$。由命题 XIV.1.1.iii) 得 A 是 R-平坦的。证毕。

推论 2.3. 设 $f: R \to A$ 为诺特环的忠实平坦同态。

i) 若 A 满足 (R_n) 或 (S_n), 则 R 亦然;

ii) 若 R 及所有纤维 $A \otimes_R \kappa(p)$ $(p \in \operatorname{Spec}(R))$ 满足 (R_n) 或 (S_n), 则 A 亦然;

iii) 特别地, 若 A 为既约的、正规的、C.M. 或正则的, 则 R 亦然; 若 R 及所有纤维 $A \otimes_R \kappa(p)$ $(p \in \operatorname{Spec}(R))$ 为既约的、正规的、C.M. 或正则的, 则 A 亦然。

证. iii) 是 i) 和 ii) 的直接推论。i) 和 ii) 中关于 (R_n) 的断言分别为定理 2.2.ii), iii) 及引理 X.3.1 的直接推论。ii) 中关于 (S_n) 的断言由推论 XIV.1.3 和引理 X.3.1 立得; 而 i) 中关于 (S_n) 的断言也可由推论 XIV.1.3 得出, 只要对给定的 $p \in \operatorname{Spec}(R)$ 取 $P \in \operatorname{Spec}(A)$ 使得 $f^{-1}(P) = p$ 且 P 是包含 pA 的一个极小素理想, 并将推论 XIV.1.3 应用于 $R_p \to A_P$ 即可 (注意由引理 X.3.1 有 $\dim(R_p) = \dim(A_P)$)。证毕。

定理 2.3. (Auslander-Buchsbaum) 任一正则局部环是 UFD。

证. 我们对 $\dim(R)$ 用归纳法, $\dim(R)=1$ 的情形由引理 IV.3.1 给出。

设 $\dim(R)>1$, 记 $P\subset R$ 为极大理想。由命题 2.1, 可取 $a\neq 0\in P$ 使得 $R/(a)$ 是正则的。因 (a) 是素理想, 只需证明 R_a 是 UFD 即可。注意 $\dim(R_a)=\dim(R)-1$, 故由归纳法假设, 对 R_a 的任一极大理想 Q, $(R_a)_Q=R_{R\cap Q}$ 是 UFD。不难验证一个诺特整环是 UFD 当且仅当其所有高度为 1 的素理想都是主理想 (习题 X.10)。设 $q\in \operatorname{Spec}(R_a)$, $\operatorname{ht}(q)=1$, 则 $q(R_a)_Q$ 是主理想, 从而作为 $(R_a)_Q$-模是自由的, 故由推论 VII.1.2 可知 q 作为 R_a-模是投射的。令 $p=q\cap R$, 则有 $q=pR_a$。由定理 2.1 可知 p 有自由预解 $F.$ 使得 $F_{n+1}=0$。这样 q 就有自由预解 $(F.)_a$, 故 $q\oplus F_1\oplus F_3\oplus\cdots\cong F_0\oplus F_2\oplus\cdots\cong R_a^{\oplus m}$, 两边取 $\wedge_R^m$ 得 $q\cong R_a$, 即 q 为主理想。证毕。

习　题　XV

XV.1 设 k 为域。

i) 证明 $k[x,y]/(y^2-x^2-x^3)$ 不是正规的。

ii) 设 $\operatorname{ch}(k)\neq 2$ 而 $f\in k[x_1,\cdots,x_n]$ 是平方自由的 (即没有非平凡平方因子)。证明 $k[x_1,\cdots,x_n,y]/(y^2-f)$ 是正规的。(提示: 参看例 II.2.3。)

XV.2 举一个非正则的 C.M. 正规局部环的例子。

XV.3 设 R 为在 $(0,\cdots,0)\in\mathbb{C}^n$ 附近解析的函数全体。证明 R 为正则局部环 (参看习题 III.7)。

XV.4 利用命题 2.2 证明: 若 R 是正规为诺特环, 则 $R[x]$ 亦然 (这是命题 II.2.2 的一个特殊情形)。

XV.5 设 $C., D.$ 为两个长度为 n 的平坦 R-模正合列 ($C_0=D_0=C_n=D_n=0$)。证明 $C.$ 和 $D.$ 在 R 上的张量积是正合的。

XV.6* 设 $K.$ 为 $a_1,\cdots,a_n\in R$ 的科斯居尔复形。

i) 写出 $K.$ 中诸同态的公式;

ii) 证明 $\operatorname{Hom}_R(K., R)$ 也是一个科斯居尔复形。

XV.7* 利用推论 XIII.4.1 验证注 2.1 的断言。

XV.8 举例说明定理 2.2.i) 中的条件 “A 的极大理想的高度都等于 $\dim(R)$” 是不可少的, 换言之, 有可能 A 是 C.M. 但 A 在 R 上不平坦。

XV.9 (*居内特公式*) 设 $\cdots\to C_n\to\cdots\to C_0\to 0$ 和 $\cdots\to D_n\to\cdots\to D_0\to 0$ 为 R-模复形, 其中所有 C_n, D_n 和所有 $H_n(C.)$ 都是平坦的。令 $E.$ 为 $C.$ 和 $D.$ 的张量积, 证明 $H_n(E.)\cong\bigoplus_{i=0}^{n}H_i(C.)\otimes_R H_{n-i}(D.)$。(提示: 可通过直接计算证明, 参看习题 XV.6.i)。)

XV.10 设 K 为 $\mathbb{Q}$ 的有限扩域, $R\subset K$ 为有限生成的 $\mathbb{Z}$-代数。证明 R 在 K 中的整闭包也是有限生成的 $\mathbb{Z}$-代数。(提示: 设 A 为 $\mathbb{Z}$ 在 K 中的整闭包, $B=A[R]$, 则对任意 $p\in\operatorname{Spec}(A)$, B_p 等于 A_p 或 K。参看定理 IV.2.1。)

XVI 微分与光滑性

1. 微分

微分在代数中起着不可替代的作用, 但定义

$$\frac{df}{dx} = \lim_{\Delta x \to 0} \frac{f(x+\Delta x) - f(x)}{\Delta x}$$

不是代数的, 不能推广到基域 k 的特征 $p > 0$ 的情形。20 世纪末德国学派采用如下定义: 若 $f \in k[x]$, 将 $f(x+\Delta x)$ 展开成 Δx 的多项式, 其一次项系数定义为 $f'(x)$。将这个定义推广就得到下述现代定义。

设 A 为 R-代数。令 $\mu = \mu_{A/R} : A \otimes_R A \to A$ 为由 $\mu(a \otimes_R b) = ab$ 定义的同态 (对应于对角态射 $\Delta : \mathrm{Spec}(A) \to \mathrm{Spec}(A) \times_{\mathrm{Spec}(R)} \mathrm{Spec}(A)$, 参看 VIII.2 和推论 X.4.3.ii) 的证明), 且令 $I = \ker(\mu)$, $\Omega^1_{A/R} = I/I^2$。若 $a \in A$, 则 $1 \otimes_R a - a \otimes_R 1 \in I$, 其在 I/I^2 中的象记为 da。易见这给出一个 R-同态 $d = d_{A/R} : A \to \Omega^1_{A/R}$, 满足 $d(ab) = adb + bda$。称 $\Omega^1_{A/R}$ 为 A 在 R 上的**相对微分模**, d 为**微分映射**。

设 M 为 A-模。一个 A 到 M 的R-**导数**是一个 R-线性映射 $D : A \to M$ 使得 $D(ab) = aDb + bDa$ 且对任意 $r \in R$ 有 $Dr = 0$。上述 $d : A \to \Omega^1_{A/R}$ 就是一个 A-导数。记 $Der_R(A, M)$ 为 A 到 M 的 R-导数全体的集合, 它显然具有 A-模结构。若 $D \in Der_R(A, M)$ 而 $f : M \to N$ 为 A-模同态, 则显然有 $f \circ D \in Der_R(A, N)$。

引理 1.1. 存在典范 A-模同构 $Hom_A(\Omega^1_{A/R}, M) \to Der_R(A, M)$, 将任意 $\phi \in Hom_A(\Omega^1_{A/R}, M)$ 映到 $\phi \circ d$。

证. 令 $B = A \oplus M$, 不难验证 B 具有一个 R-代数结构, 其乘法由 $(a, m)(a', m') = (aa', am' + a'm)$ $(a, a' \in A, m, m' \in M)$ 给出, 且 $J = 0 \oplus M$ 为 B 的理想, $J^2 = 0$, $B/J \cong A$。记 $p : B \to A$ 为投射。对任一 $D \in Der_R(A, M)$, 令 $f_D(a) = (a, Da) \in B$ $(a \in A)$, 则有 $f_D(aa') = (aa', aDa' + a'Da) = f_D(a) f_D(a')$, 故 $f_D : A \to B$ 为 R-代数同态, 且 $p \circ f_D = \mathrm{id}_A$。由两个 R-同态 $f_0, f_D : A \to B$ 给出一个 R-同态 $\Phi_D : A \otimes_R A \to B$, 且 $p \circ \Phi_D = \mu$, 故 $\Phi_D(I) \subset J$。于是 D 诱导一个 A-模同态 $\phi_D : \Omega^1_{A/R} = I/I^2 \to J \cong M$, 且对任意 $a \in A$ 有 $\phi_D(da) = \Phi_D(1 \otimes_R a - a \otimes_R 1) =$

$f_D(a) - f_0(a) = Da$, 即 $D = \phi_D \circ d$。注意 $\Omega^1_{A/R}$ 由所有 da $(a \in A)$ 生成, 故若 $\phi \in Hom_A(\Omega^1_{A/R}, M)$ 满足 $\phi \circ d = D$, 则 $\phi = \phi_D$。这就给出一一对应 $D \leftrightarrow \phi_D$。证毕。

注 1.1. 引理 1.1 说明 $d_{A/R}$ 在所有 A 的 R-导数中具有泛性。注意 $\Omega^1_{A/R} \cong I \otimes_{A\otimes_R A} A$, 其中 A 通过 μ 看作一个 $A \otimes_R A$-代数。上述定义微分和导数的方法是组合式的, 且有将导数转换为环乘法的技巧。用这样的方法还可以定义微分算子、外微分、曲率等 (参看 [2] 及 [11])。

例 1.1. i) 设 $A = R[x_1, \cdots, x_n]$, 则不难算出 $\Omega^1_{A/R} \cong A^{\oplus n}$, 由 $dx_1, \cdots, dx_n$ 生成。

ii) 设 $A = R[x_1, \cdots, x_n]/(f)$, 则 $\Omega^1_{A/R} \cong Adx_1 \oplus \cdots \oplus Adx_n/Adf$, 其中 $df = \dfrac{\partial f}{\partial x_1}dx_1 + \cdots + \dfrac{\partial f}{\partial x_n}dx_n$ (见命题 1.1)。

iii) 设 $k \subset k' \cong k[x]/(f)$ 为域的有限扩张。若 f 是可分的, 则 $df \neq 0$, 从而由 ii) 有 $\Omega^1_{k'/k} = 0$; 若 $f = x^p - a$ $(a \in k, p = \mathrm{ch}(k))$, 则 $df = 0$, 故 $\Omega^1_{k'/k} \cong k'$。

不难验证若 A, B 为 R-代数, 则 $\Omega^1_{A\otimes_R B/B} \cong \Omega^1_{A/R} \otimes_R B$; 若 $S \subset A$ 为乘子集, 则 $\Omega^1_{S^{-1}A/R} \cong S^{-1}\Omega^1_{A/R}$ (习题 XVI.1)。

命题 1.1. 设 $f: A \to B$ 为 R-代数同态, 则

i) 存在典范 B-模正合列 $\Omega^1_{A/R} \otimes_A B \xrightarrow{\phi} \Omega^1_{B/R} \to \Omega^1_{B/A} \to 0$, 其中 ϕ 由 f 诱导。

ii) 若 f 是满射, $I = \ker(f)$, 则有典范 B-模正合列 $I/I^2 \xrightarrow{\delta} \Omega^1_{A/R} \otimes_A B \xrightarrow{\phi} \Omega^1_{B/R} \to 0$, 其中 $\delta(\bar{a}) = da \otimes_A 1_B$ $(a \in I)$。此外, δ 具有分拆当且仅当存在 R-代数同态 $B \to A/I^2$ 使得合成 $B \to A/I^2 \to B$ 等于 id_B。

证. i) 令 $I = \ker(\mu_{A/R})$, $J = \ker(\mu_{B/R})$, $J' = \ker(\mu_{B/A})$。由推论 X.4.3.ii) 的证明我们知道

$$B \otimes_A B \cong (B \otimes_R B) \otimes_{A\otimes_R A} A \cong B \otimes_R B/I \cdot B \otimes_R B$$

故 $J' \cong J/I \cdot B \otimes_R B$。于是

$$\begin{aligned}\Omega^1_{B/A} = J'/J'^2 &\cong J/(J^2 + I \cdot B \otimes_R B) \\ &\cong \mathrm{coker}((I/I^2) \otimes_A B \to J/J^2) \\ &= \mathrm{coker}(\Omega^1_{A/R} \otimes_A B \to \Omega^1_{B/R})\end{aligned}$$

ii) 由引理 I.3.1, 只需证明对任意 B-模 M,

$$0 \to Hom_B(\Omega^1_{B/R}, M) \to Hom_B(\Omega^1_{A/R} \otimes_A B, M) \to Hom_B(I/I^2, M) \qquad (1)$$

正合。由引理 1.1 有 $Hom_B(\Omega^1_{B/R}, M) \cong Der_R(B, M)$, $Hom_B(\Omega^1_{A/R} \otimes_A B, M) \cong Hom_A(\Omega^1_{A/R}, M) \cong Der_R(A, M)$, 而 $Hom_B(I/I^2, M) \cong Hom_A(I, M)$。故 (1) 正

合的意义是对任意 $D \in Der_R(A,M)$, 若 $D(I)=0$, 则 D 诱导唯一的导数 $D' \in Der_R(B,M)$, 而这是显然的。这就证明了第一个断言。

对第二个断言, 注意 $\Omega^1_{A/R}\otimes_A B \cong (\Omega^1_{A/R}\otimes_A A/I^2)\otimes_{A/I^2} B \cong \Omega^1_{(A/I^2)/R}\otimes_{A/I^2} B$, 不妨设 $I^2=0$。若 $\epsilon: \Omega^1_{A/R}\otimes_A B \to I$ 是 δ 的一个分拆, 令

$$D = \epsilon \circ (\mathrm{id}_{\Omega^1_{A/R}} \otimes_A f) \circ d_{A/R} \in Der_R(A, I)$$

则易见 $g=\mathrm{id}_A - D$ 是 A 的 R-自同态且 $g(I)=0$, 这给出 $A\to B$ 的一个分拆。注意上述推理步步可逆。证毕。

例 1.2. 设 k 是域, R 是有限生成的 k-代数, $P\subset R$ 为极大理想。若 k 为代数闭, 则 $R/P=k$, 故由命题 1.1.ii) 有 $P/P^2 \cong \Omega^1_{R/k}\otimes_R (R/P)$ (注意 $\Omega^1_{(R/P)/k}=0$)。因而

$$\dim_{R/P}(\Omega^1_{R/k}\otimes_R (R/P)) \geqslant \dim(R_P) \tag{2}$$

且等号成立当且仅当 R_P 是正则的。由推论 III.2.1 可见 $\Omega^1_{R/k}\otimes_R R_P \cong \Omega^1_{R_P/k}$ 的任一组生成元的个数 $r \geqslant \dim(R_P)$。(故存在 $a\in R-P$ 使得存在 R-模满同态 $R_a^{\oplus r} \twoheadrightarrow \Omega^1_{R_a/k}$。) 事实上, (2) 对任意域 k 都成立, 因为若令 $\bar{k}$ 为 k 的代数闭包, $\bar{R}=R\otimes_k \bar{k}$, 则由任一 R-模满同态 $R_P^{\oplus r}\twoheadrightarrow \Omega^1_{R_P/k}$ 可得 $\bar{R}$-模满同态 $\bar{R}_P^{\oplus r}\twoheadrightarrow \Omega^1_{\bar{R}_a/\bar{k}}$, 从而 $r\geqslant \dim(\bar{R}_P)=\dim(R_P)$。

由此可见, 若 R 是整环而 $K=\mathrm{q.f.}(R)$, 则有 $\dim_K \Omega^1_{K/k} \geqslant \dim(R) = \mathrm{tr.deg}(K/k)$。

若 R/P 是 k 的可分扩张, 则 $R/P\otimes_k \bar{k} \cong \bar{k}\times\cdots\times\bar{k}$, 故 $\Omega^1_{(R/P\otimes_k\bar{k})/\bar{k}}=0$, 从而 $\Omega^1_{(R/P)/k}=0$, 因而此时仍有 $P/P^2\cong \Omega^1_{R/k}\otimes_R (R/P)$。但若 R/P 是 k 的不可分扩张, 则由例 1.1 可见 $\Omega^1_{(R/P)/k}\neq 0$, 此时 $\delta: P/P^2 \to \Omega^1_{R/k}\otimes_R (R/P)$ 不一定有分拆, 即使 R_P 是正则的 (例如 R 为 k 的不可分扩域), (2) 中等号也不一定成立。我们在下一节将给出在这种情形 (2) 中等号成立的条件。

2. 光滑同态

设 $f: B\to B_0$ 为 R-代数满同态。若 $\ker(f)$ 是幂零理想, 则称 B 为 B_0 的一个*无穷小扩张*。

定义 2.1. 设 R 为诺特环, A 为有限生成的 R-代数的局部化。若对任意 R-代数无穷小扩张 $B\to B_0$, $Hom_{R-代数}(A,B)\to Hom_{R-代数}(A,B_0)$ 是满射 (单射, 一一映射), 则称 A 在 R 上 (或同态 $R\to A$) 是*光滑的* (*无分歧的*, *平展的*)。

易见上述各性质在基变换 (即将 R 换为一个 R-代数 R' 而将 A 换为 $A\otimes_R R'$) 及局部化下都保持, 且有传递性。

例 2.1. i) $R[x_1,\cdots,x_n]$ 在 R 上光滑;

ii) 对任一理想 $I \subset R$, R/I 在 R 上是无分歧的;

iii) 若 $a \in R$ 不是幂零的, 则 R_a 在 R 上是平展的。

命题 2.1. (雅可比判据)　设 $R \to A$ 为光滑同态, $I \subset A$ 为理想, 则 A/I 在 R 上光滑当且仅当 $\delta : I/I^2 \to \Omega^1_{A/R} \otimes_A A/I$ 具有分拆。

证.　必要性: 注意 A/I^2 是 A/I 的一个无穷小扩张, 故 $\mathrm{id}_{A/I}$ 可以提升为一个 R-代数同态 $h : A/I \to A/I^2$, 从而由命题 1.1.ii) δ 具有分拆。

充分性: 设 B 为 R-代数, $J \subset B$ 为幂零理想, $f_0 : A/I \to B/J$ 为 R-代数同态, 我们需要证明 f_0 可以提升为一个 R-代数同态 $f : A/I \to B$。由归纳法不妨设 $J^2 = 0$。记 $p_0 : A \to A/I$ 为投射。因为 A 在 R 上光滑, 可将 $f_0 \circ p_0$ 提升为一个 R-代数同态 $g : A \to B$。易见 $g(I) \subset J$, 故 g 诱导 (A/I)-模同态 $\phi : I/I^2 \to J$。由于 I/I^2 是 $\Omega^1_{A/R} \otimes_A A/I$ 的直加项, δ 诱导满同态 $Hom_A(\Omega^1_{A/R}, J) \cong Hom_{A/I}(\Omega^1_{A/R} \otimes_A A/I, J) \twoheadrightarrow Hom_{A/I}(I/I^2, J)$, 故可将 ϕ 提升为 $\psi : \Omega^1_{A/R} \to J$。令 $h = g - \psi \circ d_{A/R}$, 则 h 为 R-代数同态, 且对任意 $a \in I$ 有 $h(a) = g(a) - \psi(da) = g(a) - \phi(a) = 0$, 故 h 诱导 R-代数同态 $f : A/I \to B$, 显然 f 是 f_0 的提升。证毕。

设 $f : R \to A$ 为诺特环同态。我们说 f (或 A 在 R 上) 具有**几何正则纤维**是指对任意 $p \in \mathrm{Spec}(R)$, $A \otimes_R \overline{\kappa(p)}$ 是正则的 ($\overline{\kappa(p)}$ 为 $\kappa(p) = R_p/pR_p$ 的代数闭包)。若 $P \in \mathrm{Spec}(A)$ 而 $p = f^{-1}(P)$, 则我们称 $\mathrm{Spec}(A \otimes_R \kappa(p))$ 中包含 $(P/pA)_p$ 的连通分支的维数为 $\hat{f}$ 在 P 点的*局部纤维维数*。

定理 2.1.　设 R 为诺特环而 A 为有限生成的 R-代数, 则下列条件等价:

i) A 在 R 上光滑;

ii) A 在 R 上平坦, $\Omega^1_{A/R}$ 为局部自由且其秩处处等于局部纤维维数;

iii) $R \to A$ 平坦且具有几何正则纤维。

证.　i)⇒ii): 取一个满同态 $f : B = R[x_1, \cdots, x_n] \twoheadrightarrow A$, 令 $I = \ker(f)$, 则由例 2.1.i) 和命题 2.1, $\Omega^1_{A/R}$ 是 $\Omega^1_{B/R} \otimes_B A \cong A^{\oplus n}$ 的一个直加项, 故为投射的 (即局部自由的)。设 $p \in \mathrm{Spec}(R)$, $P \in \mathrm{Spec}(A)$ 卧于 p 上且对应于 $A \otimes_R \kappa(p)$ 的一个极大理想, r 为 $\Omega^1_{A_P/R} \cong \Omega^1_{A/R} \otimes_A A_P$ 的秩。令 $Q = f^{-1}(P) \supset I$, 则 $\Omega^1_{A_P \otimes_R \kappa(p)/\kappa(p)} \cong (A_P/pA_P)^{\oplus r}$。由中山正引理, IB_Q 由 $n - r$ 个元生成, 故由推论 X.2.1 和命题 XIV.2.2.i) 有 $d = \dim(A_P/pA_P) \geqslant \dim(B_Q/pB_Q) - (n - r) = r$。另一方面, 由例 1.2 有 $d \leqslant r$, 故 $r = d$, 从而 $\mathrm{ht}(I(B_Q/pB_Q)) = n - d$。设 $a_1, \cdots, a_{n-d}$ 为 IB_Q 的一组生成元。由于 $B_0 = B \otimes_R \kappa(p) \cong \kappa(p)[x_1, \cdots, x_n]$ 是正则的, 由命题 XIV.2.2.iii), $a_1, \cdots, a_{n-r}$ 是 (B_Q/pB_Q)-正则列, 故由推论 XIV.1.2 $A_P = B_Q/IB_Q$ 是 R-平坦的。

ii)⇒iii): 设 $p \in \mathrm{Spec}(R)$, 令 $k = \overline{\kappa(p)}$, $A' = A \otimes_R k$。设 $P' \subset A'$ 为极大理想, P 为 P' 在 A 中的原象, $d = \dim(A'_{P'})$, 则 $\Omega^1_{A'_P/k} \cong \Omega^1_{A_P/R} \otimes_R k \cong A'^{\oplus d}_P$, 从而

$\Omega^1_{A'_{P'}/k} \cong A'^{\oplus d}_{P'}$, 故由例 1.2 可知 $A'_{P'}$ 是正则的。

iii)⇒i): 仍用命题 1.2。取满同态 $f: B = R[x_1, \cdots, x_n] \twoheadrightarrow A$, 令 $I = \ker(f)$, 我们需要证明 $\delta: I/I^2 \to \Omega^1_{B/R} \otimes_B A$ 具有分拆。由推论 VII.1.2 不妨设 R 是局部环, $p \subset R$ 为极大理想, 且只需证明对任意卧于 p 上的极大理想 $Q \subset A$, $\Omega^1_{A/R} \otimes_A A/Q$ 由 d 个元生成而 $I/I^2 \otimes_A A/Q$ 由 $n-d$ 个元生成, 其中 $d = \dim(A_Q/pA_Q)$ (这样由中山正引理有满同态 $f: A_Q^{\oplus d} \twoheadrightarrow \Omega^1_{A_Q/R}$ 及 $g: A_Q^{\oplus n-d} \twoheadrightarrow I/I^2 \otimes_A A_Q$, 通过提升 f 可得满同态 $A_Q^{\oplus n} \twoheadrightarrow \Omega^1_{B/R} \otimes_B A_Q \cong A_Q^{\oplus n}$, 它必为同构, 从而 f 和 g 都是同构, 即 $\Omega^1_{A/R}$ 和 I/I^2 都是局部自由的且其秩之和等于 n, 故 $\Omega^1_{A/R} \oplus I/I^2 \cong \Omega^1_{B/R} \otimes_B A$, 换言之 δ 有分拆)。

因 A 是 R-平坦的, 我们有正合列 $0 \to I \otimes_R R/p \to B/pB \to A/pA \to 0$ (见习题 VII.7.i))。记 $k = \overline{\kappa(p)}$, 则由所设 $A_k = A \otimes_R k$ 是正则的, 且 $\dim((A_k)_Q) = d$。记 $B_k = B \otimes_R k$, $I_k = I \otimes_R k \subset B_k$。设 $q_0 \in \operatorname{Spec}(A_k)$ 卧于 Q 上, q 为 q_0 在 B_k 中的原象, 则有正合列

$$0 \to I_k/I_k \cap q^2 \to q/q^2 \to q_0/q_0^2 \to 0$$

由例 1.2 有 $k^{\oplus d} \cong q_0/q_0^2 \cong \Omega^1_{A/R} \otimes_A A_k/q_0$, 而 $A_k/q_0 \cong k$ 是 A/Q 的扩域, 故 $\Omega^1_{A/R} \otimes_A A/Q$ 是 d 维 (A/Q)-线性空间。由 $q/q^2 \cong k^{\oplus n}$ 得 $I_k/I_k \cap q^2 \cong k^{\oplus n-d}$, 取 $a_1, \cdots, a_{n-d} \in I$ 生成 $I_k/I_k \cap q^2$, 则由命题 XV.2.1.iii) 可知 $J = (a_1, \cdots, a_{n-d})(B_k)_q$ 为素理想且 $(B_k)_q/J$ 为 d 维整环, 故 $J = I(B_k)_q$, 从而 $a_1, \cdots, a_{n-d}$ 生成 $I \otimes_B A/Q$。证毕。

注 2.1. 设 A 为 R-代数, $f: B \to B_0$ 为 R-代数无穷小扩张, $\ker(f) = J$, $J^2 = 0$, $g_0: A \to B_0$ 为 R-代数同态, $g, g': A \to B$ 为 g_0 的提升, 则 g 和 g' 给出一个 R-代数同态 $A \otimes_R A \to B$, 从而诱导一个 A-模同态 $\Omega^1_{A/R} \to J$ (注意作为左 A-模 $A \otimes_R A/I^2 \cong A \oplus \Omega^1_{A/R}$, 其中 $I = \ker(\mu_{A/R})$); 反之, 给定一个 g, 则任一 A-模同态 $\Omega^1_{A/R} \to J$ 给出 R-代数同态 $A \otimes_R A \twoheadrightarrow A \oplus \Omega^1_{A/R} \to B$, 从而诱导 g_0 的另一个提升 $g': A \to B$ (参看引理 1.1 和命题 2.1 的证明中类似的讨论)。这说明若 g_0 有到 B 的提升, 则所有 g_0 到 B 的提升与 $Hom_A(\Omega^1_{A/R}, J) \cong Der_R(A, J)$ 一一对应。特别地, 由此可见一个有限生成的 R-代数 A 在 R 上为平展的当且仅当 A 为 R-平坦且 $\Omega^1_{A/R} = 0$, 或 $R \to A$ 为光滑且相对维数 (即纤维维数) 处处为 0。

推论 2.1. 设 $K \supset k$ 为域的代数扩张, 则下列条件等价:

i) $K \supset k$ 是可分扩张;

ii) 对 k 的任意有限扩域 $K' \subset K$ 有 $\Omega^1_{K'/k} = 0$;

iii) K 在 k 上为平展的;

iv) $K \otimes_k \bar{k}$ 是既约的, 其中 $\bar{k}$ 为 k 的代数闭包。

证. 先假定 $K \supset k$ 是有限扩张。i)⇒ii) 由例 1.1.iii) 证得; ii)⇒iii) 由注 2.1 证

得; iii)⇒iv) 由定理 2.1.iii) 证得; iv)⇒i): 若 $K \supset k$ 不可分, 则 $\mathrm{ch}(k) = p > 0$ 且存在 $a \in K - k$ 使得 $b = a^p \in k$, 从而 $K \otimes_k \bar{k} \supset K \otimes_k k[a] \cong K[x]/((x-a)^p)$ 不是既约的。

对一般情形, 注意 $K \supset k$ 可分当且仅当 k 在 K 中的每个有限扩张 $K' \supset k$ 可分; $\Omega^1_{K/k} = 0$ 当且仅当 k 在 K 中的每个有限扩张 K' 满足 $\Omega^1_{K'/k} = 0$; 而 $K \otimes_k \bar{k}$ 是既约的当且仅当对 k 在 K 中的每个有限扩张 K', $K' \otimes_k \bar{k}$ 是既约的, 从而 i)⇔ii)⇔iv)。由注 2.1 有 iii)⇒ii), 故我们只需证明: 若 k 在 K 中的每个有限扩张 K' 在 k 上平展, 则 K 在 k 上平展。设 $B \to B_0$ 为 k-代数无穷小扩张, 则由平展性的定义每个 k-代数同态 $K' \to B_0$ 有唯一的提升 $K' \to B$, 故任一 k-代数同态 $K \to B_0$ 有唯一的提升 $K \to B$, 这说明 K 在 k 上平展。证毕。

一个有限生成的域扩张称作*可分生成的*, 如果它是一个纯超越扩张和一个有限可分扩张的合成。若 k 是完全域, 则由注 IV.1.1 可知任意有限生成的域扩张 $K \supset k$ 是可分生成的 (因为 k 没有非平凡的纯不可分扩张)。

推论 2.2. 设 $K \supset k$ 为有限生成的域扩张, 则下列条件等价:

i) K 在 k 上是可分生成的;

ii) K 在 k 上光滑;

iii) $K \otimes_k \bar{k}$ 是既约的, 其中 $\bar{k}$ 为 k 的代数闭包;

iv) $\dim_K \Omega^1_{K/k} = \mathrm{tr.deg}(K/k)$。

证. i)⇒ii): 取 k 的纯超越扩域 $L = k(x_1, \cdots, x_n) \subset K$ 使得 K 是 L 的有限可分扩张, 则由例 2.1.i) 知 L 在 k 上光滑, 由推论 2.1 知 K 在 L 上光滑, 故 K 在 k 上光滑。

ii)⇒iii): 由所设得 $K \otimes_k \bar{k}$ 在 $\bar{k}$ 上光滑, 注意 $K \otimes_k \bar{k}$ 是阿廷环, 有 $K \otimes_k \bar{k} \cong R_1 \times \cdots \times R_n$, 其中 $R_1, \cdots, R_n$ 为 0 维局部 K-代数且在 $\bar{k}$ 上光滑。我们来证明每个 R_i 是域。设 $P \subset R_i$ 为极大理想, 则 $K' = R_i/P$ 在 $\bar{k}$ 上是可分生成的 (因为 $\bar{k}$ 是完全域), 故由 i)⇒ii) 得 K' 在 $\bar{k}$ 上光滑, 从而投射 $R_i \to K'$ 具有分拆 $K' \to R_i$。于是 R_i 为有限长度的局部 K'-代数, 故可设 $R_i = K'[x_1, \cdots, x_r]/I$, 且 $(x_1, \cdots, x_r)^s \subset I$。因 R_i 在 $\bar{k}$ 上光滑, 投射 $K'[x_1, \cdots, x_r]/(x_1, \cdots, x_r)^{s+1} \to R_i$ 具有分拆, 这仅当 $r = 0$ 时才有可能。

iii)⇒iv): 由所设有 $K \otimes_k \bar{k} \cong K_1 \times \cdots \times K_n$, 其中 $K_1, \cdots, K_n$ 为 $\bar{k}$ 的有限生成的扩域, 故在 $\bar{k}$ 上为可分生成的。由例 1.1.i), iii) 得 $\Omega^1_{K_i/\bar{k}} \cong K_i^{\oplus d}$, 其中 $d = \mathrm{tr.deg}(K/k)$, 故 $\Omega^1_{K/k}$ 在 K 上的秩为 d。

iv)⇒i): 取 $x_1, \cdots, x_d \in K$ 使得 $dx_1, \cdots, dx_d$ 生成 $\Omega^1_{K/k}$ (其中 $d = \mathrm{tr.deg}(K/k)$), 令 $L = k(x_1, \cdots, x_d)$。由命题 1.1.i) 有正合列 $\Omega^1_{L/k} \otimes_L K \to \Omega^1_{K/k} \to \Omega^1_{K/L} \to 0$, 故 $\Omega^1_{K/L} = 0$, 从而由例 1.2 有 $\mathrm{tr.deg}(K/L) = 0$。因此 $\mathrm{tr.deg}(L/k) = d$, 即 $x_1, \cdots, x_d$ 在 k 上代数无关, 从而 $[K : L] < \infty$, 故由推论 2.1 知 K 在 L 上可分。证毕。

推论 2.3. 设 R 为域 k 上的有限生成代数, $\bar{k}$ 为 k 的代数闭包。若 $R\otimes_k\bar{k}$ 是整的、正规的、C.M. 或正则的, 则对任意域扩张 $k'\supset k$, $R\otimes_k k'$ 是整的、正规的、C.M. 或正则的。

证. 若 $R\otimes_k\bar{k}$ 是整的, 则由引理 VIII.2.1, $R\otimes_k\bar{k}'\cong(R\otimes_k\bar{k})\otimes_{\bar{k}}\bar{k}'$ 是整的。对其余断言, 只需证明若 $R\otimes_k\bar{k}$ 满足 (R_n) 或 (S_n), 则 $R\otimes_k k'$ 亦然。由推论 XV.2.3.i) 不妨设 $k=\bar{k}\subset k'$。由于 $R\otimes_k k'$ 是诺特环, 不难将问题约化到 k' 在 k 上是有限生成的情形。由推论 2.2 有 $\Omega^1_{k'/k}\cong k'^{\oplus d}$, 其中 $d=\mathrm{tr.deg}(k'/k)$, 故可取有限生成的 k-代数 $R'\subset k'$ 使得 $k'=\mathrm{q.f.}(R')$ 且 $\Omega^1_{R'/k}\cong R'^{\oplus d}$, 从而 R' 在 k 上光滑。由推论 XV.2.3.ii) 不难验证若 R 满足 (R_n) 或 (S_n), 则 $A=R\otimes_k R'$ 亦然, 从而 A 的局部化 $R\otimes_k k'$ 亦然。证毕。

定理 2.2. 设 $f:A\to B$ 为有限生成光滑 R-代数的同态, 则下列条件等价:

i) f 是光滑的;

ii) 典范同态 $\Omega^1_{A/R}\otimes_A B\to\Omega^1_{B/R}$ 具有分拆;

iii) 对任意 $p\in\mathrm{Spec}(R)$, $B\otimes_R\kappa(p)$ 在 $A\otimes_R\kappa(p)$ 上光滑。

证. i)$\Rightarrow$ii): 设 $Q\in\mathrm{Spec}(B)$ 卧于 $p\in\mathrm{Spec}(R)$ 上, $P=f^{-1}(Q)$。记 $r=\dim(B_Q/pB_Q)$, $s=\dim(A_P/pA_P)$, $t=\dim(B_Q/PB_Q)$。由定理 2.1 知 f 是平坦的, 故由引理 X.3.1.ii) 有 $r=s+t$。由定理 2.1.ii) 得 $\Omega^1_{B_Q/R}\cong B_Q^{\oplus r}$, $\Omega^1_{A_P/R}\cong A_P^{\oplus s}$, $\Omega^1_{B_Q/A}\cong B_Q^{\oplus t}$。故由命题 1.1.i) 有 $\Omega^1_{B/R}\cong\Omega^1_{A/R}\otimes_R A\oplus\Omega^1_{B/A}$。

ii)$\Rightarrow$iii): 只需考虑 R 是一个域的情形。设 $Q\in\mathrm{Spec}(B)$, $P=f^{-1}(Q)$。记 $r=\dim(B_Q)$, $s=\dim(A_P)$, $t=\dim(B_Q/PB_Q)$, 则由引理 X.3.1.i) 有 $r\leqslant s+t$。由 $\Omega^1_{B/R}\cong\Omega^1_{A/R}\otimes_A B\oplus\Omega^1_{B/A}$ 有 $\Omega^1_{B_Q/A}\cong B_Q^{\oplus r-s}$, 从而 $\Omega^1_{B_Q\otimes_A\kappa(P)/\kappa(P)}\cong(B_Q/PB_Q)^{\oplus r-s}$。由例 1.2 知 $r-s\geqslant t$, 从而 $r-s=t$, 故 B_Q/PB_Q 是正则的。再由定理 XV.2.2.iii) 知 f 是平坦的, 从而由定理 2.1.ii) f 是光滑的。

iii)$\Rightarrow$i): 显然 f 具有几何正则纤维, 而由推论 XIV.1.1 f 是平坦的 (参看习题 XIV.3), 故由定理 2.1.iii) f 是光滑的。证毕。

3. 光滑点集与平坦点集

对一个有限生成的 R-代数 A, 我们下面讨论点集 $S_1=\{P\in\mathrm{Spec}(A)|A_P$ 在 R 上光滑$\}$。

首先注意下述事实: 设 R 为诺特环, M 为有限生成的 R-模, $p\in\mathrm{Spec}(R)$ 使得 $M_p\cong R_p^{\oplus r}$, 则存在 $a\in R-p$ 使得 $M_a\cong R_a^{\oplus r}$。这是因为可取 R-同态 $g:R^{\oplus r}\to M$ 使得 $g_p:R_p^{\oplus r}\to M_p$ 为同构, 这样 $\ker(g)_p=\mathrm{coker}(g)_p=0$, 由于 $\ker(g)$ 和 $\mathrm{coker}(g)$ 为有限生成的, 可取 $a\in R-p$ 使得 $\ker(g)_a=\mathrm{coker}(g)_a=0$, 从而 $g_a:R_a^{\oplus r}\to M_a$

为同构。若 $q \in U((a))$ 则有 $M_q \cong R_q^{\oplus r}$, 故 $F_r(M) = \{p \in \mathrm{Spec}(R) | M_p \cong R_p^{\oplus r}\}$ 为开集。

命题 3.1. 设 R 为诺特环, $f : R \to A$ 为有限型同态, 则 S_1 为 $\mathrm{Spec}(A)$ 的开集, 而 $S_0 = \{p \in \mathrm{Spec}(R) | A_p$ 在 R 上光滑$\}$ 为 $\mathrm{Spec}(R)$ 的开集。

证. 取满同态 $g : R[x_1, \cdots, x_n] \twoheadrightarrow A$, 令 $I = \ker(g)$。设 $P \in \mathrm{Spec}(A)$, 则由命题 2.1, A_P 在 R 上光滑当且仅当存在 $r \leqslant n$ 使得 $\Omega^1_{A_P/R} \cong A_P^{\oplus r}$ 且 $(I/I^2)_P \cong A_P^{\oplus n-r}$。令 $U_r = F_r(\Omega^1_{A/R}) \cap F_{n-r}(I/I^2)$, 则由上所述 U_r 是开集, 因而 $S_1 = \bigcup_r U_r$ 为开集。

设 $p \in \mathrm{Spec}(R)$, 则由定理 2.1.iii) 可见 $p \in S_0$ 当且仅当 $\hat{f}^{-1}(p) \subset S_1$, 故 $S_0 = \mathrm{Spec}(R) - \hat{f}(\mathrm{Spec}(A) - S_1)$。由定理 VIII.3.1, S_0 是可建造集, 而 S_0 显然在一般化之下安定, 故由引理 VIII.3.1 S_0 是开集。证毕。

命题 3.2. 设 R 为诺特环, $f : R \to A$ 为有限型同态, M 为有限生成的 A-模, 则 $F_M = \{P \in \mathrm{Spec}(A) | M_P$ 在 R 上平坦$\}$ 为 $\mathrm{Spec}(A)$ 的开集。

证. 若 M_P 在 R 上平坦 ($P \in \mathrm{Spec}(A)$), 则 $\cdot \otimes_R M_P$ 是正合函子, 从而对任意素理想 $Q \subset P$, $\cdot \otimes_R M_P \otimes_A A_Q = \cdot \otimes_R M_Q$ 是正合函子, 即 M_Q 在 R 上平坦。这说明 F_M 在一般化之下安定。

设 U 为 F_M 所包含的所有 $\mathrm{Spec}(A)$ 的开集的并, 它是 F_M 所包含的最大开集。为证明 $U = F_M$, 我们只需证明

(*) 对任意 $P \in F_M$, 存在 $V(P)$ 的非空开子集含于 F_M 中。

这是因为, 若 $U \neq F_M$, 则因 F_M 在一般化之下安定, 闭集 $V = \mathrm{Spec}(A) - U$ 有一个一般点 P 含于 F_M 中, 故由 (*) 有 $V(P)$ 的一个非空开子集 $U' \subset F_M$, 注意 $V(P)$ 是 V 的一个不可约分支, 不妨设 U' 与 V 的其他不可约分支不相交, 这样 $U \cup U' \subset F_M$ 为开集, 与 U 的极大性矛盾。

设 $P \in F_M$, 令 $p = f^{-1}(P)$, 则 $Tor_1^R(R/p, M)_P \cong Tor_1^{R_p}(R/p, M_P) = 0$ (参看习题 XIV.2), 故存在 $b \in A - P$ 使得 $Tor_1^R(R/p, M_b) = 0$ (因为 $Tor_1^R(R/p, M)$ 是有限生成的 A-模)。故由命题 XIV.1.1.iii), 为证明 (*) 只需证明存在 $a \in A - P$ 使得 M_a/pM_a 在 R/p 上平坦。为简便起见不妨用 R/p 代替 R。

令 $k = \mathrm{q.f.}(R)$, $A' = A/\mathrm{Ann}_A(M)$, 则由引理 IV.1.1 在 $A'_k = A' \otimes_R k$ 中存在一个 k 上的多项式代数 B 使得 A'_k 为有限生成的 B-模。令 $K = \mathrm{q.f.}(B)$, $M' = (M \otimes_R k) \otimes_B K$, $d = \dim_K(M')$, 则有 d 秩自由 B-子模 $N \subset M \otimes_R k$, 故可取 $a_1 \neq 0 \in R$ 使得有 R_{a_1} 上的多项式代数 $A_1 \subset A'_{a_1}$ 使得 A'_{a_1} 为有限生成的 A_1-模, 且 M_{a_1} 有一个 d 秩自由 A_1-子模 N_1。若 $M_1 = M_{a_1}/N_1 \neq 0$, 则 M_1 为有限生成的 A_1-模且 $I_1 = \mathrm{Ann}_{A_1}(M_1) \neq 0$, 重复上面的讨论 (将 A' 和 M 分别换为 $A'_1 = A_1/I_1$ 和 M_1) 就可得到 $a_2 \neq 0 \in R$ 及 $R_{a_1 a_2}$ 上的多项式代数

$A_2 \subset (A_1')_{a_2}$ 使得 $(A_1')_{a_2}$ 为有限生成的 A_2-模, 且 $(M_1)_{a_2}$ 有一个自由 A_2-子模 N_2 使得 $\mathrm{Ann}_{A_2}((M_1)_{a_2}/N_2) \neq 0$, 等等, 注意 $\dim(A_2 \otimes_R k) < \dim(A_1 \otimes_R k)$, 这样由归纳法我们就找到一个 $a = a_1 a_2 \cdots \neq 0 \in R$ 使得 M_a 有一个 R_a-模过滤

$$0 = M_0' \subset M_1' \subset \cdots \subset M_n' = M_a \tag{3}$$

其中的因子都是自由 R_a-模, 故 M_a 为自由 R_a-模。注意 $a \notin P$, 因为 $P \cap R = (0)$。证毕。

习 题 XVI

XVI.1 设 A, B 为 R-代数。证明:

i) $\Omega^1_{A\otimes_R B/B} \cong \Omega^1_{A/R} \otimes_R B$。

ii) $\Omega^1_{A\otimes_R B/R} \cong \Omega^1_{A/R} \otimes_R B \oplus A \otimes_R \Omega^1_{B/R}$。(提示: 设 $I = \ker(\mu_{A/R})$, $J = \ker(\mu_{B/R})$, $K = \ker(\mu_{A\otimes_R B/R})$, 则 $K = I \otimes_R B \otimes_R B + A \otimes_R A \otimes_R J \subset A \otimes_R A \otimes_R B \otimes_R B \cong (A\otimes_R B) \otimes_R (A \otimes_R B)$, 且有正合列 $0 \to I \otimes_R J \to I \otimes_R B \otimes_R B \oplus A \otimes_R A \otimes_R J \to K \to 0$。)

iii) 若 $S \subset A$ 为乘子集而 $B = S^{-1}A$, 则 $\Omega^1_{B/R} \cong B \otimes_A \Omega^1_{A/R} \cong S^{-1}\Omega^1_{A/R}$。

XVI.2 设 $R \to A$ 为光滑 (或无分歧, 平展) 同态。证明:

i) 若 R' 为 R-代数而 $A' = A \otimes_R R'$, 则 $R' \to A'$ 为光滑 (或无分歧, 平展) 同态;

ii) 若 S 为 A 的乘子集, 则 $R \to S^{-1}A$ 为光滑 (或无分歧, 平展) 同态;

iii) 若环同态 $A \to B$ 也是光滑 (或无分歧, 平展) 的, 则 $R \to B$ 亦然。

XVI.3 设 $f : R \to A$ 为环同态。证明:

i) f 为无分歧的当且仅当 $\Omega^1_{A/R} = (0)$;

ii) 若 f 为代数闭域上的有限生成代数的同态, 则 f 为无分歧的当且仅当对任意极大理想 $P \subset A$, $PA_P = f^{-1}(P)A_P$。

XVI.4 设 $f : R \to A$ 有限型同态。证明下列条件等价:

i) f 为平展的;

ii) f 为平坦无分歧的;

iii) f 为光滑的且纤维维数为 0。

XVI.5 举一个非平展无分歧单射的例子。$\left(\text{提示: 考虑 } \mathbb{Z}[\sqrt{-3}] \subset \mathbb{Z}\left[\dfrac{1+\sqrt{-3}}{2}\right]\text{, 并利用习题 XVI.4。}\right)$

XVI.6 设 $R \to A$ 为无分歧同态, $S = \mathrm{Spec}(R)$, $X = \mathrm{Spec}(A)$, $\Delta : X \to X \times_S X$ 为对角态射 (即由 $\mu_{A/R}$ 诱导的态射)。证明 $\Delta(X)$ 为 $X \times_S X$ 的既开又闭的子集 (故 $X \times_S X$ 为两个闭集 $\Delta(X)$ 和 $X \times_S X - \Delta(X)$ 的并)。(提示: 利用习题 XVI.3.i) 和习题 VIII.7.ii)。)

XVI.7 设 R 为域 k 上的有限生成代数。设 $k \subset k'$ 为有限域扩张而 $R' = R \otimes_k k'$。设 $P \subset R'$ 为极大理想而 $p = P \cap R$。假设 R'_P 是正则的。证明对任意卧于 p 上的 $Q \in \mathrm{Spec}(R')$, R'_Q 是正则的。(提示: 利用习题 X.9 的方法。)

XVI.8 设 R 为域 k 上的有限生成代数。

i) 对任意正整数 n, 令 $\mathcal{S}_n = \{p \in \mathrm{Spec}(R) | R_p$ 满足 $(\mathrm{S}_n)\}$。证明 $\mathcal{S}_n$ 为非空开子集。

ii) 设 k 为代数闭或 $\mathrm{ch}(k) = 0$。对任意正整数 n, 令 $\mathcal{R}_n = \{p \in \mathrm{Spec}(R) | R_p$ 满足 $(\mathrm{R}_n)\}$。证明 $\mathcal{R}_n$ 为开子集。(提示: 利用命题 XVI.3.1。)

iii) 特别地, 若 k 为代数闭或 $\mathrm{ch}(k) = 0$, 所有使得 R_p 为正则 (或正规, 约化) 的 $p \in \mathrm{Spec}(R)$ 组成的集合是开集。

XVI.9 设 R 为诺特环, A 为有限生成的 R-代数而 M 为有限生成的 A-模。证明集合 $\{p \in \mathrm{Spec}(R) | A_p$ 在 R 上平坦$\}$ 为 $\mathrm{Spec}(R)$ 中的开集。

XVI.10* 设 k 为特征 0 的域。证明:

i) 若 R 为有限生成的 k-代数而 $\Omega^1_{R/k}$ 在 R 上平坦, 则 R 在 k 上光滑;

ii) 若 R 是诺特局部 k-代数, 其剩余类域为 k 的代数扩张, 且 $\Omega^1_{R/k}$ 为自由 R-模, 则 R 是正则局部环。

XVI.11 设 $K \subset L$ 为有限生成的域扩张, 且为可分生成的。证明对 L 在 K 上的任意一组生成元 $a_1, \cdots, a_n$, 经过适当重排 $a_1, \cdots, a_n$ 的次序可使 $a_1, \cdots, a_d$ $(d = \mathrm{tr.deg}(L/K))$ 在 K 上代数无关且 $a_{d+1}, \cdots, a_n$ 在 $K(a_1, \cdots, a_d)$ 上可分。(提示: 用推论 2.2。)

XVI.12 设 A, B 为 R-代数, 证明 $\Omega^{\cdot}_{A\otimes_R B/R} \cong \Omega^{\cdot}_{A/R} \otimes_R \Omega^{\cdot}_{B/R}$。

XVI.13* 设 R 为有限生成的 $\mathbb{Z}$-代数且为 1 维整环。证明 R 的整闭包也是有限生成的 $\mathbb{Z}$-代数。

XVI.14 设 $f : R \to A$ 为诺特环的同态, 其中 A 作为 R-模是有限生成的。证明 $\{p \in \mathrm{Spec}(R) | A_p$ 在 R 上平坦$\}$ 是 $\mathrm{Spec}(R)$ 的开子集。

附录A 带算子的群

一个集合 Σ 在一个群 G 上的一个作用是指一个映射 $\Sigma \times G \to G$ (通常记 $(\sigma, g) \in \Sigma \times G$ 的象为 g^σ), 使得对任一 $\sigma \in \Sigma$, $g \mapsto g^\sigma$ 为同态。此时我们称 Σ 中的元为算子, 而称 G (或 (G, Σ)) 为带有算子区 Σ 的群, 或简称 Σ-群。通常是固定一个算子区 Σ 而考虑所有 Σ-群, 此时从 Σ-群 G 到 G' 的一个 Σ-同态是指一个同态 $f: G \to G'$ 满足 $f(g^\sigma) = f(g)^\sigma$ $(\forall \sigma \in \Sigma, g \in G)$。当然也不难定义 Σ-子群、Σ-正规子群 (一个 Σ-子群同时又是正规子群)、Σ-商群、Σ-同构、Σ-自同构、Σ-直和、Σ-单群等。

例 1. i) 任一阿贝尔群 G 可以看作一个 $\mathbb{Z}$-群, 其中 $\mathbb{Z}$ 在 G 上的作用为 $(n, g) \mapsto g^n$。

ii) 任一域 K 上的线性空间可以看作 (加法) K-群, 此时 K-同态就是 K-线性映射。更一般的例子见 I.3。

iii) 任一群可以看作带有空算子区的群。

例 2. 设 K 是域, 则一个 K-单群就是一个 1 维 K-线性空间。更一般地, 若 R 是有单位元的交换环, 则一个 R-单群就是一个 R-模 $M \cong R/P$, 其中 P 为极大理想 (参看 III.2)。

群论中的同构定理与分解定理都可以推广到 Σ-群, 我们下面只叙述这些结果, 它们的证明都可以照搬群论中原定理的证明。固定一个算子区 Σ, 为简便起见我们在叙述中略去 Σ, 所有的群都是指 Σ-群, 所有的同态都是指 Σ-同态, 等等。

引理 1. 设 H 为群 G 的子群且 $N \lhd G$, 则 $N \cap H \lhd H$, $N \lhd NH$ 且 $H/N \cap H \cong NH/N$。

引理 2. (Zassenhaus) 设 A_1, A_2, B_1, B_2 为群 G 的子群, 且 $A_1 \lhd A_2$, $B_1 \lhd B_2$。令 $D_{ij} = A_i \cap B_j$, 则 $A_1D_{21} \lhd A_1D_{22}$, $B_1D_{12} \lhd B_1D_{22}$ 且 $A_1D_{22}/A_1D_{21} \cong B_1D_{22}/B_1D_{12}$。

一个群 G 的子群列 $\{e\} = H_0 \lhd H_1 \lhd \cdots \lhd H_n = G$ 称作一个正规群列, 其中各 H_i/H_{i-1} 称作该群列的因子 (也可以定义无限长的正规群列); 如果一个正规群列中所有的群都在另一个群列中, 则称后一个群列为前一个群列的加密; 若一个正规群列没有非平凡加密, 则称其为合成群列; 若两个正规群列的非平凡因子之间可以建立一个一一对应关系使得对应的因子相互同构, 则称这两个群列同构。

引理 3. (Schreier)　一个群的任两个正规群列有相互同构的加密。

由引理 3 立得如下结论。

定理 1. (若尔当–霍尔德)　若群 G 有合成群列, 则任两个合成群列同构。

一个群的合成群列的非平凡因子称作合成因子。

附录B 同调代数的起源和发展

0. 引言

20 世纪的数学与此前的数学相比, 最显著的特点就是整体性。粗糙地说, 20 世纪前的数学都是 “局部的” 数学, 即使涉及整体的研究对象 (如射影空间), 也是采用局部的研究方法。研究整体性的根本方法是从拓扑学的建立开始的。而关于整体结构的研究, 是在此前关于局部结构的研究已经相当成熟的基础上产生的。

同调代数源自拓扑学。最初同调的定义可以说是组合式的, 后来发现同调还可以用其他方式定义, 进而在其他领域 (如微分几何) 用相应领域的方法建立同调, 就可以将同调解释为其他领域的不变量, 这样同调的方法就逐渐渗透到很多其他学科, 包括微分几何、代数、复分析与复几何、李群与李代数、代数数论、代数几何、表示论等, 从而产生了很多种同调论, 使同调成为数学中的一个重要工具。而这些互不相同的同调论又可以从统一的哲学观点去理解, 这就产生了同调代数。在很多发展方向, 同调的表现形式、相关结果和应用等离开拓扑学已经如此遥远, 以至许多数学研究者在应用同调代数时, 竟很难看到自己所采用的方法与拓扑学中的原始思想之间的联系。

本章希望通过对同调代数的起源和发展的观察, 特别是从数学角度的理解, 说明尽管现代同调代数的应用领域相互间相差甚远, 应用形式千变万化, 但是仍可以从其中的基本概念和方法追溯到拓扑学的原始思想。这些思想在今天应该说是数学中的 (而不仅是某些数学分支中的) 极为重要、基本而深刻的思想。

1. 同调的起源

我们先来看看整体性和局部性的区别。

一个典型的例子是曲面的结构。例如球面和环面 (图 1) 的局部结构是一样的, 如果在球面或环面上取一小块 (如图 1 中的小圆片), 它们的结构都等价于平面上的一小块; 但球面和环面的整体结构是截然不同的, 如果将球面想象为橡皮的, 可以随意拉伸变形, 甚至还可以剪开翻个身再按原缝粘回去, 那么不管怎样做这样的"拓扑变换", 也还是不能把球面变成环面。用拓扑学的术语说, 就是球面与环面不"同胚"。由此可见, 即使完全了解了局部结构, 仍然可能对整体结构毫无所知。

那么, 怎样才能说明球面与环面不同胚呢? 应该说这是一个困难的问题。如同数学中的很多难题 (如罗巴切夫斯基几何不矛盾; 五次以上的代数方程没有一般的解法; 连续统假设不能证明; 方程 $x^n + y^n = z^n$ 当 $n > 2$ 时没有全非零的整数解; 用圆规和直尺不能三等分任意角, 等等) 一样, 我们不能将球面变为环面, 并不是因为我们不够聪明, 即使再聪明的人, 也还是办不到。要说明这一点, 一个基本的想法就是寻找 "拓扑不变量", 就是找一种量, 它在拓扑变换下不变。对于球面和环面, 可以取它们的 "亏格", 就是 "洞" 的个数: 环面有 1 个洞, 即亏格为 1, 而球面的亏格为 0, 由于亏格是拓扑不变量, 这就说明球面与环面不同胚。

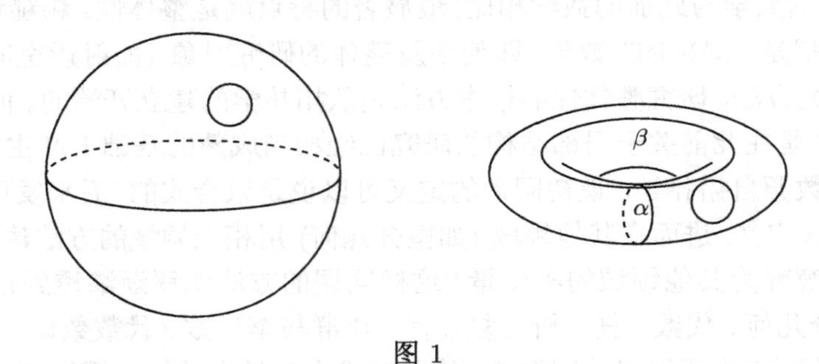

图 1

不过怎样才能定义亏格并说明它是拓扑不变量呢? 最早拓扑学家 (以庞加莱为代表的法国学派) 建立的拓扑不变量是 "组合式" 的, 他们将曲面分割成为小三角形, 例如图 1 中的球面和环面可以分别像图 2 那样分割 (左图中两段 AB 相同, 两段 AC 相同; 右图中两段 l 按箭头方向重合, 两段 l' 按箭头方向重合)。三角形自然都是一样的, 关键在于它们是如何相互 "粘" 起来的 (哪两条边按什么方向粘起来), 这样就把整体结构问题化为组合问题。

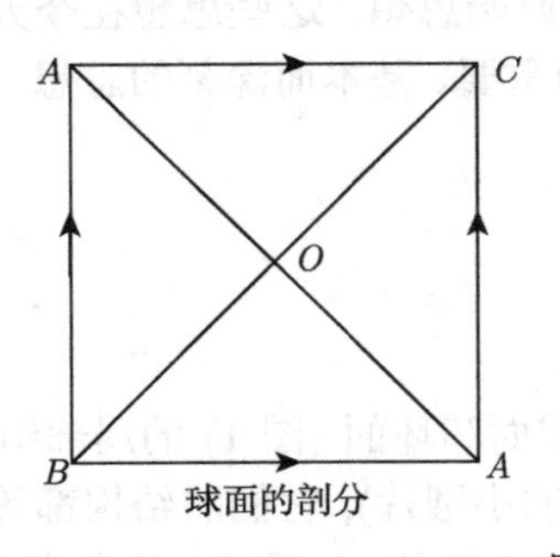

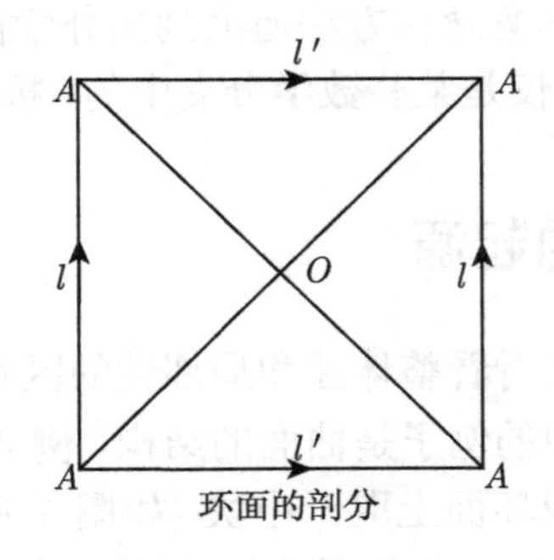

图 2

我们可以将图 2 理解为用 4 个三角形"覆盖"球面或环面, 在覆盖中三角形的边有交迭。注意图 2 中的线段是有"定向"的, 例如两段 l 只能按箭头所示的方向粘合, 如果改变某些线段的定向, 粘合起来将会得到不同的曲面。例如将图 2 中的线段定向改为如图 3, 则粘合后的曲面分别为射影平面和克莱因瓶。

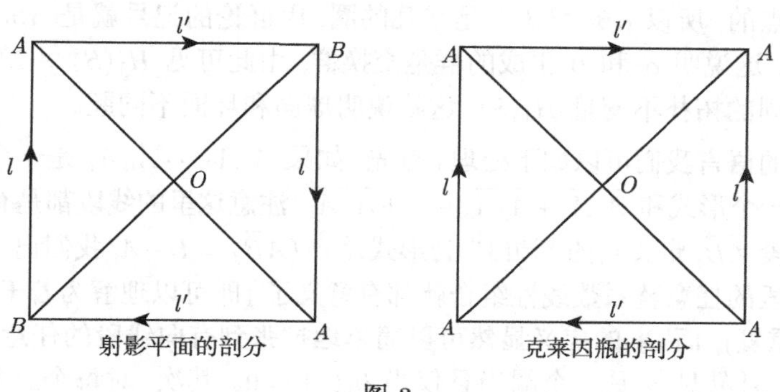

射影平面的剖分　　克莱因瓶的剖分

图 3

用这样的方法就将 (拓扑意义下的) 曲面转化为若干个三角形相互"粘合"所得的图形, 称为"复形" (而三角形则称为"单形"), 这样就将曲面的拓扑结构的研究转化为复形结构的研究。

由图 2 我们可以清楚地看到球面和环面的一个不同点: 如果我们绕着正方形的边框逆时针地走一圈, 对于球面就是沿一条路来回走一次, 而对于环面则是先依次沿两个圈 α 和 β (图 1) 各走一圈, 再依次沿两个圈反向各走一圈。注意圈 α 或 β 在环面上无论怎样移动, 也不可能收缩为一个点, 而球面上任何一个圈都可以收缩为一个点, 这是球面和环面的一个根本区别。

最早的同调方法就是研究圈能否收缩到一个点, 在环面上有很多不能收缩到一个点的圈, 但若一个圈经过移动可以变为另一个圈, 则这两个圈应该看作是"等价"的, 这样的话, 对于环面我们只需要关心两个圈 α 和 β 就够了, 因为其他的圈都可以通过绕 α 和 β 分别走若干次 (包括正、反方向) 得到 (绕 α 和 β 走的次序没有关系)。后来, 由于代数学家的加入, 发现用"群"来刻画一个曲面 S 上的圈的等价类非常合适, 就是说所有这些圈的等价类组成一个阿贝尔群 (两个圈 γ_1 和 γ_2 的"积"就是先沿 γ_1 走一圈再先沿 γ_2 走一圈), 后来被称为 (1 维) "同调群", 记为 $H_1(S)$, 它是曲面的拓扑不变量。

我们来直观地看一下如何计算球面和环面的 (1 维) 同调群。一个圈就是一条曲线, 其起点和终点相同。而一个圈可以收缩到一个点当且仅当它可以被"填满"成为一个圆片, 换言之它是一个圆片的"边缘"。在图 2 中, 正方形内部的圈是不必考虑的, 因为它们都可以收缩为点, 所以只需要考虑边框。对于球, 沿边框反时针方向走一圈相当于从 B 经过 A 走到 C 再走回来, 这个圈当然可以收缩为一个点, 所以实际上没有非平凡的圈，即 $H_1(S)$ 为零群；而对于环面，正方形的任一条边给出一个圈，上下两条边给出同一个圈，记为 α，左右两条边给出同一个圈，记为 β，这两个圈生成 $H_1(S)$，沿边框反时针方向走一圈相当于沿 α 走一圈，再沿 β 走一圈，再沿 α 反向走一圈，再沿 β 反向走一圈，用群论的记号就是 $\alpha\beta\alpha^{-1}\beta^{-1}$，注意正方形是可以收缩到一个点的，所以 $\alpha\beta\alpha^{-1}\beta^{-1}$ 是平凡的圈，用群论的记号就是 $\alpha\beta\alpha^{-1}\beta^{-1}=e$，即 $\alpha\beta=\beta\alpha$，这说明 α 和 β 生成的群是交换群，由此可见 $H_1(S)\cong\mathbb{Z}^2$。由于环面和球面有不同的拓扑不变量 $H_1(S)$，这就说明球面和环面不同胚。

用代数的语言我们可以如下处理。首先，如果 $A_1A_2\cdots A_nA_1$ 是一个圈，我们可以把它记为一个形式和 $\overrightarrow{A_1A_2}+\overrightarrow{A_2A_3}+\cdots+\overrightarrow{A_nA_1}$，注意这里的线段都是有方向的；对任一有向线段 $\overrightarrow{AB}$，定义它的"边缘"为形式差 $\partial_1(\overrightarrow{AB})=B-A$，我们记 $-\overrightarrow{AB}=\overrightarrow{BA}$，这样有向线段的任意整系数线性组合就都有意义了 (即可以理解为若干有向线段的并集，可以重复)，而 ∂_1 的定义显然可以简单地扩张到有向线段的任意一个整系数线性组合 γ，且易见 γ 是一个圈当且仅当 $\partial_1(\gamma)=0$。其次，对每个三角形 $\triangle ABC$ 也可以"定向"，即规定一个法线方向，一般是规定法线方向使得 A,B,C 绕法线方向反时针转，换言之 AB，AC 和法线方向组成一个右手坐标系。这样 $\triangle ACB$ 就和 $\triangle ABC$ 有相反的定向。规定 $\triangle ABC$ 的"边缘"为 $\partial_2(\triangle ABC)=\overrightarrow{AB}+\overrightarrow{BC}+\overrightarrow{CA}$，则有 $\partial_1(\partial_2(\triangle ABC))=0$。显然 ∂_2 的定义可以简单地推广到有限多个三角形的形式和 $\alpha=\sum\limits_{i=1}^{n}\triangle A_iB_iC_i$，即 $\partial_2(\alpha)=\sum\limits_{i=1}^{n}\partial_2(\triangle A_iB_iC_i)$；如果规定 $\triangle ACB=-\triangle ABC$，就和 ∂_2 的定义相容，即有 $\partial_2(-\triangle ABC)=-\partial_2(\triangle ABC)$，这样就可以将 ∂_2 的定义扩展到所有整系数形式线性组合 $\sum\limits_{i=1}^{n}a_i\triangle A_iB_iC_i$ $(a_i\in\mathbb{Z})$。令 C_2 为所有整系数形式线性组合 $\sum\limits_{i=1}^{n}a_i\triangle A_iB_iC_i$ 组成的加法 (自由阿贝尔) 群，C_1 为有向线段的整系数形式线性组合 $\sum\limits_{i=1}^{n}a_i\overrightarrow{A_iB_i}$ $(a_i\in\mathbb{Z})$ 组成的加法 (自由阿贝尔) 群，C_0 为点的整系数形式线性组合 $\sum\limits_{i=1}^{n}a_iA_i$ $(a_i\in\mathbb{Z})$ 组成的加法 (自由阿贝尔) 群，则有一列群同态

$$C.:\quad 0\to C_2\xrightarrow{\partial_2}C_1\xrightarrow{\partial_1}C_0\to 0\tag{1}$$

$C.$ 也称为一个"复形"，这是因为它给出了有向线段和有向三角形的所有关系，从而也就给出了原复形的结构。由 $\partial_1\circ\partial_2=0$ 有 $\mathrm{im}(\partial_2)\subset\ker(\partial_1)$，定义

$$\begin{aligned}H_2(C.)&=\ker(\partial_2)\\H_1(C.)&=\ker(\partial_1)/\mathrm{im}(\partial_2)\\H_0(C.)&=\mathrm{coker}(\partial_1)\end{aligned}\tag{2}$$

分别称为 $C.$ 的第 2、第 1 和第 0 同调群, 其中 $H_1(C.)$ 就是上面所说的圈的等价类组成的群。

我们在上面实际上给出了 $H_1(S)$ 的两个不同的定义, 第一个定义比较直观, 由此可见 $H_1(S)$ 的结构只与 S 的拓扑结构有关, 即在 "拓扑变换"(= 同胚) 之下保持不变。第二个定义, 在计算过程中需要用到一个 "剖分"(即将 S 分割成同胚于三角形的块)。这两个定义是等价的, 因此可以通过相当随意的剖分来计算 $H_1(S)$, 但这两个定义的等价性的证明颇不简单 (见下节)。注意 $H_1(S)$ 是有限生成的阿贝尔群, 它的秩等于 $2g$, 其中的 g 就是 S 的 "亏格"。

点、线段和三角形可以推广到高维, 如四面体 (图 4), 在一般情形称为 "单形"。对高维流形的拓扑结构也可以通过剖分为单形转化为组合问题来研究, 即化为 "复形" 的结构问题。所谓复形就是有限多个单形通过边缘的 "粘合" 而得到的拓扑空间, 而所谓粘合用数学的语言说就是给出一个等价关系而构造商空间。

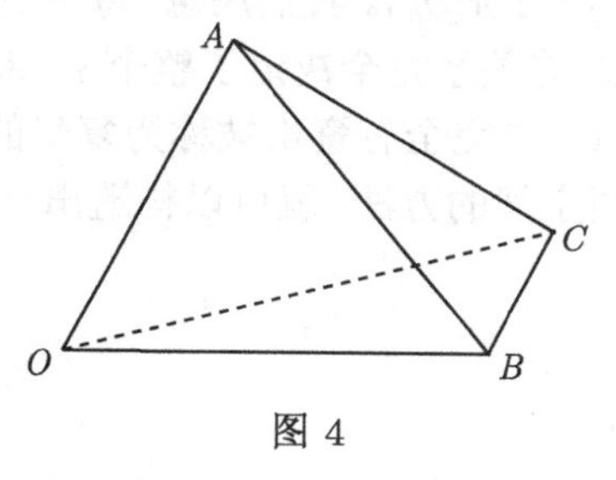

图 4

高维单形也是有 "定向" 的, 为说明这一点, 我们考虑由单形建立的坐标系: 由 n 维单形 $\alpha = A_0A_1\cdots A_n$ 可以建立 n 维实线性空间的一组坐标系, 以 A_0 为原点, $\overrightarrow{A_0A_1}, \cdots, \overrightarrow{A_0A_n}$ 依次为坐标轴。如果交换 A_1 和 A_2, 即考虑单形 $\beta = A_0A_2A_1A_3\cdots A_n$, 则 β 给出的坐标系相当于对 α 给出的坐标系作一个坐标变换, 变换矩阵为在 1-2, 2-1, i-i $(3 \leqslant i \leqslant n)$ 处为 1 而在其余处为 0 的矩阵, 其行列式为 -1, 这说明 α 与 β 不同向, 即在 n 维实线性空间中必须经过反射才能将 α 变为 β。由此及归纳法可见对 $0, 1, \cdots, n$ 的任意置换 σ, 单形 $A_{\sigma 0}A_{\sigma 1}\cdots A_{\sigma n}$ 与 α 同向当且仅当 σ 是偶置换, 故我们规定

$$A_{\sigma 0}A_{\sigma 1}\cdots A_{\sigma n} = (-1)^{\sigma}A_0A_1\cdots A_n \tag{3}$$

其中 $(-1)^{\sigma}$ 当 σ 为偶置换时为 1, 而当 σ 为奇置换时为 -1。只有给出单形的定向才能说明如何将单形粘合成复形。

设拓扑空间 X 可以 "剖分" 为一个复形, 记 C_n 为其中所有 n 维单形的所有整系数形式线性组合组成的加法 (自由阿贝尔) 群, 并推广 ∂_1, ∂_2 的定义:

$$\partial_n(\alpha) = \sum_{i=0}^{n}(-1)^i A_0\cdots A_{i-1}A_{i+1}\cdots A_n \in C_{n-1} \tag{4}$$

(4) 的右端称为一个“交错和”。显然 (4) 可以扩展为一个群同态 $\partial_n : C_n \to C_{n-1}$，不难验证对任意 n 有

$$\partial_{n-1} \circ \partial_n = 0 : \ C_n \to C_{n-2} \tag{5}$$

简言之“交错和的交错和为 0”，这是组合学中的一个简单而基本的重要事实。

如同曲面的情形，一个 m 维复形也给出一列群同态

$$C. : \quad 0 \xrightarrow{\partial_{m+1}} C_m \xrightarrow{\partial_m} C_{m-1} \xrightarrow{\partial_{m-1}} \cdots \xrightarrow{\alpha_2} C_1 \xrightarrow{\partial_1} C_0 \xrightarrow{\partial_0} 0 \tag{6}$$

也称为“复形”，并可定义其第 n 同调群 $(0 \leqslant n \leqslant m)$ 为

$$H_n(C.) = \ker(\partial_n)/\mathrm{im}(\partial_{n+1}) \tag{7}$$

这是因为由 (5) 有 $\mathrm{im}(\partial_{n+1}) \subset \ker(\partial_n)$。我们注意，每个 ∂_n 说明了各 n 维单形与各 $n-1$ 维单形之间的关系，这些关系完全决定了整个 m 维复形的结构，从而完全决定了 X 的拓扑结构，因此 $C.$ 是完全有资格被称为复形的。不仅如此，如果给定一个 $C.$，用上面所说的构造商空间的方法，就可以构造出一个拓扑空间 X，它具有一个复形结构，与 $C.$ 一致。

2. 奇异同调和同伦

在上节我们谈到，对一个曲面任意剖分，可以计算得到亏格 g，它在同构之下与剖分的选择无关。由随意的剖分可以得到确定的量，这真是一个奇妙的事实。但这一事实并不是在拓扑学产生后才发现的。早在 18 世纪，欧拉就发现每个多面体的顶点数 v，棱数 e 和面数 f 满足关系式 $v-e+f=2$。我们注意，这里所说的多面体，都是可以收缩到一个点的，所以其表面同胚于球面。用拓扑学的话说，就是无论怎样将球面剖分为多边形，总的顶点数 v，边数 e 和多边形数 f 满足欧拉公式 $v-e+f=2$。但对于一般的紧致曲面 S 的剖分，这一公式须改为 $v-e+f=2-2g$ (这就是所谓“欧拉示性数”)，其中 g 为 S 的亏格。

一般地，对于拓扑空间 X 的一个剖分，由 $C.$ 所得到的同调群都是 X 的拓扑不变量，但要证明这一点并不容易，因为剖分有很大的随意性，需要证明对于不同的剖分，所得的同调群都是一样的 (严格地应该说是“典范同构”的)。

一个很好的想法是考虑所有可能的剖分，这就只与 X 有关了，具体做法是这样：对任意非负整数取定一个“标准的”单形 $\Delta_n = A_0A_1\cdots A_n$，考虑所有连续映射 $\phi : \Delta_n \to X$，将它们的有限整系数形式线性组合的集合记为 $\tilde{C}_n$；对任意 i $(0 \leqslant i \leqslant n)$，定义 $q_{ni} : \Delta_{n-1} \to \Delta_n$ 为将 $A_0, \cdots, A_{i-1}, A_i, \cdots, A_{n-1}$ 分别映到

$A_0, \cdots, A_{i-1}, A_{i+1}, \cdots, A_n$ 的线性映射, 并由此定义 "边缘映射"

$$\partial_n(\phi) = \sum_{i=0}^{n}(-1)^i \phi \circ q_{ni} \in \tilde{C}_{n-1} \tag{8}$$

这样就定义了一个群同态 $\partial_n : \tilde{C}_n \to \tilde{C}_{n-1}$, 且易见 (5) 成立, 从而给出一个复形

$$\tilde{C}.: \quad 0 \xrightarrow{\partial_{m+1}} \tilde{C}_m \xrightarrow{\partial_m} \tilde{C}_{m-1} \xrightarrow{\partial_{m-1}} \cdots \xrightarrow{\partial_2} \tilde{C}_1 \xrightarrow{\partial_1} \tilde{C}_0 \xrightarrow{\partial_0} 0 \tag{9}$$

称为 X 的 "奇异复形"。显然 $H_n(\tilde{C}.)$ 是 X 的拓扑不变量, 称为 X 的第 n 奇异同调, 以下简记为 $H_n(X)$。

对于一个给定的剖分, 每个 C_n 可以看作 $\tilde{C}_n$ 的子群, 而 ∂_n 的定义在 $C.$ 上和 $\tilde{C}.$ 上一致。令 $i. : C. \to \tilde{C}.$ 为嵌入映射, 则 $i.$ 诱导群同态

$$\bar{i}_n : H_n(C.) \to H_n(\tilde{C}.) \quad (\forall n) \tag{10}$$

我们下面将看到 $\bar{i}_n$ 是同构, 故 X 的拓扑不变量 $H_n(X)$ 可以通过计算 $H_n(C.)$ 得到。

为证明 (10) 是同构, 一个关键的想法是同伦。直观地说, 若一个子空间 $Y \subset X$ 能在 X 中 "连续地变到" 另一个子空间 $Y' \subset X$, 则称 Y 和 Y' 是 "同伦" 的, 而同伦的单形在计算同调时是可以相互替代的。准确的数学定义是: 令 I 为单位线段 $[0,1]$, 若 $f : Y \times I \to X$ 为一个连续映射, 则称两个子集 $f(Y \times \{0\})$ 和 $f(Y \times \{1\})$ 是同伦的 (参看图 5)。特别地, 若 $f : \Delta_n \times I \to X$ 为一个连续映射, 则两个 n 维单形 $f(\Delta_n \times \{0\})$ 和 $f(\Delta_n \times \{1\})$ 是同伦的。注意 $f(\Delta_n \times I)$ 可以看作一个 $n+1$ 维复形, 由图 5 可见它的边界由 Y, $-Y'$ (注意定向) 和 $f(\partial_n(\Delta_n) \times I)$ 组成, 而 $f(\partial_n(\Delta_n) \times I)$ 又可以化为 $\tilde{C}_{n-1}$ 的元, 这样在计算 $H_n(\tilde{C}.)$ 时就可以将 $\tilde{C}_n$ 的生成元 Y 换为 Y', 从而减少生成元, 最终只需要 C_n 的生成元就够了。用复形的语言表达就是: 对每个 n 可取一个群同态 $t_n : \tilde{C}_n \to \tilde{C}_{n+1}$ ($t_n|_{C_n} = 0$), 使得存在复形同态 $p. : \tilde{C}. \to C.$, 满足

$$i_n \circ p_n = \mathrm{id}_{\tilde{C}_n} - t_{n-1} \circ \partial_n - \partial_{n+1} \circ t_n \quad (\forall n) \tag{11}$$

我们说 $i_n \circ p_n$ 与 $\mathrm{id}_{\tilde{C}_n}$ "同伦等价"。由 (11) 就可见 $\bar{i}_n$ 是同构 (其逆为 $\bar{p}_n$): 对任意 $a \in \ker(\partial_n)$ 有 $t_{n-1} \circ \partial_n(a) = 0$, 而 $\partial_{n+1} \circ t_n(a) \in \mathrm{im}(\partial_{n+1})$, 在 $H_n(\tilde{C}.)$ 中的象为 0, 故 $\bar{i}_n \circ \bar{p}_n = \mathrm{id}_{H_n(\tilde{C}.)}$。

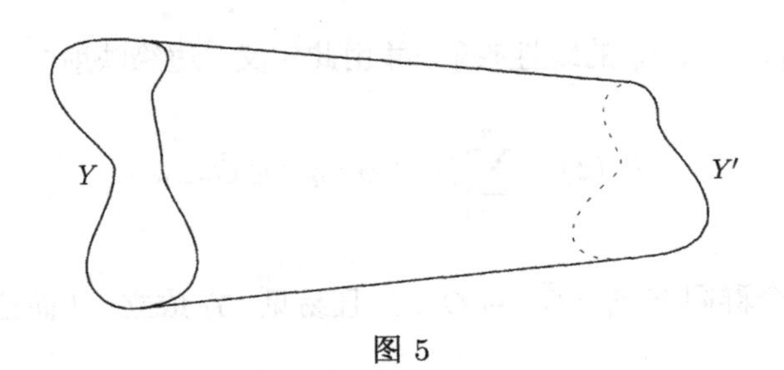

图 5

上面的事实可以总结为如下定理。

定理 1. 任意拓扑空间 X 的各奇异同调 $H_n(X)$ 均为 X 的拓扑不变量 ($n=0,1,2,\cdots$); 若 X 具有复形结构, 相应的复形为 $C.$, 则有典范同构 $H_n(C.)\cong H_n(X)$ ($\forall n$)。

如同上节的直观理解, $H_1(X)$ 说明 X 中 "圈" 的情况 (有没有不能收缩的圈, 如果有, 这样的圈中有几个相互 "独立" 的, 还有更复杂的例如图 3 的情形等), 不难看出 $H_0(X)$ 为自由阿贝尔群, 其秩等于 X 的连通分支的个数。对一般的 $H_n(X)$ 的拓扑意义, 是需要花工夫去理解的。人们后来逐渐发现很多数学对象或性质可以表达为同调, 同时又有很多同调有待理解。

设 X' 为另一个拓扑空间, 对应的奇异复形记为 $\tilde{C}'_.$ (其中的边缘映射记为 ∂'_n)。设 $h:X\to X'$ 为一个连续映射, 则对任意连续映射 $\phi:\Delta_n\to X$, $h\circ\phi:\Delta_n\to X'$ 为连续映射, 这诱导一个 (自由阿贝尔) 群同态 $h_n:\tilde{C}_n\to\tilde{C}'_n$, 且易见有

$$h_{n-1}\circ\partial_n=\partial'_n\circ h_n\quad(\forall n)\tag{12}$$

我们说这给出一个复形同态 $h.:\tilde{C}.\to\tilde{C}'_.$。由 (12) 易见对任意 n, $h.$ 诱导一个群同态

$$h_*:\ H_n(X)=H_n(\tilde{C}.)\to H_n(\tilde{C}'_.)=H_n(X')\tag{13}$$

两个连续映射 $h_1,h_2:X'\to X$ 称为 "同伦等价" 的, 如果存在连续映射 $h:X'\times I\to X$ 使得 $h(0,x)=h_1(x)$, $h(1,x)=h_2(x)$。若两个连续映射 $h,h':X'\to X$ 使得 $h\circ h':X'\to X'$ 与 $\mathrm{id}_{X'}$ 同伦等价, 且 $h'\circ h:X\to X$ 与 id_X 同伦等价, 则称 h 是 "同伦", 此时由上面的讨论过程可以看出, $h.\circ h'_.$ 与 $\mathrm{id}_{\tilde{C}'_.}$ 同伦等价, 而 $h'_.\circ h.$ 与 $\mathrm{id}_{\tilde{C}.}$ 同伦等价, 故 h_* 为同构 ($\forall n$)。总之有如下定理。

定理 2. 设 $h:X\to X'$ 为扑空间的连续映射, 则对任意 $n\geqslant 0$, h 诱导同调群的典范同态 $h_*:H_n(X)\to H_n(X')$。若 h 是同伦, 则 h_* 是同构 ($\forall n$)。

特别地, 注意 Δ_n 与一个点组成的复形 Δ_0 同伦, 故有如下推论。

推论 1. 设拓扑空间 X 同胚于 Δ_n, 则对任意 $i>0$ 有 $H_i(X)=0$, 而 $H_0(X)\cong\mathbb{Z}$。故对 Δ_n 的任意 $i>0$ 维面 $t_1,\cdots,t_r$ 及任意 $n_1,\cdots,n_r\in\mathbb{Z}$, 若

$\partial_i(n_1t_1+\cdots+n_rt_r)=0$, 则存在 $n+1$ 维面 $u_1,\cdots,u_s$ 及 $m_1,\cdots,m_s\in\mathbb{Z}$ 使得 $n_1t_1+\cdots+n_rt_r=\partial_{i+1}(m_1u_1+\cdots+m_su_s)$。

注意这里给出了一个并不简单的组合事实。

复形、同调和同伦的概念, 后来都被推广到很多其他学科中。

3. 覆盖和预层

在附录 B.1 中我们说到, $C.$ 完全决定了可剖分的拓扑空间 X 的拓扑结构。对剖分的方法, 即分割–粘合的方法, 也可以换一种方式理解。记 B_m 为 m 维单位球的内部。设 X 为 m 维流形, 则对任意 $x\in X$ 可以取 x 的一个开邻域 $U\subset X$, 使得 U 同胚于 B_m, 换言之对 X 可取同胚于 B_m 的开集组成的开覆盖。直观地说, X 是由一些 m 维球 "粘" 起来的。若 $Y,Y'\subset X$ 为两个同胚于 B_m 的开子集, 记 $\phi:B_m\xrightarrow{\simeq}Y$, $\phi':B_m\xrightarrow{\simeq}Y'$ 分别为相应的同胚, 则它们在 $Y\cap Y'$ 上的粘合可以理解为一个同胚 $f:\phi^{-1}(Y\cap Y')\to\phi'^{-1}(Y\cap Y')$。若 $Z\subset Y\cap Y'$ 同胚于 B_m 的开子集 (图 6), 则开嵌入 $Z\to Y$ 给出一个开嵌入 $\psi:B_m\to B_m$, 同样开嵌入 $Z\to Y'$ 给出一个开嵌入 $\psi':B_m\to B_m$, 而 $\phi\circ\psi=\phi'\circ\psi':B_m\to X$。易见 $f|_{\phi^{-1}(Z)}$ 由 ψ 和 ψ' 决定, 而所有这样的 Z 组成 $Y\cap Y'$ 的一个开覆盖, 故所有这些 ψ,ψ' 可以决定粘合 f。

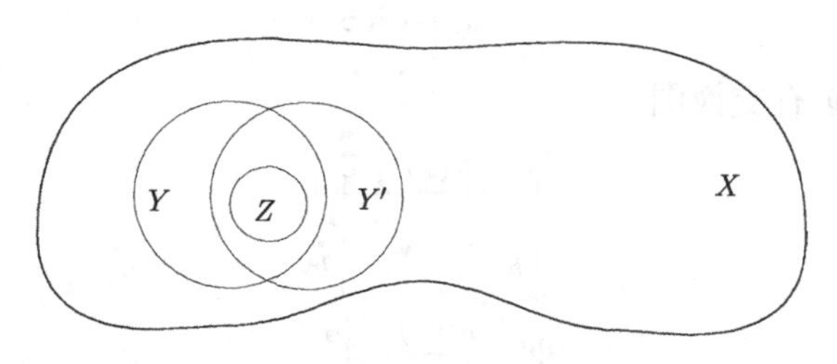

图 6

令 Φ 为所有开嵌入 $B_m\to X$ 组成的集合, Ψ 为所有开嵌入 $B_m\to B_m$ 组成的集合, 则有一个映射

$$F:\Phi\times\Psi\to\Phi$$
$$(\phi,\psi)\mapsto\phi\circ\psi$$

且对任意 $\phi\in\Phi$, $\psi,\psi'\in\Psi$ 有

$$F(\phi,\psi\circ\psi')=F(F(\phi,\psi),\psi') \tag{14}$$

记 $F(\psi):\Phi\to\Phi$ 为映射 $\phi\mapsto\phi\circ\psi$, 则 (14) 可改写为

$$F(\psi\circ\psi')=F(\psi')\circ F(\psi) \tag{15}$$

我们称 F 为一个"预层"。不难看出 F 完全决定 X 的拓扑结构: 对两个同胚于 B_m 的开子集 $Y, Y' \subset X$, 由上所述可见粘合 $f: \phi^{-1}(Y \cap Y') \to \phi'^{-1}(Y \cap Y')$ 由所有 $Z \subset Y \cap Y'$ 给出的 $\psi, \psi' \in \Psi$ 完全决定, 而 X 的拓扑结构可由所有同胚于 B_m 的开子集之间的相互粘合完全决定, 故可由 F 给出的信息完全决定。这里我们可将 Φ 看作一个抽象的集合, 记 $\mathrm{End}(\Phi)$ 为所有映射 $\Phi \to \Phi$ 的集合, 则 F 可看作一个映射 $\Psi \to \mathrm{End}(\Phi)$, 满足 (15)。只需知道集合 Φ 和映射 F 就可完全知道 X 的拓扑结构, 因为这些信息已经说明 X 有哪些同胚于 B_m 的开集及它们通过什么方式相互粘合, 这些粘合方式都可由 Ψ 中的开嵌入给出。因此, 由 (Φ, F) 得到的任何信息都是 X 的拓扑不变量。

注意上面的方法反过来是不能成立的, 即如果任给一个集合 Φ 及一个满足 (15) 的映射 $F: \Psi \to \mathrm{End}(\Phi)$, 不一定有流形 X 使得 (Φ, F) 像上面那样由 X 给出。不过, 如果对 Φ 加上适当的条件, 这样的流形是存在的, 问题在于什么是"适当"的条件。

设 X' 是另一个拓扑空间, 则它也对应于一个预层 $F': \Phi' \times \Psi \to \Phi'$, 其中 Φ' 为所有开嵌入 $B_m \to X'$ 组成的集合。如果 $h: X \to X'$ 是一个开嵌入, 则对任意 $\phi \in \Phi$ 有 $h \circ \phi \in \Phi'$, 这给出一个映射

$$\begin{aligned} h_*: \Phi &\to \Phi' \\ \phi &\mapsto h \circ \phi \end{aligned}$$

易见对任意 $\psi \in \Psi$ 有交换图

$$\begin{array}{ccc} \Phi & \xrightarrow{F(\psi)} & \Phi \\ \downarrow{\scriptstyle h_*} & & \downarrow{\scriptstyle h_*} \\ \Phi' & \xrightarrow{F'(\psi)} & \Phi' \end{array} \tag{16}$$

我们说 h_* 给出从 F 到 F' 的一个"自然变换"。反之, 如果给出从 F 到 F' 的一个自然变换 $\underline{h}$, 则对 X 的任一同胚于 B_m 的开子集 $U \in \Phi$, $U' = \underline{h}(U)$ 为 X' 的同胚于 B_m 的开子集, 且 $\underline{h}$ 给出同胚 $\underline{h}(U): U \to U'$, 易见所有这些同胚都是相容的 (即对任意 $U_1, U_2 \in \Phi$ 有 $\underline{h}(U_1)|_{U_1 \cap U_2} = \underline{h}(U_2)|_{U_1 \cap U_2}: U_1 \cap U_2 \to X'$), 故它们合起来给出一个开嵌入 $h: X \to X'$, 满足 $h_* = \underline{h}$。

特别地, 若 h 是同胚, 则 h^{-1} 诱导自然变换 $h_*^{-1}: \Phi' \to \Phi$, 且显然有 $h_*^{-1} \circ h_* = \mathrm{id}_\Phi$, $h_* \circ h_*^{-1} = \mathrm{id}_{\Phi'}$, 此时我们说 h_* 是一个"自然等价"。总之我们有如下定理。

定理 3. 任意拓扑流形 X 给出一个预层 F 如 (15), 它唯一决定 X 的拓扑结构。若 X' 是另一个拓扑空间, 对应于预层 F', 则一个开嵌入 $h: X \to X'$ 等价于从 F 到 F' 的一个自然变换 h_*。特别地, h 是同胚当且仅当 h_* 是一个自然等价。

4. 上同调及其推广

设 X 为一个拓扑空间, $\tilde{C}.$ 为 X 所对应的奇异复形 (见附录 B.2)。对任意 n, 令 $\tilde{C}^n = Hom(\tilde{C}_n, \mathbb{Z})$ (即阿贝尔群 $\tilde{C}_n$ 的对偶), 则对任意 n, ∂_n 诱导同态 $\delta^n : \tilde{C}^{n-1} \to \tilde{C}^n$, 且显然有 $\delta^n \circ \delta^{n-1} = 0$ $(\forall n)$, 这样就得到一个 "上链复形" $\tilde{C}^{\cdot}$, 它和复形 (亦称 "链复形") 的区别是指标从小到大 (而链复形的指标则是从大到小), 这只是记号上的区别, 实质性的区别是 $\tilde{C}^{\cdot}$ 从 0 开始而 $\tilde{C}.$ 到 0 为止。与同调类似地可以定义 "上同调"

$$H^n(X) = H^n(\tilde{C}^{\cdot}) := \ker(\delta^n)/\mathrm{im}(\delta^{n-1}) \quad (n = 0, 1, 2, \cdots) \tag{17}$$

显然上同调也是拓扑不变量。此外, 若 $f : X \to X'$ 为拓扑空间的连续映射, 则 f 诱导典范同态 $f^* : H^n(X') \to H^n(X)$ $(\forall n)$, 注意它的方向与 f 相反。

注意 $Hom(\tilde{C}_n, \mathbb{Z})$ 的元可以看作 X 的 n 维单形的集合上的整数值函数, 不难将此推广到更一般的 "函数", 例如可考虑取值在一个阿贝尔 (加法) 群 G 中的函数, 即将上面定义中的 $\mathbb{Z}$ 换为 G, 这样仍可以得到一个上链复形 $Hom(\tilde{C}., G)$, 由此得到的上同调记为 $H^n(X, G)$ $(\forall n)$, 当然也是拓扑不变量。令 Σ_n 为 X 中所有 n 维单形的集合, $\tilde{X}_n = \coprod_{\sigma \in \Sigma_n} \sigma$, 则 $Hom(\tilde{C}_n, \mathbb{Z})$ 的元可以看作 $\tilde{X}_n$ 上的局部常值函数。如果取 $G = \mathbb{R}$, 还可以考虑 $\tilde{X}_n$ 上的连续的函数组成的复形。

若 X 是拓扑流形, 则可以用下面的方法计算上同调: 对每个 n, 记 $\Phi_n = \Phi \times \overset{n+1}{\cdots} \times \Phi$ (见附录 B.3), 且对每个 n 及 i $(0 \leqslant i \leqslant n)$ 记 $p_{ni} : \Phi_n \to \Phi_{n-1}$ 为投射 $u = (U_0, \cdots, U_n) \mapsto v_i = (U_0, \cdots, U_{i-1}, U_{i+1}, \cdots, U_n)$。对任意 u, 记 $U_u = U_0 \cap \cdots \cap U_n$。对任意开子集 $U \subset X$, 记 $\underline{G}(U)$ 为 U 上取值在 G 中的函数全体组成的加法群。这样对任意 $\phi \in \underline{G}(U_{v_i})$, p_{ni} 给出 U_u 上的函数 $p^*_{vu,i}\phi = \phi|_{U_u}$。这样就定义了一个群同态 $p^*_{vu,i} : G(U_{v_i}) \to G(U_u)$。若 $v \neq v_i \in \Phi_{n-1}$ 则令 $p^*_{vu,i} : G(U_v) \to G(U_u)$ 为 0。定义

$$\delta^n = \prod_{v \in \Phi_n} \prod_{\substack{u \in \Phi_{n+1} \\ 0 \leqslant i \leqslant n}} (-1)^i p^*_{vu,i} : \prod_{v \in \Phi_n} \underline{G}(U_v) \to \prod_{u \in \Phi_{n+1}} \underline{G}(U_u) \quad (n = 0, 1, \cdots) \tag{18}$$

由 "交错和的交错和为 0" 的原理 (见附录 B.2), 易见 $\delta^{n+1} \circ \delta^n = 0$ $(\forall n)$, 故若记 $C^n(\Phi, G) = \prod_{v \in \Phi_n} \underline{G}(U_v)$, 则得到一个上链复形 $C^{\cdot}(\Phi, G)$, 称为 "切赫复形", 其同调称为 "切赫上同调", 记为 $H^n(\Phi, G)$ $(\forall n)$。利用同伦不难验证有典范同构

$$H^n(\Phi, G) \cong H^n(X, G) \quad (\forall n) \tag{19}$$

此外, 若在 Φ 中任取 X 的一个开覆盖代替 Φ, 则 (19) 仍成立。

综上所述有如下定理。

定理 4. 对任意拓扑流形 X 及任意阿贝尔加法群 G, 令 $\tilde{X}_n$ 为 X 中所有 n 维单形的直并, $C^n(X,G)$ 为 $\tilde{X}_n$ 上取值在 G 中的局部常值函数 (或连续函数, 若 G 有给定的拓扑) 全体组成的阿贝尔加法群, 则得到一个上链复形 $C^{\cdot}(X,G)$, 其上同调 $H^n(X,G)$ $(\forall n)$ 都是 X 的拓扑不变量。若 $f:X\to X'$ 为拓扑空间的连续映射, 则 f 诱导典范同态 $f^*:H^n(X',G)\to H^n(X,G)$ $(\forall n)$。若 X 是拓扑流形, 在 Φ 中任取 X 的一个开覆盖 Φ', 则由 (18) 可以定义切赫复形 $C^{\cdot}(\Phi',G)$, 相应的切赫上同调 $H^n(\Phi',G)$ 典范同构于 $H^n(X,G)$ $(\forall n)$。

由此可见, 对一个拓扑流形 X, 一个 $H^0(X,G)$ 的元相当于对任意 $U\in\Phi$ 给出一个函数 $\phi_U\in\underline{G}(U)$, 使得对任意 $U,U'\in\Phi$ 有 $\phi_U|_{U\cap U'}=\phi_{U'}|_{U\cap U'}$, 而这恰等价于 X 上的一个函数 $\phi\in\underline{G}(X)$, 换言之

$$\underline{G}(X)\cong H^0(X,G) \tag{20}$$

注意若 $G=\mathbb{R}$ 而我们考虑连续函数, 则 (20) 给出关于 X 上的整体连续函数的重要信息。

对 $H^1(X,G)$ 的意义的解释较为复杂, 有多个方面的应用, 如纤维丛和扩张等。

上面的方法可以很自然地推广到一些其他的几何学分支。在微分几何中, 对一个微分流形 X 可以取 Φ 为所有微分开嵌入 $B_m\to X$ 组成的集合, 则和定理 3 类似, X 给出一个预层 F, 而 X 在微分同胚之下由 F 唯一决定。取 $C^n(\Phi,\mathbb{R})$ 为 $\coprod\limits_{U\in\Phi}U$ 上连续可微函数全体组成的阿贝尔加法群, 则和定理 4 类似地可以定义切赫复形, 相应的切赫上同调是微分几何不变量。特别地 $H^0(\Phi,\mathbb{R})$ 可以看作 X 上的整体连续可微函数的集合。

类似地, 在复几何中, 对一个复流形 X 可以取 Φ 为复单位球到 X 的所有复解析开嵌入组成的集合, 则和定理 3 类似, X 给出一个预层 F, 而 X 在复解析同构之下由 F 唯一决定。取 $C^n(\Phi,\mathbb{C})$ 为 $\coprod\limits_{U\in\Phi}U$ 上复解析函数全体组成的阿贝尔加法群, 则和定理 4 类似地可以定义切赫复形, 相应的切赫上同调是复几何不变量。特别地 $H^0(\Phi,\mathbb{C})$ 可以看作 X 上的整体复解析函数的集合, $H^1(\Phi,\mathbb{C}^*)$ 可以看作 X 的皮卡群 (关于皮卡群的概念参看复几何或代数几何教科书及习题 XII.B)。

上面的方法也可以用 “层” 的概念来说明。直观地说, (20) 的实质是将整体函数分解为 “局部函数” 再 “粘” 起来, 这提示我们在研究整体性质时, 不仅要考虑整体函数 (即 X 上的函数), 而且要考虑局部函数, 即定义在每个开子集上的函数, 在大开集上的函数可以限制在小开集上, 所有这些资料合起来称为一个 “函数层”。一个函数层可以给出关于 X 的拓扑结构的很多信息。(对微分流形我们关心连续可微函数层, 而对复解析流形我们关心复解析函数层。) 层可以看作预层的特殊情形

(参看例 XII.1.1)。我们下面将看到, 预层和层可以用函子的语言来刻画。

一般说来, 一个几何分支所研究的对象是一类 "空间", 它们通常具有某种拓扑结构, 并有一类特定的函数, 这些函数通常是局部的 (即定义在开子集上), 对此可以用函数层来准确地表述。函数层给出几何结构的重要而基本的信息, 例如 m 维微分流形可以定义为一个带有函数层的拓扑空间, 局部同构于 B_m 及其上的连续可微函数层, 若将空间分解为同构于 B_m 的开子集的并, 则函数层说明如何将这些开子集粘合。

和同调的情形类似 (参看附录 B.3), 若 X 同胚于 B_m, 则对任意 $n>0$ 有 $H^n(X,G)=0$, 这说明 $C^\cdot(X,G)$ (或切赫复形 $C^\cdot(\Phi',G)$) 在指标 $n>0$ 处都是正合的。对于一般的 X, 由此可见对任意同胚于 B_m 的开子集 $U\subset X$, $C^\cdot(X,G)$ 和 $C^\cdot(\Phi',G)$ 在 U 上的限制在指标 $n>0$ 处都是正合的, 换言之 $C^\cdot(X,G)$ 和 $C^\cdot(\Phi',G)$ 在指标 $n>0$ 处是 "局部正合的"。如果在 $C^\cdot(X,G)$ (或 $C^\cdot(\Phi',G)$) 前面再加上一项 $\underline{G}(X)$, 则由 (20) 可见所得的复形是局部正合的, 称为 $\underline{G}$ 的一个 "预解"。

一个复形如果在指标 $n>0$ 处都是正合的, 则称为 "零调的"。由上所述 $C^\cdot(X,G)$ 和 $C^\cdot(\Phi',G)$ 的每一项都是零调的, 上面说的 $\underline{G}$ 的预解称为 "零调预解"。考虑到同调的组合特性, 就可看到对 $\underline{G}$ 的任一零调预解 $C^\cdot$ 都有 $H^n(C^\cdot)\cong H^n(X,G)$ (前面所说的预解只是一些特殊情形), 对此不难利用同伦证明。

明白了这一点, 我们在计算同调时就不必局限于使用上面的两类预解, 而可以相当自由地选择方便的零调预解。这样就可能将同调应用于更广的领域。

例如在代数学中, 考虑一个环 R 上的模 M, 其上的 "函数" 可以理解为 R-模同态 $M\to N$, 其中 N 是另一个 R-模。此时 R 本身作为 R-模是零调的 (用代数的术语说, $Hom_R(R,\cdot)$ 保持正合性), 可以担当上面的 Δ_n 或 B_m 的角色。由此可以 "分解" M, 即给出一个正合列

$$\cdots\to F_n\to\cdots\to F_0\to M\to 0 \tag{21}$$

其中每个 F_n 是 R 的一些拷贝的直和。注意这里并没有要求 M 有拓扑结构, 倒是有代数结构。不过由于 "分解的组合特性" (参看前面剖分、覆盖等的组合特性), 分解 (21) 可起与剖分、覆盖等类似的作用。这里我们遇到的本质上还是交错和, 这一点由科斯居尔复形 (参看 XV.2) 可以很明显地看到。

对 (21) 去掉 M 再应用 $\underline{N}=Hom_R(\cdot,N)$, 就得到一个相当于上面的 $C^\cdot(X,G)$ 的上链复形

$$0\to Hom_R(F_0,N)\to\cdots\to Hom_R(F_n,N)\to\cdots \tag{22}$$

其第 n 同调记为 $Ext_R^n(M,N)$。与奇异同调类似, $Ext_R^n(M,N)$ 在同构之下由 M,N 唯一决定 (即与 (21) 的选择无关), 要说明这一点只需把同伦的概念搬过来 (注意

同伦也可以用组合的方式表达)。至于这些同调的意义, 我们知道 $Ext_R^0(M,N) \cong Hom_R(M,N)$, 而 $Ext_R^1(M,N)$ 可以看作 R-模的 "扩张" $0 \to N \to E \to M \to 0$ 的等价类的集合。

5. 同调代数的产生

同调代数约形成于 20 世纪 40 年代中期, 现在我们所能查到的最早文献是 S. Eilenberg 和 S. MacLane 的几篇奠基性的论文 (见 [6], [7], [8])。我们来简略地看一下当时和后来建立的基本概念和方法。

上节中的 $\underline{G}, \underline{N}$ 等可以推广到更一般的 "函子" 概念, 附录 B.3 中的 F 也可以看作函子, 而函子的一般概念需要建立在 "范畴" 的框架下。(范畴的概念需要通过大量的例子来理解, 参看 XI 章。) 范畴是比集合高一个层次的概念, 因此可以突破集合论框架的局限, 例如可以考虑不同的范畴之间的关系。(尽管如此, 现在的大部分数学仍是建立在集合论的框架之下。) 另一方面, 范畴又比集合有更丰富的内在结构, 这就是 "态射"。这里可以隐约看到拓扑学的影响, 例如一个拓扑空间 X 就可以看作一个范畴, 其 "对象" 是 X 的所有开子集, 而态射是开子集之间的包含映射。然而, 沿着范畴的方向可以走得很远, 例如可以考虑一些抽象的交换图的范畴。

函子的概念可以看作集合论中的 "映射" 概念在范畴论中的提升, 即为两个范畴之间的 "映射"。由于范畴中有内在结构 —— 态射, 函子必须是 "保结构" 的, 即将态射映到态射, 并保持态射的合成。一个任意范畴到集合范畴的函子称为 "预层"。对于一个拓扑空间 X, 我们可以将它看作一个范畴, 其对象为 X 的所有开子集, 而态射就是开子集之间的包含映射 $U \to U'$ (如果 $U \subset U'$); 如果 X 是 n 维拓扑流形, 也可以将这个范畴改为所有同胚于 n 维单位球的开子集组成的范畴。我们在前面 (附录 B.3) 已经看到预层的重要作用: 一个流形的拓扑结构可以由相应的预层唯一决定, 因此经常可能将拓扑问题转化为较简单的集合问题。这一原理可以推广到很多领域, 通称为 "抽象废话", 它们尽管是 "废话", 却很有用, 甚至是强有力的。由此可见, 同调代数的作用并不仅仅是给出 "同调"。

当然, 同调代数的一个最重要的作用是将同调的概念和方法建立在一个一般的框架上。一类重要的情形是 "阿贝尔范畴", 它是阿贝尔群、模等范畴的推广, 典型的例子有拓扑空间上的阿贝尔群层范畴等。尽管同调理论不一定要建立在阿贝尔范畴上, 迄今为止大部分同调理论都是建立在阿贝尔范畴上的。对于阿贝尔范畴, 我们通常通过投射或内射预解来建立同调。拓扑学中的同调论的很多概念和方法都可以推广到很一般的情形, 例如短正合列诱导的长正合列, 屈内特公式, 迈耶–菲托里斯序列, 同伦, 谱序列等 (参看 XIII 章)。

在哲学上, 这些概念和方法都可以理解为处理 "局部和整体的关系"。对于 "局部", 除了像上面那样从剖分或覆盖的角度理解外, 还可以从 "局部函数" 的角度理解: 设 X 是拓扑空间, $x \in X$, 一个 "x 附近的局部函数" 是指定义在 x 的一个开邻域 $U \subset X$ 上的连续函数, 我们只关心函数在 x 附近的值, 就是说, 两个函数如果在 x 的一个开邻域上相等, 就看作同一个函数。用交换代数的语言说, 所有 x 附近的局部函数组成一个局部环 $O_{X,x}$, 其中所有在 x 点取值 0 的函数组成它的极大理想 m_x。这个概念很容易推广到其他几何: 在微分几何中, 我们关心的是连续可微函数, 此时我们取 $O_{X,x}$ 为 x 附近的连续可微函数组成的局部环, 其极大理想仍是所有在 x 点取值 0 的函数组成的理想 m_x; 在复几何中, 我们关心的是复解析函数, 此时我们取 $O_{X,x}$ 为 x 附近的复解析函数组成的局部环, 其极大理想仍是所有在 x 点取值 0 的函数组成的理想 m_x。这个概念和前面所说的层的概念有密切的联系, 因为层原本是考虑所有局部函数而得到的概念。

如果考虑代数流形, 自然就应该取 $O_{X,x}$ 为 x 附近的代数函数组成的局部环, 而代数函数就是多项式函数的商 (即分式), 由此就可想到在一般的代数对象 (包括数论对象如整数环) 中, 函数环 (或数环) 的 "局部化" 就是用一些函数 (或数) 作分母。不过这样的局部化有时还嫌不够 "局部", 因为一个分式 $\dfrac{f}{g}$ (f, g 为多项式函数) 的定义域还很大, 不像解析函数那样可能只在一个有界的开集上有定义。因此这样的函数环的结构仍可能很复杂, 具有某种整体特征。一个进一步 "局部化" 的方法是形式完备化, 即取所有的形式幂级数, 这包括了所有的解析函数, 但很多形式幂级数不是解析函数, 没有解析函数那样好的性质, 而这样得到的函数环的结构比解析函数环还要简单, 可能更适合作为粘合的基本 "砖块"。

我们在下一节还将看到在更广范围的 "局部" 概念及其意义。

我们注意, 在拓扑学中对 "局部" 的理解已经与此前的几何学很不相同了。例如在实分析中, 一个数 $x \in \mathbb{R}$ 的 "附近" 是指一个邻域 $\{a \in \mathbb{R}|\ |a - x| < \epsilon\}$, 这里 ϵ 是一个 "充分小" 的正数, 但这样的定义离不开大小关系; 而在拓扑学中, 一个点 x 的 "附近" 是指 x 的一个开邻域, 这样就不需要考虑大小关系 (这种定义可以使问题简化, 更有利于抓住问题的关键)。实际上, 在应用同调代数的很多领域除了包含关系外未必还有其他的大小关系, 而在这些领域仍可以理解 "局部", 但即使在直观上也未必能把 "局部" 理解为 "小范围"。例如在代数几何中采用的察里斯基拓扑, 其开集都是很 "大" 的, 在代数学中的多项式环、自由模等也常被看成 "局部" 的对象, 这里的 "局部" 也没有 "小" 的意义。

理解了 "局部", 就不难理解同调是处理局部和整体的关系的工具, 在哲学上我们仍然可以认为整体是由局部 "粘合" 起来的, 而粘合自然应该具有 "组合特点"。这一点我们在下一节还会从其他角度看到。

一般地可以将零调对象理解为具有某种“局部性”，所以取零调预解就可以看作将整体“拆开”成为“砖块”(局部)。

函子之间的“映射”就是“自然变换”，我们在前面已看到，如果用预层来决定拓扑流形，则拓扑流形间的开嵌入就等价于相应的预层之间的自然变换，这一原理同样可以推广到很多领域，一般也是抽象废话。如果建立了这些函子的同调理论，则自然变换经常可以给出同调之间的“映射”，准确地说是同调函子之间的自然变换，而且这些自然变换之间还有一些自然的联系。

在哲学上，数学研究的对象从根本上说是来自自然界，因此研究的对象和方法是否“自然”就非常重要。“自然”的反义词是“人工”，那些生硬的或凑合的构造、随意的或无理的条件、与客观事实明显相悖的假设等都属于这一类。但在数学中什么是“自然”呢？自然变换的概念启发我们对这一问题的理解。例如，设 $\mathfrak{C}$ 为所有有限 (加法) 阿贝尔群的范畴，一个有限阿贝尔群 G 到自身有一个同态 $2\cdot : G \to G$，将每个元 $g \in G$ 映到 $2g$，这个同态对所有阿贝尔群是一致的，用范畴论的语言说，可以看作 $\mathrm{id}_{\mathfrak{C}}$ 到自身的一个自然变换，所以我们说同态 $2\cdot$ 是自然的 (也说它是“函子性”的)。另一方面，G 与其对偶 $\hat{G} = Hom(G, \mathbb{Q}/\mathbb{Z})$ 总是同构的，但我们没有一个“自然”的方法给出同构 $G \to \hat{G}$ (对每个 G 只能“人工”地给出一个同构 $G \to \hat{G}$，而且这种构造一般不是唯一的)，换言之没有“函子性”的同构 $G \to \hat{G}$。这是因为，如果有一个有限阿贝尔群的同态 $f : G \to H$，则 f 自然地给出一个同态 $\hat{f} : \hat{H} \to \hat{G}$，而不是 $\hat{G} \to \hat{H}$!

“自然”的概念同样可以追溯到拓扑学。如附录 B.3 中的函子 F 就不是可以随意构造的：需要对每个 ψ **同时**给出 $F(\psi) : \Phi \to \Phi$，要保证它们相容是很高的要求。尽管这样的构造是经常需要的，但流形归根结底不是被“构造”出来的，而只是被“发现”的，它们本来就存在于自然界。

由于拓扑学的一些基本思想和方法已经渗入几乎整个数学以及物理等其他学科，在今天不变量、不变性质等概念已经深入人心，这在同调代数上的一个表现是对“典范性”(等价于函子性或自然的) 的深入理解和重视。例如，一个微分流形 (或解析空间、概形等) 上有很多层，但人们特别注意典范的层，如微分层，其重要性与其典范性密切相关。又例如，对于一个诺特环上的有限生成模，菲廷理想具有典范性 (参看习题 VI.5)，而其重要性也是与其典范性密切相关的。

总之，同调代数的基本概念如范畴、函子、自然变换、函子的同调、抽象废话等都是很自然地产生的，它们给出了一个很宽广的框架，可以应用于很多领域，给出不变量、不变性质、等价和约化的方法等 (详见第 XI, XII, XIII 章)。还应指出，范畴虽然比集合在逻辑上高一个层次，仍有更高层次的数学概念，如二范畴 (two category)。

同调代数不仅给出强有力的数学工具，给出新的数学课题，而且使数学家从更高的视点观察和理解数学, 形成新的哲学理念。

6. 同调代数向各数学领域的渗透

同调代数逐渐渗透到数学的很多领域, 其中有些领域与拓扑学相距甚远, 以至很难看出其与拓扑学中同调的原始思想的联系。我们下面来看几个领域中的初步例子, 希望由此说明, 虽然有些领域看上去与拓扑学相距遥远, 但从其中的同调仍能看到同调论原始思想的内核。

例 1. 纤维丛。

拓扑学中的纤维丛是指局部平凡族。详言之, 一个拓扑空间的连续映射 $f: X \to S$ 称为 S 上的一个纤维丛, 如果存在一个拓扑空间 F, 使得对任一点 $s \in S$ 有一个开邻域 $U \subset S$ 及一个同胚 $\phi: f^{-1}(U) \xrightarrow{\simeq} F \times U$, 满足 $f|_{f^{-1}(U)} = \mathrm{pr}_2 \circ \phi$。此时 F 称为这个纤维丛的纤维。$F \times S$ 当然是一个纤维丛, 称为平凡的纤维丛。一般的纤维丛虽然局部 (即在足够小的开集 $U \subset S$ 上) 结构和 $F \times S$ 一样, 但整体结构却可能不同。例如设 S 为圆周, F 为线段, 则有两个熟知的纤维丛, 一是环带, 另一是默比乌斯带 (图 7)。这两个纤维丛是显然不同的, 因为前者是双侧的而后者是单侧的。

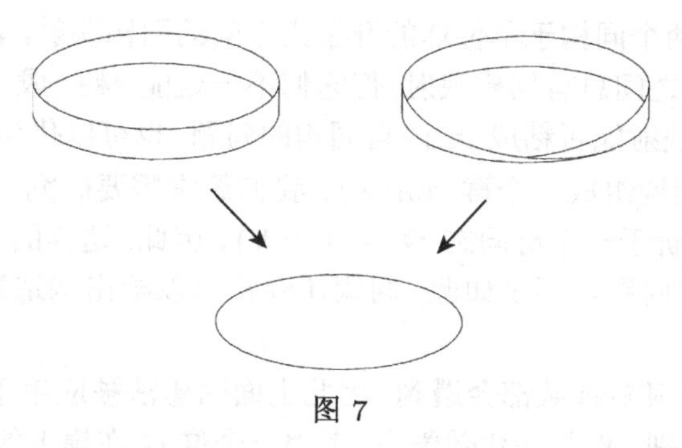

图 7

由于纤维丛也是局部平凡而整体不平凡的一类数学对象, 很自然地可以应用同调的思想和方法来研究, 简言之, 就是把纤维丛的结构归结为平凡纤维丛如何"粘"成整个纤维丛的问题, 从而用一种同调来刻画。

构造纤维丛需要将平凡的纤维丛"粘"起来, 但如同上节对流形所说的, 纤维丛归根结底不是被"构造"出来的, 而只是被"发现"的, 它们本来就存在于自然界。如果"粘"不起来, 那就是有"障碍", 而障碍也是可以用同调来刻画的。

纤维丛不仅在拓扑学中, 而且在其他几何分支中的重要对象。向量 (空间) 丛就是其中常见的一类, 例如在微分几何中, 设 $S = \mathbb{P}^1_{\mathbb{R}}$ (即圆周), $V = \mathbb{R}^2$, 则 $V \times S$

为 S 上的平凡平面丛, 它有一个子丛

$$L = \{(x_0, x_1, X_0 : X_1) | x_0 X_0 + x_1 X_1 = 0\} \subset V \times S \tag{23}$$

这是 S 上的一个非平凡直线丛, 它像默比乌斯带那样, 是单侧的。与此对照, 一个平凡实直线丛 $\mathbb{R} \times S$ 则为圆柱面, 是双侧的。向量丛的概念可以推广到复几何、代数几何、数论等。

纤维丛与层有密切的关系, 例如向量丛就等价于局部自由层。这里我们要推广层的概念。在上节我们看到, 一般的预层就是一个范畴 $\mathfrak{C}$ 到集合范畴的反变函子, 对于一个拓扑空间 X, 可以取 $\mathfrak{C}$ 为 X 的所有开子集组成的范畴。一个预层中的元 (称为 "截口") 一般还不能看作函数, 因为一个函数是由它在各点的值唯一决定的。对函数的值域则可放宽限制, 例如可以考虑向量值函数。这样, 对预层加上一些必要的条件, 就可以将附录 B.4 中函数层的概念推广到一般的层的概念 (参看例 XII.1.1)。下面我们还会看到其他重要的层。

对流形上的向量丛的同构分类, 引导出一类同调论 —— K-理论, 这种理论后来又渗透到代数、数论等学科中, 成为又一个强有力的工具。

例 2.　群的同调。

考虑一个流形 X 的自同构 $f : X \to X$。若 $U \subset X$ 为同构于单位球的开子集, 则 $f|_U$ 给出 X 的两个同构于单位球的开子集之间的同构映射。注意任意两个同构于单位球的开子集之间总有同构映射, 但它们不一定能 "粘" 成 X 的自同构。不难看到, 局部的同构映射能否粘成 X 的自同构的问题, 也可以化为同调的问题。

X 的所有自同构组成一个群 $Aut(X)$。我们经常需要研究一个给定的群 G 在 X 上的作用, 这等价于一个群同态 $G \to Aut(X)$。因此, 这样的作用是否存在也经常可以化为同调的问题。不仅如此, 同调还经常可以给出构造群的作用或同态的途径。

群及其作用在很多领域都会遇到, 因此上面的想法被应用于许多不同的学科, 其表现往往千差万别。例如在代数学中, 考虑一个群 G 在模上的作用, 就给出一个函子, 将一个模 M 对应于其中的 G-不变元组成的子模 M^G。这个函子的同调可以用来研究 G-模的结构和扩张等。这里所用的预解中, 边缘同态也是一种交错和。

在数论中常考虑的群是伽罗瓦群, 相应的同调就是伽罗瓦上同调。

对于一般的群的同调问题, 常常也可以从局部与整体的关系的角度来理解。例如对于一个有限覆盖 $X \to Y$ 及一个群 G 在 Y 上的作用 ρ, 是否 ρ 可以提升为 G 在 X 上的一个作用, 一般局部总是可以提升的, 而整体上是否能够提升就是 "障碍" 问题, 可能转化为同调来研究。如果将 $X \to Y$ 换成模的同态或某些其他范畴中的态射, 那么离开拓扑学就很远了 (参看附录 B.4 中模的扩张)。

如果我们沿这个方向深入探讨, 会发现群的作用与整体几何结构有很多类似之处 (参看 [18])。在哲学上可以这样理解: 我们经常需要研究某个对象 X 的运动 (或对称性), 如果考虑 X 的某一类运动的**全体**组成的集合 G, 那就进入了群论, 因为 G 是一个群, 而 X 的这一类运动就可以理解为 G 在 X 上的作用。因此群的作用所表现出来的整体性是由于它代表了**所有**这一类运动。例如当 X 为单位球而对称性为刚体对称时, 绕一条固定的轴作小角度旋转可看作 "局部的" 运动, 而所有运动组成一个同构于 $O_3(\mathbb{R})$ 的群, 它在 X 上的作用是可迁的, 自然会给出关于 X 的整体结构的信息。

例 3. 德拉姆复形。

对于一个微分流形 X, 一个自然而又极重要的层是微分层 Ω^1_X, 它的 n 次外积就是外微分层 Ω^n_X。外微分可以推广到任何有微分结构的几何中, 甚至代数中。

所有 Ω^n_X 给出一个 "德拉姆复形"

$$\Omega^{\cdot}_X : 0 \to O_X \to \Omega^1_X \to \cdots \to \Omega^n_X \xrightarrow{d_n} \Omega^{n+1}_X \to \cdots \tag{24}$$

这里 d_n 为外微分映射, 它实质上也是一种交错和 (模去一些等价关系, 参看 [18])。德拉姆复形的同调, 即德拉姆上同调, 是非常重要的不变量。

如果有一个连续群 G 作用在 X 上, 就会按例 2 的方式给出一个复形, 这个复形与 $\Omega^{\cdot}_X$ 之间有一个典范同态, 给出两种交错和之间的联系 (参看 [18])。

在上面的几个例子中, 以及很多其他的情形, 同调的计算常需要先选择一些不确定的量, 而通过计算可由这些不确定的量得到确定的量, 这是与以往的数学有显著区别的一个特点 (以往的计算都是由确定的量计算确定的量)。

例 4. adele。

局部和整体的关系的概念也被引入数论。和代数函数类比 (见上节), 整数环 $\mathbb{Z}$ 的局部化就是添加一些分母 (给出一些有理数组成的环), 而且还有更强的局部化, 就是完备化, 直观地说就是取极限。例如实数和 p-进数都是由有理数取极限得到的。

设 K 为数域 (即有理数域 $\mathbb{Q}$ 的有限扩张), 每个 K 的赋值 (参看 II.4) 称为 K 的一个 "位", 对每个位 v 有一个 K 的完备化 K_v, 直积 $\mathbb{A}_K = \prod\limits_v K_v$ 给出 K 的所有 "局部" 信息, 称为 K 的 adele 环。一般说来, 一个困难的问题在局部化后会变得较为容易。有些问题只要把局部情形都解决就完全解决了, 但并非总是如此, 因为所有 K_v 之间并非完全相互独立, 而是有整体的关联的。一个重要的整体关联就是 "互反律"。因此在较深入的研究中经常要顾及局部–整体原则。

7. Grothendieck 建立的一般同调理论

前面我们已经看到, 同调的概念和方法可以推广到很一般的范畴和函子。但是所得到的同调可能很抽象, 常常需要花很大的工夫才能具体地理解。而且所得到的同调不变量能解决什么问题, 能否满足我们的需要, 也常常是个问题。

Grothendieck 对于拓扑学和同调代数有非常深刻的理解和洞察。在 20 世纪 60 年代, 他在代数几何中建立了一套一般的同调论框架, 在这个框架中填入一种具体内容就得到一种同调, 因此可以根据具体需要填入不同的内容而得到不同的同调理论。

前面我们已看到, 预层是可以推广到很一般的范畴的, 但层却不然。仔细观察层所需要满足的条件就会发现, 为在一个范畴 $\mathfrak{C}$ 上定义层, 需要 $\mathfrak{C}$ 中有给定的 "覆盖", 这是一类态射, 满足几条基本公理。这种范畴称为 "site"。对一个 site $\mathfrak{C}$ 可以定义层, 包括群层、模层等, 即可取不同的 "值域"。如果所取的 "值域" 是阿贝尔范畴, 则所有层组成一个新的阿贝尔范畴, 称为一个 "topos"。如果在一个 topos $\mathfrak{T}$ 中有足够的投射对象或足够的内射对象 (一般不会同时都有), 则对 $\mathfrak{T}$ 到另一个阿贝尔范畴 $\mathfrak{T}'$ 的加性函子 $F:\mathfrak{T}\to\mathfrak{T}'$ 可以定义同调函子 $H_i(F)$ 或上同调函子 $H^i(F)$, 它们满足同调的一般性质。

自从 Grothendieck 建立一般同调理论的框架后, 很多学者用它建立了不计其数的同调论, 有时甚至仅为解决一个问题就建立一种同调。对于算术代数几何, 后来起作用最大的新同调论是平展上同调和晶体上同调, 它们的定义都颇不简单。

注意同调也具有典范性。一般意义上的同调, 是 "导出函子" (derived functor), 其一般性质 (结构) 也是同调代数的研究课题。不仅如此, 由这些结构还可得到 "导出范畴" (derived category) 的概念, 近年来它已成为研究原范畴的一个新途径 (例如通过研究一个空间 X 上的函数层范畴的导出范畴来研究函数层范畴, 并进而研究空间 X 的结构)。

Grothendieck 的一般同调理论框架也可以应用于其他学科, 不过迄今为止主要是在代数几何中使用。

若希望全面了解同调代数近年来的进展, 可参看 [10]。

附录C 习题解答或提示

I.9* 必要性是显然的。为证充分性, 只需证明任一不可约元是素元。设 a 为不可约元, $b,c\in R$ 使得 $bc\in(a)$, 即存在 $r\in R$ 使得 $bc=ra$。将 b,c,r 分别分解为不可约元的积, 则由 bc 的分解的唯一性, 在 b 或 c 的分解中有一个不可约元等于 ua, u 为单位, 故或者 $a|b$, 或者 $a|c$。这说明 (a) 是素理想。

I.15* 因 P 是投射模, 满同态 $P\to P/K\cong P'/K'$ 可以提升为一个同态 $f:P\to P'$, 同理 $P'\to P/K$ 可以提升为 $f':P'\to P$。定义 $P\oplus P'$ 的自同态

$$\Phi=\begin{pmatrix}\mathrm{id}_P & f'\\ -f & \mathrm{id}_{P'}-f\circ f'\end{pmatrix},\quad \Psi=\begin{pmatrix}\mathrm{id}_P-f'\circ f & -f'\\ f & \mathrm{id}_{P'}\end{pmatrix}$$

则易见 $\Phi(K\oplus P')\subset P\oplus K'$, $\Psi(K'\oplus P)\subset P'\oplus K$, 且 $\Phi\circ\Psi=\Psi\circ\Phi=\mathrm{id}_{P\oplus P'}$。

II.5* i) 若 $\Delta=fg$ $(f,g\in\mathbb{Z}[\sigma_1,\cdots,\sigma_n]-\mathbb{Z})$, 则必有一个 $(x_i-x_j)|f$, 由 f 的对称性可见 $\tau-\tau'=\prod\limits_{i>j}(x_i-x_j)|f$, 同理 $\tau-\tau'|g$, 从而有 $f=g=\pm(\tau-\tau')$, 但 $\tau-\tau'$ 不是 $x_1,\cdots,x_n$ 的对称多项式, 矛盾。

ii) 由 i) 的证明可见 $\tau-\tau'|f$, 故 $\Delta=(\tau-\tau')^2|f^2$, 再由 i) 得 $\Delta|f$。

iii) 只需注意 $\tau\notin K(\sigma_1,\cdots,\sigma_n)$。

iv) 令 $R=\mathbb{Z}[\sigma_1,\cdots,\sigma_n]$, $A=\mathbb{Z}[\sigma_1,\cdots,\sigma_n,\tau]$。利用例 2.4 的方法, 只需证明 A 整闭。设 $a+b\tau$ $(a,b\in\mathrm{q.f.}(R))$ 是在 A 上整的, 则 $((a+b\tau)-(a+b\tau'))^2=b^2\Delta$ 是在 R 上整的, 故 $b^2\Delta\in R$, 从而由 i) 得 $b\in R$。于是 a 在 R 上是整的, 从而 $a\in R$。

III.2* 设 P 为 $k[x_1,\cdots,x_n]$ 的极大理想。令 $R_i=k[x_1,\cdots,x_i]$, $P_i=P\cap R_i$ $(1\leqslant i\leqslant n)$。注意 R_i/P_i 是域上的一元多项式代数是 PID, 可见每个 $P_i/P_{i-1}R_i\subset R_{i-1}/P_{i-1}[x_i]$ 由一个元生成, 故 P 由 n 个元生成。

III.4* 用反证法, 若 R 中有理想不是有限生成的, 易见在所有非有限生成理想组成的集合中, 每个全序子集都有上界, 故由佐恩引理知其中有一个极大元 I。由所设 I 不是素理想, 故存在 $a,b\in R-I$ 使得 $ab\in I$, 于是 $(I,b)\supsetneq I$, $a\in(I:b)\supsetneq I$, 故由 I 的极大性可知 (I,b) 和 $(I:b)$ 都是有限生成的。易见可取有限多个元 $b_1,\cdots,b_m\in I$ 使得 $(I,b)=(b_1,\cdots,b_m,b)$, 故任意 $c\in I$ 可表为 $c=r_1b_1+\cdots+r_mb_m+rb$, 其中 $r\in(I:b)$。于是 $I=(b_1,\cdots,b_m,b(I:b))$ 为有限生成的, 矛盾。

IV.3* 需要证明对任意非零素理想 $P \subset R$, $PP^{-1} = R$。任取非零元 $a \in P$, 将 (a) 分解成素理想的积, 则 P 出现于 (a) 的分解中, 故存在理想 $Q \subset R$ 使得 $PQ = (a)$。验证 $\frac{1}{a}Q = P^{-1}$。

IV.7* 令 $G = \mathrm{Gal}(L/K)$。取 A 作为 k-代数的一组生成元 $a_1, \cdots, a_n$。对每个 a_i, 注意 $\prod\limits_{g \in G}(x - g(a_i))$ 在 G 的作用下不变, 故其系数都在 R 中。令 $R' \subset R$ 为所有这些系数 (对所有 i) 生成的 k-子代数, 则 A 在 R' 上是整的, 即 A 作为 R'-模是有限生成的, 故 R 作为 R'-模是有限生成的。

IV.10* 任取满同态 $f: \mathbb{Z}[x_1, \cdots, x_n] \to R$, 首先证明 $f^{-1}(P) \cap \mathbb{Z} \neq 0$。用反证法, 设 $f^{-1}(P) \cap \mathbb{Z} = 0$, 则可将 $\mathbb{Z}$ 看作 R/P 的子环。因 $K = R/P$ 是域有 $K \supset \mathbb{Q}$, 故 K 为有限生成的 $\mathbb{Q}$-代数, 从而由弱零点定理 (推论 IV.1.1) 有 $[K : \mathbb{Q}] < \infty$。这样就可以取 $N \neq 0 \in \mathbb{Z}$ 使得 $R/P[1/N]$ 是在 $\mathbb{Z}[1/N]$ 上整的。任取素数 $p \nmid N$, 则由定理 II.3.1 有 $R/P[1/N]$ 的素理想卧于 $p\mathbb{Z}[1/N]$ 上, 与 $R/P[1/N]$ 是域矛盾。

故存在素数 p 使得 $f^{-1}(P) \cap \mathbb{Z} = p\mathbb{Z}$, 从而 K 是有限生成的 $\mathbb{F}_p$-代数, 再由弱零点定理有 $[K : \mathbb{F}_p] < \infty$, 从而 K 是有限域。证毕。

IV.12* 用反证法, 若不然, 则 $x^p - \bar{x}_n \in K[x]$ 不可约, 从而 $K[x]/(x^p - \bar{x}_n)$ 是域, 因此 $R[x]/(x^p - \bar{x}_n)$ 是整环, 但

$$R[x]/(x^p - \bar{x}_n) \cong k[x_1, \cdots, x_n, x]/(f, x^p - x_n) \cong k[x_1, \cdots, x_n^{1/p}]/(f)$$

而 f 在 $k[x_1, \cdots, x_n^{1/p}]$ 中为 p 次幂, 矛盾。

IV.13* 任取 M 的一组生成元 $x_1, \cdots, x_m$。对每个 x_i 令 $J_i = \mathrm{Ann}_R(x_i)$, 则由 $R/J_i \hookrightarrow M$ 可见

$$l_{R/J_i}(R/J_i) = l_R(R/J_i) < \infty$$

即 R/J_i 为阿廷环。由此可见 R 中仅有有限多个包含 J_i 的素理想, 且均为极大理想。令 $J = J_1 \cap \cdots \cap J_m$, 注意一个素理想包含 J 当且仅当它包含某个 J_i, 可见 R 中仅有有限多个包含 J 的素理想 $P_1, \cdots, P_n$, 且均为极大理想。再注意 $J = \mathrm{Ann}_R(M)$, 可将 M 看作 R/J-模。由 $R/J \subset R/J_1 \times \cdots \times R/J_m$ 可见 R/J 为阿廷环, 故可将 R/J 分解为阿廷局部环的直积

$$R/J \cong R/Q_1 \times \cdots \times R/Q_n$$

其中 $Q_i = P_i^r + J$ $(1 \leqslant i \leqslant n)$, 而 r 为满足 $(P_1 \cdots P_n)^r \subset J$ 的正整数。由此立得 $M \cong M/Q_1M \times \cdots \times M/Q_nM$。

V.8* 答案是否定的。下面是一个反例。

令 $R = \mathbb{F}_2[x, y]$, $M = (x, y)/(x^3, y^3, xy, x^2 + y^2)$, 则不难得到 $\mathrm{Ann}_R(M) = (x, y)^2$, 但不难验证对任意 $v \in M$, $\mathrm{Ann}_R(v) \neq (x, y)^2$。

VI.3. i)* 易见投射 $M^{\otimes_R n} \to \wedge_R^n M$ 诱导同态 $\wedge_R^r M \otimes_R \wedge_R^{n-r} M \to \wedge_R^n M$, 由命题 VI.1.1.iv), 这等价于一个同态 $f : \wedge_R^r M \to Hom_R(\wedge_R^{n-r} M, \wedge_R^n M)$。为验证 f 是同构, 取 M 的一组自由生成元 $m_1, \cdots, m_n$, 则 $\wedge_R^{n-r} M$ 有一组自由生成元

$$m_{i_1} \wedge \cdots \wedge m_{i_{n-r}} \quad (i_1 < i_2 < \cdots < i_{n-r})$$

注意 $f(m_{j_1} \wedge \cdots \wedge m_{j_r})(m_{i_1} \wedge \cdots \wedge m_{i_{n-r}})$ 当 $m_{j_1}, \cdots, m_{j_r}, m_{i_1}, \cdots, m_{i_{n-r}}$ 互不相同时等于 ± 1, 否则等于 0。

VI.4* 先设 R 为域。令 $V = R^{\oplus 2}$, $W = S_3^R(V)$, 取定 V 的一组基, 这给出 W 的一组基。设 $f = \begin{pmatrix} a & b \\ c & d \end{pmatrix} \in End_R(V)$, 令 A_f 为 $S_3^R(f)$ 所对应的矩阵, 则易见 A_f 的第 i 行由 $(ax+b)^{4-i}(cx+d)^{i-1}$ 按 x 的幂展开的各项系数组成。我们需要证明 $\det(A_f) = \det(f)^6$, 显然这当 f 为上三角阵或下三角阵时成立, 而一般的矩阵可以分解为若干个上三角阵和下三角阵的积, 且显然对任意 $f, g \in End_R(V)$ 有 $A_f A_g = A_{fg}$。

最后, 将 $\det(A_f) = \det(f)^6$ 看作一个多项式恒等式, 可见它在任意交换环上成立 (参看例 I.1.3)。

VI.5* i) 显然。下面将 $\wedge_R^n K \to \wedge_R^n R^{\oplus n} \cong R$ 简记为 η_f。

ii) 设 $f : P \to M$, $g : Q \to M$ 为两个满同态, 其中 P 和 Q 分别是秩为 m 和 n 的自由 R-模, 而 $K = \ker(f)$, $L = \ker(g)$。令 $f' = f \oplus 0, g' = 0 \oplus g : P \oplus Q \to M$。易见 $\mathrm{im}(\eta_{f'}) = \mathrm{im}(\eta_f)$, $\mathrm{im}(\eta_{g'}) = \mathrm{im}(\eta_g)$。由习题 I.15 可知存在 $P \oplus Q$ 的自同构 Φ 使得 $\Phi(\ker(f') = \ker(g')$。注意 $\wedge_R^{m+n}(\Phi)$ 为 $\wedge_R^{m+n}(P \oplus Q) \cong R$ 的自同构, 故有 R 的单位 u 使得 $\wedge_R^{m+n}(\Phi) = u \cdot$。于是

$$\mathrm{im}(\eta_{g'}) = \wedge_R^{m+n}(\Phi)(\mathrm{im}(\eta_{f'})) = u \cdot \mathrm{im}(\eta_{f'}) = \mathrm{im}(\eta_{f'})$$

从而 $\mathrm{im}(\eta_f) = \mathrm{im}(\eta_g)$, 即菲廷理想的定义与 f 的选择无关。

iii) 任取 M 的一组生成元 $m_1, \cdots, m_n$。设 $a_{ij} \in R$ $(1 \leqslant i, j \leqslant n)$ 满足 $a_{i1}m_1 + \cdots + a_{in}m_m = 0$ $(1 \leqslant i \leqslant n)$, 则由引理 III.2.1 的证明可见 $\det((a_{ij}))M = 0$, 即 $\det((a_{ij})) \in \mathrm{Ann}_R(M)$。这说明 $F(M) \subset \mathrm{Ann}_R(M)$。

另一方面, 若 $a_1, \cdots, a_n \in \mathrm{Ann}_R(M)$, 则 $a_1 m_1 = \cdots = a_n m_n = 0$, 故由定义有 $a_1 \cdots a_n = \det(\mathrm{diag}(a_1, \cdots, a_n)) \in F(M)$, 由此得 $\mathrm{Ann}_R(M)^n \subset F(M)$。

iv) 取满同态 $f : P = R^{\oplus n} \to M$ 且令 $K = \ker(f)$。若 $M \otimes_R N = 0$, 则 $K \otimes_R N \to P \otimes_R N$ 为满射, 故由命题 VI.1.1.vii) 及归纳法得 $K^{\otimes_R n} \otimes_R N \to P^{\otimes_R n} \otimes_R N$ 为满射, 从而诱导同态 $\eta_f \otimes_R \mathrm{id}_N : \wedge_R^n K \otimes_R N \to R \otimes_R N \cong N$ 为满射。但因 $F(M) \subset \mathrm{Ann}_R(M) = 0$, η_f 是零映射, 故 $N = 0$。

若 $Hom_R(M,N)=0$, 由引理 I.3.1 可知 $Hom_R(P,N)\to Hom_R(K,N)$ 为单射。用归纳法可以证明对任意 $m>0$, $\lambda_m: Hom_R(P^{\otimes_R m},N)\to Hom_R(K^{\otimes_R m},N)$ 为单射: 若 λ_i 为单射, 则由命题 VI.1.1.iv) 及引理 I.3.1 有

$$\begin{aligned}Hom_R(P^{\otimes_R i+1},N)&\cong Hom_R(P^{\otimes_R i},Hom_R(P,N))\\&\hookrightarrow Hom_R(P^{\otimes_R i},Hom_R(K,N))\\&\cong Hom_R(P^{\otimes_R i}\otimes_R K,N)\\&\cong Hom_R(K,Hom_R(P^{\otimes_R i},N))\\&\hookrightarrow Hom_R(K,Hom_R(K^{\otimes_R i},N))\\&\cong Hom_R(K^{\otimes_R i+1},N)\end{aligned}$$

即 λ_{i+1} 为单射。此外注意 $P^{\otimes_R n}\to\wedge_R^n P$ 是满射, 故由引理 I.3.1, $\mu_P: Hom_R(\wedge_R^n P,N)\to Hom_R(P^{\otimes_R n},N)$ 为单射。由于 $\lambda_n\circ\mu_P=\mu_K\eta_f^*$ (其中 $\eta_f^*: N\cong Hom_R(R,N)\to Hom_R(\wedge_R^n K,N)$ 由 η_f 诱导而 μ_K 的定义类似 μ_P), 可见 η_f^* 为单射。但由 $\eta_f=0$ 有 $\eta_f^*=0$, 故 $N=0$。

VI.6* i) 显然 $L\otimes_K L'\to LL'$ 是满射, 注意 $L\otimes_K L'$ 作为 K-线性空间的维数等于 $[L:K][L':K]$, 故只需证明 $[LL':K]=[L:K][L':K]$ 即可。

不妨设 $L\supset K$ 是伽罗瓦扩张, 则由本原元素定理, L 可由 K 添加一个元 α 生成。令 $\phi\in K[x]$ 为 α 的定义多项式, 则 ϕ 在 L 上完全分解成一次因子的积。由命题 VI.1.1.viii) 有 $L\otimes_K L'\cong L'[x]/\phi L'[x]$, 故只需证明 ϕ 在 L' 上不可约即可。但若 ϕ 在 L' 上有一个非平凡首一因子 ψ, 则 ψ 的系数都在 L 中, 从而都在 K 中, 与 ϕ 在 K 上不可约的假定矛盾。

ii) 答案是否定的。为举出反例, 由上所述只需给出 $[LL':K]<[L:K][L':K]$ 的例子即可。

设 $K=\mathbb{F}_2(t,u)$, $F=K[t^{1/2},u^{1/2},\alpha]$, 其中 α 为 $x^2+t^{1/2}x+u^{1/2}$ 的零点, $L=K[\alpha]$, $L'=K[t^{1/2},u^{1/2}]$, 则 $L'\supset K$ 是正规扩张而 $[L:K]=[L':K]=4$。不难验证 $L\cap L'=K$, 因否则 $L\supset L\cap L'$ 必为可分扩张, 故 α 在 $L\cap L'$ 上的定义多项式为 $x^2+t^{1/2}x+u^{1/2}$, 从而 $t^{1/2},u^{1/2}\in L\cap L'\subset L$, 矛盾。另一方面易见 $[LL':K]=8<[L:K][L':K]$。

VII.3* 注意诱导同态 $\wedge_R^m M'\otimes_R\wedge_R^n M''\to\wedge_R^{m+n}M$ 是秩 1 局部自由模的满同态。

VII.7* i) 取一个满同态 $F\to N$, 其中 F 为自由 R-模, 且令 $K=\ker(F\to N)$, 则有交换图

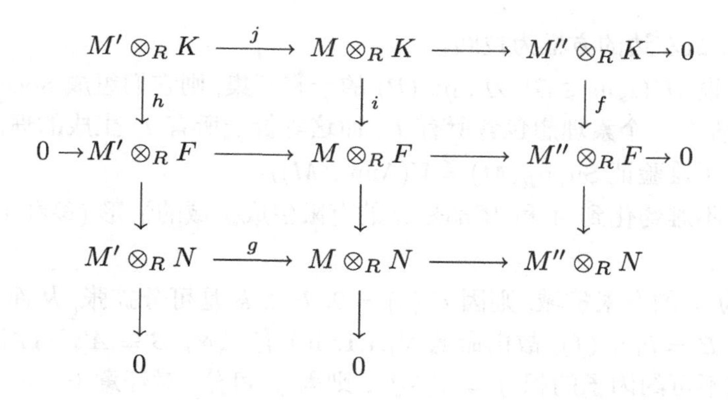

其中的行和列都是正合的且 i, f 为单射, 故由习题 I.1 (或引理 I.3.2) 可知 g 为单射。

ii) 若将 $0 \to K \to F \to N \to 0$ 换成任意正合列, 则由 i) 可知在上图中 j 为单射, 故由引理 I.3.2 可见上图中的 h 为单射当且仅当 i 为单射。

(注: 若利用同调本题是显然的, 参看命题 XIV.1.1 的证明。)

VII.8* 由引理 VII.1.3 知 M 是投射模, 故同构于某个 $R^{\oplus n}$ 的子模, 由 R 是整环可知 M 的任意局部化都不等于零。(本题也可以利用习题 VI.5。)

VII.9* i) 先用证明 M 平坦。设 $f : C \to D$ 为 R-模单射, 令 $K = \ker(f \otimes_R \mathrm{id}_M)$。与 N 作张量积得复形 $K \otimes_R N \to C \otimes_R M \otimes_R N \to D \otimes_R M \otimes_R N$, 由所设 $f \otimes_R \mathrm{id}_{M \otimes_R N}$ 是单射, 故 $K \otimes_R N \to C \otimes_R M \otimes_R N$ 是零同态。但由所设 $K \otimes_R N \otimes_R M \to C \otimes_R M \otimes_R N \otimes_R M$ 是单射, 故 $K \otimes_R N \otimes_R M = 0$, 从而由命题 VII.2.1.ii) 得 $K = 0$, 即 $f \otimes_R \mathrm{id}_M$ 是单射。

若 C 为 R-模且 $C \otimes_R M = 0$, 则 $C \otimes_R M \otimes_R N = 0$, 从而 $C = 0$, 故由命题 VII.2.1.ii) 可知 M 忠实平坦。同理 N 为忠实平坦模。

ii) 由于 $M \otimes_R N$ 是有限生成的, 可取 M 的有限生成子模 M' 使得 $M' \otimes_R N \to M \otimes_R N$ 为满射, 故 (由 N 的平坦性) 为同构。再由 N 的忠实平坦性得 $M' \cong M$。同理 N 是有限生成的。

iii) 由 ii) 立得。

若 $M \otimes_R N$ 平坦, 一般不能保证 M 和 N 平坦。例如对 $\mathbb{Z}$ 上的非平坦模 $M = \mathbb{Q} \oplus \mathbb{Z}/2\mathbb{Z}$, $N = \mathbb{Q} \oplus \mathbb{Z}/3\mathbb{Z}$, $M \otimes_{\mathbb{Z}} N \cong \mathbb{Q}$ 是平坦的。

VII.14* 由所设下列交换图的行均正合:

$$
\begin{array}{ccccccccc}
0 \to & IJ & \longrightarrow & IA & \longrightarrow & I \otimes_R (A/J) & \to 0 \\
 & \downarrow & & \downarrow & & \downarrow \gamma & \\
0 \to & J & \longrightarrow & A & \longrightarrow & A/J & \to 0
\end{array}
$$

且 γ 为单射, 故左边的方框为拉回。

VIII.2* 设 $\{U(I_s)|s\in S\}$ 为 $\mathrm{Spec}(R)$ 的一族开集, 则它们组成 $\mathrm{Spec}(R)$ 的开复盖当且仅当没有一个素理想包含所有 I_s, 而这等价于所有 I_s 生成的理想是 R。

VIII.3* 不难验证 $\mathrm{Supp}_R(M)=V(\mathrm{Ann}_R(M))$。

VIII.4* 不难约化到 A 和 B 都是 k 的有限生成扩域的情形 (参看引理 VIII.2.1 的证明)。

若 B 为 k 的有限扩域, 则因 $\mathrm{ch}(k)=0$, $B\supset k$ 是可分扩张, 从而由本原元素定理不妨设 $B=k[x]/(f)$, 故由命题 VI.1.1.viii) 有 $A\otimes_k B\cong A[x]/fA[x]$。将 f 在 A 上分解成不可约因子的积 $f=f_1\cdot f_n$, 则因 f 可分, 对任意 $0<i<j\leqslant n$ 有 $f_iA[x]+f_jA[x]=A[x]$, 故由定理 IV.3.1 有 $A[x]/(f)\cong A[x]/(f_1)\times\cdots\times A[x]/(f_n)$, 即为有限多个 k 的扩域的直积。

令 $\bar{k}$ 为 k 的代数闭包, 注意 $A\otimes_k\bar{k}$ 为有限生成的 $\bar{k}$-代数的局部化, 故为诺特环。于是由上所述可见 $A\otimes_k\bar{k}$ 同构于有限多个 $\bar{k}$ 的扩域的直积。同理 $B\otimes_k\bar{k}$ 同构于有限多个 $\bar{k}$ 的扩域的直积。由引理 VIII.2.1 可知 $(A\otimes_k B)\otimes_k\bar{k}\cong(A\otimes_k\bar{k})\otimes_{\bar{k}}(B\otimes_k\bar{k})$ 为有限多个整环的直积, 故为约化的, 从而 $A\otimes_k B$ 为约化的。

当 $\mathrm{ch}(k)>0$ 时这不再成立, 例如 $k=\mathbb{F}_p(t)$ 而 $A=B=k(t^{1/p})$, 则 $A\otimes_k B\cong A[x]/(x^p-t)\cong A[y]/(y^p)$ $(y=x-t^{1/p})$。

VIII.7* i) 设 $V_1=V(I_1)$, $V_2=V(I_2)$, 则由 $V_1\cap V_2=\varnothing$ 得 $I_1+I_2=R$, 由 $V_1\cup V_2=X$ 得 $I_1I_2\subset N(R)$。取 $a_1\in I_1$, $a_2\in I_2$ 使得 $a_1+a_2=1$, 则因 $a_1a_2\in N(R)$, 可取 n 使得 $(a_1a_2)^n=0$。展开 $1=(a_1+a_2)^{2n-1}$ 可得分解 $1=a+a'$, 其中 $a\in(a_1^n)$, $a'\in(a_2^n)$, 故 $aa'=a(1-a)=0$, 即 $a^2=a$。若 $p\in V(a)$, 则对任意 $c\in I_1$, 由 $c=ca+ca'$ 及 $ca'\in N(R)\subset p$ 得 $c\in p$, 故 $V(a)=V_1$, 同理 $V(a')=V_2$。

注意我们可取 $I_1=\bigcap\limits_{p\in V_1}p$, 这样由 $I_1=(a+a')I_1$ 可见有 $I_1=(a)+N(R)$, 即任意 $b\in I_1$ 可表为 $b=\lambda a+c$, $c\in N(R)$, 故有 $ab-b=\lambda a^2+ca-\lambda a-c=ac-c\in N(R)$。

设 $b\in R$ 满足 $b^2=b$, $V_1=V(b)$, $V_2=V(1-b)$, 则有 $I_1=(b)+N(R)$, 故也有 $ab-a\in N(R)$, 从而 $d=b-a\in N(R)$。取 n 使得 $d^n=0$, 则得 $b=b^n=(a+d)^n=a(1+e)$, 其中 $e\in N(R)$, 故 $ab=b$, 同理 $ab=a$, 从而 $a=b$。

ii) 将引理 III.2.1 应用于 R-模 I, 可知存在 $a\in I$ 使得 $(1-a)I=0$, 由此得 $(1-a)a=0$ 及 $I=(a)$。故 $X=V(a)\cup V(1-a)$ 且 $V(a)\cap V(1-a)=\varnothing$, 再由 i) 即得 a 的唯一性。

VIII.9* 只需证明任意 $p\in X$ 都有一个开邻域 $U\subset X$, 使得对任意 $q\in U$ 有 $r(q)\leqslant r(p)$。设 $r(p)=n$, 则 M_p 作为 R_p-模由 n 个元生成 (推论 III.2.1), 故可取 R-模同态 $f:R^{\oplus n}\to M$ 使得 f_p 为满射。令 $C=\mathrm{coker}(f)$, 则 C 为有限生成的 R-模且 $C_p=\mathrm{coker}(f_p)=0$, 故可取 $a\in R-p$ 使得 $C_a=0$, 从而 f_a 为满同态。对任意

$q \in X_a$, 有满同态 $f_q : R_q^{\oplus n} \to M_q$, 故 $r(q) \leqslant n$。

若 M 平坦, 则由推论 VII.1.1 可知, 任意 $p \in X$ 都有一个开邻域 $U \subset X$, 使得 r 在 U 上是常数。

IX.6* 设 $P \subset A$ 为极大理想。注意 A 为分次环, 可见 P 中所有元的 0 次项组成 R 的一个理想 P_0。对任意 $a \in I$, $1+a$ 是 A 中的单位, 故 $P_0 \neq R$, 由此可见 P_0 是 R 的极大理想, 因否则可取 R 中的极大理想 $Q \subsetneq P_0$, 从而 $A \supsetneq (P,Q) \supsetneq P$, 与 P 的极大性矛盾。显然有 $P \subset (P_0, I) \subsetneq A$, 故由 P 的极大性有 $P = (P_0, I)$。

IX.8* 用反证法, 设 G 为无限多个 $\mathbb{Z}_p$ 的直积且 $G \cong \bigoplus_{s\in S} G_s$, 其中每个 $G_s \cong \mathbb{Z}_p$。将 $\bigoplus_{s\in S} G_s$ 看作 $H = \prod_{s\in S} G_s$ 的子群。任取 S 中的一个无穷元素列 $s_1, s_2, \cdots$, 令 $g \in H$ 为 s_i-分量为 p^i 而其他分量为 0 的元。注意 G 是 p-进完备的, 可见 $g \in \bigoplus_{s\in S} G_s$, 与直和的定义矛盾。

X.5* 对任意 $p \in \mathrm{Spec}(R)$, 取 A_p 的极大理想 $P' \supset pAp$ 使得 $\dim(A \otimes_R \kappa(p)) = \mathrm{ht}(P'/pA_p)$, 并令 $P = P' \cap A$。由推论 IV.1.1 可见 $\kappa(P) = \kappa(P') \supset \kappa(p)$ 为代数扩张, 故 $\mathrm{tr.deg}(\kappa(P)/k)$ =$\mathrm{tr.deg}(\kappa(p)/k)$。由推论 4.1 有 $\mathrm{ht}(P) = \dim(A) - \mathrm{tr.deg}(\kappa(P)/k)$, $\mathrm{ht}(p) = \dim(R) - \mathrm{tr.deg}(\kappa(p)/k)$, 再由引理 3.1 有 $\dim(A \otimes_R \kappa(p)) = \mathrm{ht}(P'/pA) \geqslant \mathrm{ht}(P') - \mathrm{ht}(p) = \mathrm{ht}(P) - \mathrm{ht}(p) = \dim(A) - \dim(R)$。

X.9* 令 $K = \mathrm{q.f.}(R)$, $K' = K \otimes_k \bar{k}$, 则 R' 可以看作 K' 的子环。

i) 设 R_1 为 R 在 K 中的整闭包, 则 R_1 是有限生成的 k-代数 (定理 IV.2.1) 且 $k' \subset R_1$。任取 R_1 的极大理想 P, 则 R_1/P 为 k 的有限扩域 (推论 IV.1.1) 且 $k' \to R_1/P$ 为单同态。(注: 也可以用域论证明。)

ii) 设 $k_1 \subset \bar{k}$ 为 k 的可分扩张, 由本原元素定理可设 $k_1 \cong k[x]/(f)$, 则 f 在 K 上不可约 (因若 f 在 K 上有非平凡首一因子 g, 则 g 的系数在 k' 中且在 k 上可分, 故在 k 中), 故 $K \otimes_k k_1 \cong K[x]/fK[x]$ 为域。由此可见 $K_1 = K \otimes_k k_s$ 为域, 其中 k_s 为 $\bar{k}$ 中所有在 k 上可分的元全体组成的子域。注意若 $\bar{k} \neq k_s$ 则 $\bar{k}$ 是 k_s 的纯不可分扩张, 故由归纳法不难得到 $K' \cong K_1 \otimes_{k_s} \bar{k}$ 只有一个素理想 P_1 (参看习题 VIII.4 的解答中的例子)。由此可见 $P' = R' \cap P_1$ 由幂零元组成, 故由定理 V.2.1 可知 P' 为 R' 的唯一伴随素理想。

iii) 若 k 是完全域, 则 $k_s = \bar{k}$, 故由上所述当 $k = k'$ 时 K' 是域。若 $k \neq k'$, 则 $k_1 = k' \otimes_k k'$ 不是整环, 而 k_1 可以看作 K' 的子环, 因 K' 是 R' 的局部化, 可见 R' 不是整环。

iv) 只需证明 $\mathrm{Gal}(\bar{k}/k)$ 在 $\mathrm{Ass}_{R'}(R')$ 上的作用可迁。由 $R' \subset K'$ 易见 R' 的伴随素理想都是极小的。由于 R' 是诺特环, $\mathrm{Ass}_{R'}(R')$ 是有限集, 对每个伴随素理想任取一个有限的生成元组, 则可取 k 的一个有限正规扩域 $k_0 \subset \bar{k}$ 使得这些生成元都在 $R_0 \otimes_k k_0$ 中, 故只需证明 $G = \mathrm{Gal}(k_0/k)$ 在 $\mathrm{Ass}_{R_0}(R_0)$ 上的作用可迁。对此可

以完全仿照定理 II.3.1.v) 的证明。

X.10* 必要性: 由习题 X.3 立得。

充分性: 设诺特整环 R 的所有高度为 1 的素理想都是主理想。对任意 $a \in R$, 若 a 不是单位, 任取一个极小素理想 $p \supset (a)$, 则 $\mathrm{ht}(p) = 1$ (推论 X.2.1), 故 p 由一个素元 b 生成, 且存在 $a' \in R$ 使得 $a = a'b$。若 a' 仍不是单位则将 a 换成 a' 再重复上述步骤。显然 $(a') \supsetneq (a)$, 故上述步骤经过有限多次后必将停止 (因为 R 是诺特环), 此时已将 a 分解成素元的积。

X.11* 不难约化到 R 是整环的情形。对 $d = \dim(R \otimes \mathbb{Q})$ 用归纳法。当 $d = 0$ 时, $K = R \otimes \mathbb{Q}$ 是域, 从而由弱零点定理 (推论 IV.1.1) 有 $[K : \mathbb{Q}] < \infty$。对任意非零素理想 $P \subset R$, 有素数 p 使得 R/P 为 $\mathbb{F}_p$-代数。对任意 $a \in R$, 由 $[K : \mathbb{Q}] < \infty$ 可取 $f \in \mathbb{Z}[x]$ 使得 $p \nmid f$ 且 $f(a) = 0$, 故 f 在 $\mathbb{F}_p[x]$ 中的象 $\bar{f} \neq 0$, 且 a 在 R/P 中的象 $\bar{a}$ 满足 $\bar{f}(\bar{a}) = 0$。由此可见 R/P 是域, 即 P 是极大理想。由 P 的任意性可见 $\dim(R) = 1 = d + 1$。

设 $d > 0$, 任取 $R \otimes \mathbb{Q}$ 中长度为 d 的素理想链, 它们在 R 中的原象给出一个素理想链 $0 = P_0 \subsetneq \cdots \subsetneq P_d$。注意 P_d 不是极大理想, 因为对任意极大理想 $P \subset R$, R/P 是有限域, 而 $R/P_d \supset \mathbb{Z}$。故 $\dim(R) \geqslant d + 1$。以下证明 $\dim(R) \leqslant d + 1$。

令 $n = \dim(R)$, 任取长度为 n 的素理想链 $0 = P_0 \subsetneq \cdots \subsetneq P_n \subset R$。令 i 为最小的整数使得 R/P_{i+1} 不是 $\mathbb{Z}$-平坦的, 则有素数 p 使得 R/P_{i+1} 为 $\mathbb{F}_p$-代数。有两种可能的情形:

情形 1: $i = 0$。注意 $n \geqslant d+1 \geqslant 2$, 任取 P_2/P_1 中的一个非零元并提升为 $a \in P_2$, 则 R_{P_1}/aR_{P_1} 在 $\mathbb{Z}_{(p)}$ 上平坦 (见命题 XIV.1.2), 由局部化可约化为 $R' = R/(a)$ 为 $\mathbb{Z}$-平坦的情形。注意 $\dim(R' \otimes \mathbb{Q}) = \dim(R \otimes \mathbb{Q}) - 1 = d - 1$, 由归纳法假设有 $\dim(R') = d$。注意 R' 中有长度为 $n - 2$ 的素理想链 $P_2/(a) \subsetneq \cdots \subsetneq P_n/(a)$; 另一方面, 注意 p 不是 R' 的零因子, 故不含于 R' 的任一极小素理想中, 而 $p \in P_2/(a)$, 故 $P_2/(a)$ 不是 R' 的极小素理想, 这说明 $\dim(R') \geqslant n - 2 + 1$, 从而有 $d \geqslant n - 1$, $d + 1 \geqslant n$。

情形 2: $i > 0$, 则 $0 = P_0 \otimes \mathbb{Q} \subsetneq \cdots \subsetneq P_i \otimes \mathbb{Q}$ 为 $R \otimes \mathbb{Q}$ 的素理想链, 且 $\mathrm{ht}(P_i \otimes \mathbb{Q}) = i$。令 $R' = R/P_i$, 则 R' 是 $\mathbb{Z}$-平坦的, 且 $\dim(R' \otimes \mathbb{Q}) = \dim(R \otimes \mathbb{Q}) - i = d - i$ (见推论 X.4.1), 故由归纳法假设有 $\dim(R') = \dim(R' \otimes \mathbb{Q}) + 1 = d - i + 1$。注意 R' 有长度为 $n - i$ 的素理想链, 故 $d - i + 1 \geqslant n - i$, 即 $d + 1 \geqslant n$。

XI.2* 由命题 VII.2.3 可知 f 为单射 (故不妨设 R 为 A 的子环) 且 A/R 为平坦 R-模, 故有交换图

$$\begin{array}{ccccccc} 0 \to R & \xrightarrow{f} & A & \xrightarrow{p} & A/R & \to 0 \\ \downarrow g & & \downarrow g_A & & \downarrow g_{A/R} & \\ 0 \to B & \xrightarrow{f_B} & A\otimes_R B & \xrightarrow{p_B} & (A/R)\otimes_R B & \to 0 \end{array}$$

其中的行都是正合的, 且 $g_A = \mathrm{id}_A \otimes_R g$, $g_{A/R} = \mathrm{id}_{A/R} \otimes_R g$ 和 $f_B = f \otimes_R \mathrm{id}_B$ 为单射 (参看习题 VII.7.i))。故可将 R, A, B 看作 $A \otimes_R B$ 的子环。我们来验证 $R = A \cap B$。设 $a \in A$, $b \in B$ 满足 $g_A(a) = f_B(b)$, 则 $g_{A/R}(p(a)) = p_B(g_A(a)) = p_B(f_B(b)) = 0$, 因 $g_{A/R}$ 为单射有 $p(a) = 0$, 故 $a \in R$。

若有环同态 $f' : R' \to A$, $g' : R' \to B$ 使得 $g_A \circ f' = f_B \circ g'$, 则有 $\mathrm{im}(f') \subset R$, 从而有诱导同态 $\phi : R' \to R$ 使得 $f \circ \phi = f'$。由 f_B 为单射及

$$f_B \circ g \circ \phi = g_A \circ f \circ \phi = g_A \circ f' = f_B \circ g'$$

得 $g \circ \phi = g'$。这说明 R 是 f_B 和 g_A 的拉回。

XII.4* 设 A 为该阿贝尔范畴的对象, I 为任一集合, 对每一元 $i \in I$ 取 A 的一个拷贝记为 A_i。由 AB3 和 AB3* 有典范态射 $f : D = \bigoplus_{i\in I} A_i \to E = \prod_{i\in I} A_i$ (由 D 的每个直加项 A_i 到 E 的直因子 A_i 的单位态射诱导)。令 $K = \ker(f)$, 则易见对 I 的任意有限子集 S 有 $K \cap \bigoplus_{i\in S} A_i = 0$, 故由 AB5 (取 $\mathfrak{I} = \mathfrak{I}_I$) 有 $K = 0$, 即 f 为单射。对偶地, 由 AB5* 可得 f 为满射, 从而为同构。

特别地, 令 $I = \mathbb{Z}$, $\Delta : A \to D \cong E$ 为对角态射 (即对任一 $i \in I$ 有 $\mathrm{pr}_i \circ \Delta = \mathrm{id}_A$), 则 Δ 为单射, 且对 I 的任意有限子集 S 有 $\mathrm{im}(\Delta) \cap \bigoplus_{i\in S} A_i = 0$ (因为对 $j \neq S$ 有 $\mathrm{pr}_j\left(\bigoplus_{i\in S} A_i\right) = 0$)。故由 AB5 得 $A \cong \mathrm{im}(\Delta) = 0$。

XII.5* 答案是否定的, 下面是一个反例。

令 $X = (0,1) \subset \mathbb{R}$, 对任意正整数 n, k $(k < n)$ 令 $U_{nk} = \left(\frac{k-1}{n}, \frac{k+1}{n}\right) \subset X$。令 $\mathcal{F}$ 为 X 上的由 $\mathbb{F}_2 = \{\bar{0}, \bar{1}\}$ 定义的 “常数层”, 即在 X 的任一连通开子集 (开区间) 上取常值 $\bar{0}$ 或 $\bar{1}$ 的函数全体生成的层, 换言之, 对任意开集 $U \subset X$, 给出一个元 $s \in \mathcal{F}(U)$ 相当于将 U 分解为两个互不相交的开子集 U_0, U_1 的并 (s 在 U_0 上取值 $\bar{0}$ 而在 U_1 上取值 $\bar{1}$)。对任意 n, k $(0 < k < n)$ 定义一个层 $\mathcal{F}_{nk}$ 如下: 对开集 $U \subset X$, 若 $U \subset U_{nk}$ 则 $\mathcal{F}_{nk}(U) = \mathcal{F}(U)$, 否则 $\mathcal{F}_{nk}(U) = \{\bar{0}\}$。$\mathcal{F}_{nk}$ 可以看作 $\mathcal{F}$ 的子层, 且易见诱导态射 $j_n : \mathcal{F}_n = \prod_{k=1}^{n-1} \mathcal{F}_{nk} \to \mathcal{F}$ 为满射。

我们来验证 $\prod_n j_n$ 不是满射, 为此只需验证对任意 $x \in X$, $(j_n)_x$ 不是满射 (参看例 XII.1.1)。设 $U \subset X$ 为**连通**开集, 则当 n 充分大时 $\mathcal{F}_{nk}(U) = \{\bar{0}\}$ (因 U_{nk} 太

小而 $U \not\subset U_{nk}$)。故 $\prod\limits_n \mathcal{F}_n(U)$ 为有限多个 $\mathbb{F}_2$ 的拷贝的积, 从而

$$\left(\prod_n \mathcal{F}_n\right)_x = \varinjlim_{x\in U} \prod_n \mathcal{F}_n(U)$$

为可数集。另一方面, $\left(\prod\limits_n \mathcal{F}\right)_x$ 为无穷多个 $\mathbb{F}_2$ 的拷贝的直积, 故为不可数集。因而 $(j_n)_x$ 不可能是满射。

XII.6* 将蛇形引理应用于下面的交换图

$$\begin{array}{ccccccccc} 0 \to & A & \xrightarrow{\binom{\psi}{\mathrm{id}_A}} & A\oplus A & \xrightarrow{(-\mathrm{id}_A,\psi)} & A & \to 0 \\ & \downarrow \psi & & \downarrow \mathrm{id}_A\oplus\phi\circ\psi & & \downarrow \phi & \\ 0 \to & A & \xrightarrow{\binom{\mathrm{id}_A}{\phi}} & A\oplus A & \xrightarrow{(-\phi,\mathrm{id}_A)} & A & \to 0 \end{array}$$

XII.7* 设 $\mathcal{F}\in \mathrm{Ob}(\mathfrak{Ab}_X)$, 定义层 Φ 如例 XII.1.1。对任意 $x\in X$, 将 $\mathcal{F}_x$ 嵌入一个内射 (即可除) 阿贝尔群 I_x, 则可定义一个层 $\mathcal{I}$, $\mathcal{I}(U)=\prod\limits_{x\in U} I_x$。不难验证 $\mathcal{I}$ 是 $\mathfrak{Ab}_X$ 的内射对象且 $\mathcal{F}\to\Phi\to\mathcal{I}$ 为单射。

XIII.5* Ext^1 可以看作一个从 $\mathfrak{C}^{\mathrm{op}}\times\mathfrak{C}$ 到 ((sets)) 的函子。可以将 Ext 也定义为一个从 $\mathfrak{C}^{\mathrm{op}}\times\mathfrak{C}$ 到 ((sets)) 的函子: 对任意 $A, A', B, B' \in \mathrm{Ob}(\mathfrak{C})$, 任意 $f\in \mathrm{Mor}(A',A)$, $g\in \mathrm{Mor}(B,B')$ 及任意扩张 $\epsilon: 0\to B\xrightarrow{i} E\xrightarrow{p} A\to 0$, 令 $\mathrm{Ext}(f,g)(\epsilon)$ 为先作 $p:E\to A$ 和 $f':A'\to A$ 的拉回 F, 再作 $B\to F$ 和 $g:B\to B'$ 的推出所得的扩张 $0\to B'\to E'\to A'\to 0$。不难验证 $\mathrm{Ext}(f,g)(\epsilon)$ 也可以通过先作 $i:B\to E$ 和 $g:B\to B'$ 的推出 F' 再作 $F'\to A$ 和 $f':A'\to A$ 的拉回得到, 因为 E' 同构于复形

$$0\to B\xrightarrow{(i,0,g)} E\oplus A'\oplus B' \xrightarrow{(p,f,0)} A\to 0$$

在 $E\oplus A'\oplus B'$ 处的同调。

利用命题 XII.1.1 及其对偶不难验证, 命题 XIII.3.1 实际上给出一个从 Ext^1 到 Ext 的自然等价。由此不难验证 i), ii) 和 iv)。

若 $a_1, a_2\in \mathrm{Ext}^1(A,B)$, 则易见 $a_1+a_2=\nabla^*\circ\Delta^*\,(\mathrm{diag}(a_1,a_2))$, 其中 $\mathrm{diag}(a_1,a_2)\in \mathrm{Ext}^1(A\oplus A, B\oplus B)$, $\Delta^*:\mathrm{Ext}^1(A\oplus A,B\oplus B)\to \mathrm{Ext}^1(A,B\oplus B)$ 由 $\Delta: A\to A\oplus A$ 诱导而 $\nabla^*:\mathrm{Ext}^1(A,B\oplus B)\to\mathrm{Ext}^1(A,B)$ 由 $\nabla: B\oplus B\to B$ 诱导。注意 $\mathrm{diag}(a_1,a_2)$ 对应的扩张为 $\Phi(a_1)\oplus\Phi(a_2)$, 由此不难验证 iii)。

XIII.6* 对 q 用归纳法, 当 $q=0$ 时有 $R^0\mathrm{Co}^+(F)\simeq \mathrm{Co}^+(F)\simeq \mathrm{Co}^+(R^0F)$。

设 $A^{\cdot} \in \mathrm{Co}^+(\mathfrak{C})$, 任取 $A^{\cdot}$ 的内射预解 $0 \to A^{\cdot} \to I^{0,\cdot} \to I^{1,\cdot} \to \cdots$, 令 $C^{\cdot} = \mathrm{coker}(A^{\cdot} \to I^{0,\cdot})$, 则由命题 XIII.2.1 的对偶有长正合列

$$\begin{aligned} 0 &\to \mathrm{Co}^+(F)(A^{\cdot}) \to \mathrm{Co}^+(F)(I^{0,\cdot}) \\ &\to \mathrm{Co}^+(F)(C^{\cdot}) \to R^1\mathrm{Co}^+(F)(A^{\cdot}) \to 0 \end{aligned} \tag{1}$$

以及同构

$$R^q\mathrm{Co}^+(F)(C^{\cdot}) \cong R^{q+1}\mathrm{Co}^+(F)(A^{\cdot}) \quad (q > 0) \tag{2}$$

另一方面, 由引理 XIII.4.1 所有 $I^{q,p}$ 都是 $\mathfrak{C}$ 的内射对象, 故由命题 XIII.2.1 的对偶有长正合列 $0 \to F(A^p) \to F(I^{0,p}) \to F(C^p) \to R^1F(A^p) \to 0$ 及同构 $R^qF(C^p) \cong R^{q+1}F(A^p)$ $(q > 0)$, 亦即有正合列

$$\begin{aligned} 0 &\to \mathrm{Co}^+(F)(A^{\cdot}) \to \mathrm{Co}^+(F)(I^{0,\cdot}) \\ &\to \mathrm{Co}^+(F)(C^{\cdot}) \to \mathrm{Co}^+(R^1F)(A^{\cdot}) \to 0 \end{aligned} \tag{3}$$

以及同构

$$\mathrm{Co}^+(R^qF)(C^{\cdot}) \cong \mathrm{Co}^+(R^{q+1}F)(A^{\cdot}) \quad (q > 0) \tag{4}$$

由 (1) 和 (3) 得 $R^1\mathrm{Co}^+(F) \simeq \mathrm{Co}^+(R^1F)$, 再由 (2) 和 (4) 及归纳法得 $R^q\mathrm{Co}^+(F) \simeq \mathrm{Co}^+(R^qF)$ $(q > 0)$。

XIII.7* 将 $f.$ 看作一个双复形 $A_{\cdot,\cdot}$, 其中 $A_{0,j} = B_j$, $A_{1,j} = A_j$, $A_{i,j} = 0$ $(\forall i > 1)$。则由推论 XIII.4.1 可知有谱序列 $(E_{\cdot}, E^{\cdot}_{\cdot,\cdot})$ 使得 $E^1_{0,0} = B$, $E^1_{1,0} = A$, 且其他的 $E^1_{i,j}$ 都等于 0。由此得 $E^2_{0,0} \cong \mathrm{coker}(f)$, 且因 f 是单射可见其他的 $E^2_{i,j}$ 都等于 0。令 $C_{\cdot} = \mathrm{Tot}(A_{\cdot,\cdot})$, 则有 $C_i \cong B_i \oplus A_{i-1}$ $(\forall i > 0)$ 且 $C_0 \cong B_0$, 而由谱序列 $(E_{\cdot}, E^{\cdot}_{\cdot,\cdot})$ 的收敛性有 $\mathbb{H}_0(C_{\cdot}) \cong \mathrm{coker}(f)$, 且对任意 $i > 0$ 有 $\mathbb{H}_i(C_{\cdot}) = 0$。

XIII.8* 不难验证相容性, 故只需证明 $B_{\cdot} \to A_0 \to 0$ 是正合的且分裂。定义 $f_n : B_n \to B_n$ 为

$$f_n = \begin{pmatrix} \mathrm{id}_{A_{n+1}} & 0 \\ d^A_{n+1} & \mathrm{id}_{A_n} \end{pmatrix} \quad (\forall n)$$

它显然是 B_n 的自同构。记

$$q_n = \begin{pmatrix} 0 & \mathrm{id}_{A_n} \\ 0 & 0 \end{pmatrix} : B_n \to B_{n-1} \quad (\forall n > 0)$$

及 $q' = \mathrm{pr}_2 : B_0 \to A_0$。显然

$$\cdots \to B_n \xrightarrow{q_n} \cdots \xrightarrow{q_1} B_0 \xrightarrow{q'} A_0 \to 0 \tag{$*$}$$

是正合列。另一方面, 不难验证交换性 $f_{n-1} \circ d^B_n = q_n \circ f_n$ $(\forall n > 0)$ 及 $q' \circ f_0 = q$, 故 $B_{\cdot} \to A_0 \to 0$ 与 $(*)$ 同构。

另证: 注意 A_1 为 d_1 和 id_{A_0} 的拉回, 不难得到同构 $A_1 \cong \ker(B_0 \to A_0)$。这样就有行都正合的交换图

$$\begin{array}{ccccccc} 0 \to \ker(d_1) & \longrightarrow & A_1 & \longrightarrow & K \to 0 \\ \downarrow & & \downarrow{\scriptstyle (\mathrm{id}_{A_1}, -d_1^A)} & & \downarrow{\scriptstyle \rho} \\ 0 \to \ A_1 & \longrightarrow & B_1 & \longrightarrow & A_0 \to 0 \end{array}$$

其中 $\rho : K \to A_0$ C$-d_1^A$。将 A 换为 K 而将 $A_.$ 换为 $A_{.+1}$, 即可应用归纳法推导。

XIV.9* i)⇒ii): 用反证法, 设 M 有一个伴随素理想包含在 N 的伴随素理想 P 中, 则可取 $b \in N$ 使得 $\mathrm{Ann}_R(b) = P$, 故 $P \supset \mathrm{Ann}_R(M)$。令 $A = R/\mathrm{Ann}_R(M)$, 则 M 为忠实 A-模而 $Rb \cong R/P$ 为非零 A-模, 故由习题 VI.5.iv) 存在 $f \neq 0 \in Hom_A(M, Rb)$, 这给出 $Hom_R(M, N)$ 的一个非零元, 矛盾。

ii)⇒iii): 由推论 V.1.1 存在 P 中的元不是 N 的零因子。

iii)⇒iv): 由引理 XIV.2.1.ii) 立得。

iv)⇒i): 用反证法, 设 $f \neq 0 \in Hom_R(M, N)$, 任取 $a \in M$ 使得 $f(a) \neq 0$, 则 $\mathrm{Ann}_R(f(a))$ 含于 N 的某个伴随素理想 P 中 (引理 V.1.1), 而 $\mathrm{Ann}_R(a) \subset \mathrm{Ann}_R(f(a)) \subset P$, 故有一个包含 $\mathrm{Ann}_R(a)$ 的极小素理想 $P_0 \subset P$。由命题 V.1.1.iv) 有 $P_0 \in \mathrm{Ass}_R(Ra) \subset \mathrm{Ass}_R(M)$, 与所设矛盾。

XIV.10* 注意由命题 XIV.3.1, 戴德金环上的多项式代数为 C.M. 环。再利用命题 XIV.3.2.ii)。

XV.6* i) 可以对每个 K_m 取一组自由生成元 $v_{i_1\cdots i_m}$ $(0<i_1<i_2<\cdots<i_m \leqslant n)$, 使得 $d_m : K_m \to K_{m-1}$ 满足

$$d_m(v_{i_1\cdots i_m}) = \sum_{j=1}^{m}(-1)^{j-1} a_{i_j} v_{i_1\cdots i_{j-1} i_{j+1}\cdots i_m}$$

ii) 由 i) 易得。

XV.7* 对 r 用归纳法, $r = 1$ 时结论是自明的, 以下设 $r > 1$。

令 $K.$ 为 $a_1, \cdots, a_{r-1}$ 的科斯居尔复形, $L.$ 为 $0 \to R \xrightarrow{a_r} R \to 0$, 则由定义 $a_1, \cdots, a_r$ 的科斯居尔复形为 $\mathrm{Tot}(K. \otimes_R L.)$。由推论 XIII.4.1 的对偶, 对双复形 $A_{p,q} = K_q \otimes_R L_p$ 有强收敛谱序列 $(E., E_{\cdot,\cdot}^{\cdot})$ 满足 $E_1^{p,q} \cong H^q(A^{p,\cdot})$ 及 $E_n \cong H_n(\mathrm{Tot}(A^{\cdot,\cdot}))$, 故由归纳法假设有 $E_{0,0}^1 \cong E_{1,0}^1 \cong R/(a_1, \cdots, a_{r-1})$, 而其余的 $E_{p,q}^1$ 都等于 0。注意 $a_1, \cdots, a_r$ 为 R-正则列而 $E_{1,0}^1 \to E_{0,0}^1$ 由 $a_r\cdot$ 诱导, 故为单射。由此得 $E_{0,0}^2 \cong R/(a_1, \cdots, a_r)$ 而其余的 $E_{p,q}^2$ 都等于 0, 从而有 $E_0 \cong R/(a_1, \cdots, a_r)$ 而对 $n > 0$ 有 $E_n = 0$。这说明 $\mathrm{Tot}(A^{\cdot,\cdot})$ 是 $R/(a_1, \cdots, a_r)$ 的自由预解。

XVI.10* i) 通过局部化不妨设 $\Omega_{R/k}^1 \cong R^{\oplus n}$ 且有自由生成元组 $\{da_1, \cdots, da_n\}$ $(a_1, \cdots, a_n \in R)$。由定理 XVI.2.1.ii) 和注 XVI.2.3, 只需证明 $\mathrm{Spec}(R)$ 的每个不可

约分支都是 n 维的, 再由局部化不妨设 R 只有一个极小素理想 $p=N(R)$。由推论 X.4.1.i) 只需证明 $a_1,\cdots,a_n$ 在 k 上代数无关即可 (因这给出 $\mathrm{tr.deg}(\mathrm{q.f.}(R/p)/k)\geqslant n$)。取 $g_i\in Hom_R(\Omega^1_{R/k},R)$ $(1\leqslant i\leqslant n)$ 使得 $g_i(da_j)=\delta_{ij}$, 则由引理 XVI.1.1 得到 n 个 k 导数 $D_i=g_i\circ d:R\to R$ 使得 $D_i(a_j)=\delta_{ij}$。若有 $f\neq 0\in k[x_1,\cdots,x_n]$ 使得 $f(a_1,\cdots,a_n)=0$, 任取 f 的一个次数最高的项 $cx_1^{m_1}\cdots x_n^{m_n}$, 则有

$$0=D_1^{m_1}\circ\cdots\circ D_n^{m_n}(f(a_1,\cdots,a_n))=m_1!m_2!\cdots m_n!c\neq 0$$

矛盾。

ii) 设 P 为 R 的极大理想而 $K=R/P$。因 $\mathrm{ch}(k)=0$, $K\supset k$ 是可分扩张, 故由推论 XVI.2.1 有 $\Omega^1_{K/k}=0$ 且 K 在 k 上光滑, 从而由命题 XVI.1.1.ii) 得 $P/P^2\cong\Omega^1_{R/k}\otimes_k K$。设 $\Omega^1_{R/k}\cong R^{\oplus n}$, 则可取 $\Omega^1_{R/k}$ 的一组自由生成元 $da_1,\cdots,da_n$ $(a_1,\cdots,a_n\in R)$, 由 i) 的证明方法可得 $D_i\in Der_k(R,R)$ $(1\leqslant i\leqslant n)$ 使得 $D_i(a_j)=\delta_{ij}$。

由引理 XV.2.1 我们只需证明 $\mathrm{gr}^P(R)\cong K[x_1,\cdots,x_n]$, 换言之, 若 $f\in R[x_1,\cdots,x_n]$ 为 m 次齐次多项式使得 $f(a_1,\cdots,a_n)\in P^{m+1}$, 则 $f\in PR[x_1,\cdots,x_n]$。用反证法, 设 f 有一项 $cx_1^{m_1}\cdots x_n^{m_n}$ 的系数 $c\notin P$, 则易见

$$D_1^{m_1}\circ\cdots\circ D_n^{m_n}(f(a_1,\cdots,a_n))\equiv m_1!m_2!\cdots m_n!c\ (\mathrm{mod}\ P)\tag{5}$$

但因 $f(a_1,\cdots,a_n)\in P^{m+1}$, (5) 式左边属于 P, 矛盾。

注: 由 ii) 可以推出 i): 令 $R'=R\otimes_k\bar{k}$, 则由习题 XVI.1.i) 可见 $\Omega^1_{R'/\bar{k}}$ 是平坦 (即局部自由) R'-模, 故由 ii) 可见 R' 为正则的, 从而由定理 XVI.2.1.iii) R 在 k 上光滑。

若 $\mathrm{ch}(k)=p>0$, 则 i) 和 ii) 都不成立。例如 $R=k[x]/(x^p)$ 是 0 维局部环但 $\Omega^1_{R/k}\cong R$。

XVI.13* 令 $K=\mathrm{q.f.}(R)$, $\tilde{R}\subset K$ 为 R 的整闭包。若 $\mathbb{Z}\to R$ 不是单射, 则有素数 p 使得 R 为有限生成的 $\mathbb{F}_p$-代数, 从而由定理 IV.2.1 可知 $\tilde{R}$ 作为 R-模是有限生成的。以下设 $\mathbb{Z}\to R$ 是单射。

记 $R'=R\otimes\mathbb{Q}$, 由诺特正规化引理 (引理 IV.1.1) 可取在 $\mathbb{Q}$ 上代数无关的元 $x_1,\cdots,x_r\in R'$ 使得 R' 在 $\mathbb{Q}[x_1,\cdots,x_n]$ 是整的。由于 R 在 $\mathbb{Z}$ 上是有限生成的, 可取 $n\in\mathbb{Z}_{>0}$ 使得 $x_1,\cdots,x_r\in R\left[\frac{1}{n}\right]$ 且 $R\left[\frac{1}{n}\right]$ 在 $\mathbb{Z}\left[\frac{1}{n},x_1,\cdots,x_r\right]$ 上是整的, 从而由推论 X.3.1 有 $\dim\left(R\left[\frac{1}{n}\right]\right)=r+1$。但由所设有 $\dim\left(R\left[\frac{1}{n}\right]\right)\leqslant 1$, 故必有 $r=0$, 从而 R' 在 $\mathbb{Q}$ 上是有限的; 再由 R 是整环可见 R' 是域, 故 $R'=K$ 且

$[K:\mathbb{Q}]<\infty$。因此可取 n 使得 $R\left[\dfrac{1}{n}\right]$ 作为 $\mathbb{Z}\left[\dfrac{1}{n}\right]$-模是有限生成的且 $\Omega^1_{R[\frac{1}{n}]/\mathbb{Z}}=0$，这样 $R\left[\dfrac{1}{n}\right]$ 是正则的，从而有

$$R\left[\frac{1}{n}\right]\cong\tilde{R}\left[\frac{1}{n}\right] \tag{$*$}$$

令 $A\subset K$ 为 $\mathbb{Z}$ 在 K 中的整闭包，则 A 作为 $\mathbb{Z}$-模是有限生成的 (定理 IV.2.1)。由上所述可知同态 $f:A\to\tilde{R}$ 在 $\otimes\mathbb{Z}\left[\dfrac{1}{n}\right]$ 后为同构。设 $P\subset\tilde{R}$ 为非零素理想而 $p=f(P)$，则 p 是 A 的极大理想，且有 $A_p\subset\tilde{R}_P\subset K$，但 A_p 是离散赋值环，故 $A_p=\tilde{R}_P\subset K$，再由 $(*)$ 即可见 f 给出 $\mathrm{Spec}(\tilde{R})$ 到 $\mathrm{Spec}(A)$ 的一个非空开子集 U 的同胚。设 $\mathrm{Spec}(A)-U=\{p_1,\cdots,p_r\}$，由中国剩余定理 (定理 IV.3.1) 可取 $a_i\in\tilde{R}$ $(1\leqslant i\leqslant r)$ 使得 $v_{p_i}(a)=-1$ 而对任意非零素理想 $p\in\mathrm{Spec}(A)-\{p_i\}$ 有 $v_p(a_i)\geqslant 0$。令 $a=a_1+\cdots+a_r$，则易见 U 与 $(A[a])$ 同胚，从而有 $\tilde{R}\cong A[a]$。

参考文献

[1] Atiyah M F, Macdonald I G. Introduction to Commutative Algebra. Upper Saddle River: Addison-Wesley, 1969

[2] Berthelot P, Ogus A. Notes on Crystalline Cohomology. Princeton: Princeton Univ. Press & Univ. Tokyo Press, 1978

[3] Bourbaki N. Algèbre Commutative. Eléments de Math. 27, 28, 30, 31. Hermann (1961-1965)

[4] Deligne P, Milne J S, Ogus A, Shih K. Hodge Cycles, Motives, and Shimira Varieties, LNM 900. Berlin: Springer-Verlag, 1982

[5] Eckmann B. Der Cohomologie-Ring einer beliegigen Gruppe. Comment. Math. Helv., 1945, 18: 232–282

[6] Eilenberg S, MacLane S. General theory of natural equivalences. Trans. AMS, 1945, 58: 231–294

[7] Eilenberg S, MacLane S. Relations between homology and homotopy groups of spaces. Ann. Math., 1945, 46: 480–509

[8] Eilenberg S, MacLane S. Cohomology theory in abstract groups I, II. Ann. Math., 1947, 48: 51–78, 326–341

[9] Freyd P. Abelian Categories. New York: Harper & Row Pub, 1964

[10] Gelfand S I, Manin Y I. Methods of Homological Algebra. 2nd ed. Berlin: Springer, 2003

[11] Grothendieck A, Dieudonné J. Eléments de Géométrie Algébrique I, Grundlehren 166. Berlin: Springer-Verlag, 1971

[12] Hartshorne R. Algebraic Geometry, GTM 52. Berlin: Springer-Verlag, 1977

[13] Hilton P J, Stammbach U. A Course in Homological Algebra, GTM4. Berlin: Springer-Verlag, 1970

[14] Hochschild G. Lie algebra kernels and cohomology. Amer. J. Math., 1954, 76: 698–716

[15] Kelly G M, McLane S. Coherence in closed categories. Journal of Pure and Applied Algebra, 1971, 1(1): 97–140

[16] Koszul J L. Homologie et cohomologie des algèbres de Lie. Bull. Soc. Math. France, 1950, 78: 65–127

[17] Lang S. Algebra. Upper Saddle River: Addison-Wesley, 1971

[18] Li K. Actions of Group Schemes (I). Compositio Math., 1991, 80: 55–74

[19] Li K, Oort F. Moduli of Supersingular Abelian Varieties, LNM1680. Berlin: Springer-Verlag, 1998

[20] MacLane S. Homology. Berlin: Springer, 1963

[21] MacLane S. Categories, GTM 5. Berlin: Springer, 1971

[22] Matsumura H. Commutative Algebra. New York: W.A. Benjamin Co., 1970

[23] Nagata M. Local Rings. New York: John Wiley & Sonsinc., 1962

[24] Rotman J J. Notes on Homological Algebra. Van Npstrand Reinhold Math. Studies 26, 1970

[25] Xu N. Valuations on arithmetic surfaces. Science in China, 2009, 52(1): 66–76

[26] Zariski O, Samuel P. Commutative Algebra I, II. Van Nostrand, 1958, 1960

[27] 张超. D. Lazard 的一个定理. 首都师范大学报告, 2009

[28] Zhang C. Topics on projective modules. Preprint in Capital Normal University, 2009

[29] Zhao T. Grothendieck rings and Grothendieck modules of abelian tensor categories. M.A. Thesis, Capital Normal University, 2008

[30] 周伯壎. 同调代数. 北京：科学出版社, 1988

词汇索引

M

N

P

Q

R

S

T

W

其他

符号、缩略语索引

记号	意义	页码
$\hat{f}$		3
F^+	伴随层	85
F^nE		102
$\mathcal{F}_x$	茎	88
$\mathbb{F}_p$	p 元域	1
f.f.	忠实平坦	45
Fun	共变函子类	78
GD	下行定理	16
gl.dim	整体维数	125
gr		63,102
((groups))	群的范畴	77
GU	上行定理	16
H_n	同调	95
H^n	上同调	95
$\mathbb{H}^n$	超上同调	104
Hom	同态集	4
ht	高度	68
$(I:J)$		3
id	单位态射	6,76
im	象	5,84
inj.dim	内射维数	124
$J(R)$	贾柯勃逊根	26
ker	核	5,80
l, l_R	长度	26,62
L_nF	左导出函子	98
$\varprojlim$	逆极限	81
$\varinjlim$	直极限	81
LO	卧上定理	16
M^*, M_I^*	形式完备化	63
$M_n(R)$	矩阵代数	2
$\mathfrak{M}_R$	R- 模范畴	77
$\mathfrak{M}_{\mathcal{R}}$		86
Mor	态射集	76
$M^{\otimes_R n}$		42
$N(R)$	幂零根	29
$N^{\oplus n}$	拷贝的直和	6

记号	意义	页码
$\mathbb{Z}$	整数环	1
$\mathbb{Z}_p$	p-进整数环	65
∇	余对角态射	84
Δ	对角态射	84
$\kappa(p)$		69
$\chi_M(x)$	希尔伯特多项式	62
$\chi_M^I(x)$		63
$\Omega_{A/R}^1$	相对微分模	129

《现代数学基础丛书》已出版书目

（按出版时间排序）

1　数理逻辑基础(上册)　1981.1　胡世华　陆钟万　著
2　紧黎曼曲面引论　1981.3　伍鸿熙　吕以辇　陈志华　著
3　组合论(上册)　1981.10　柯　召　魏万迪　著
4　数理统计引论　1981.11　陈希孺　著
5　多元统计分析引论　1982.6　张尧庭　方开泰　著
6　概率论基础　1982.8　严士健　王隽骧　刘秀芳　著
7　数理逻辑基础(下册)　1982. 8　胡世华　陆钟万　著
8　有限群构造(上册)　1982.11　张远达　著
9　有限群构造(下册)　1982.12　张远达　著
10　环与代数　1983.3　刘绍学　著
11　测度论基础　1983.9　朱成熹　著
12　分析概率论　1984.4　胡迪鹤　著
13　巴拿赫空间引论　1984.8　定光桂　著
14　微分方程定性理论　1985.5　张芷芬　丁同仁　黄文灶　董镇喜　著
15　傅里叶积分算子理论及其应用　1985.9　仇庆久等　编
16　辛几何引论　1986.3　J.柯歇尔　邹异明　著
17　概率论基础和随机过程　1986.6　王寿仁　著
18　算子代数　1986.6　李炳仁　著
19　线性偏微分算子引论(上册)　1986.8　齐民友　著
20　实用微分几何引论　1986.11　苏步青等　著
21　微分动力系统原理　1987.2　张筑生　著
22　线性代数群表示导论(上册)　1987.2　曹锡华等　著
23　模型论基础　1987.8　王世强　著
24　递归论　1987.11　莫绍揆　著
25　有限群导引(上册)　1987.12　徐明曜　著
26　组合论(下册)　1987.12　柯　召　魏万迪　著
27　拟共形映射及其在黎曼曲面论中的应用　1988.1　李　忠　著
28　代数体函数与常微分方程　1988.2　何育赞　著
29　同调代数　1988.2　周伯壎　著

30 近代调和分析方法及其应用 1988.6 韩永生 著
31 带有时滞的动力系统的稳定性 1989.10 秦元勋等 编著
32 代数拓扑与示性类 1989.11 马德森著 吴英青 段海鲍译
33 非线性发展方程 1989.12 李大潜 陈韵梅 著
34 反应扩散方程引论 1990.2 叶其孝等 著
35 仿微分算子引论 1990.2 陈恕行等 编
36 公理集合论导引 1991.1 张锦文 著
37 解析数论基础 1991.2 潘承洞等 著
38 拓扑群引论 1991.3 黎景辉 冯绪宁 著
39 二阶椭圆型方程与椭圆型方程组 1991.4 陈亚浙 吴兰成 著
40 黎曼曲面 1991.4 吕以辇 张学莲 著
41 线性偏微分算子引论(下册) 1992.1 齐民友 许超江 编著
42 复变函数逼近论 1992.3 沈燮昌 著
43 Banach 代数 1992.11 李炳仁 著
44 随机点过程及其应用 1992.12 邓永录等 著
45 丢番图逼近引论 1993.4 朱尧辰等 著
46 线性微分方程的非线性扰动 1994.2 徐登洲 马如云 著
47 广义哈密顿系统理论及其应用 1994.12 李继彬 赵晓华 刘正荣 著
48 线性整数规划的数学基础 1995.2 马仲蕃 著
49 单复变函数论中的几个论题 1995.8 庄圻泰 著
50 复解析动力系统 1995.10 吕以辇 著
51 组合矩阵论 1996.3 柳柏濂 著
52 Banach 空间中的非线性逼近理论 1997.5 徐士英 李 冲 杨文善 著
53 有限典型群子空间轨道生成的格 1997.6 万哲先 霍元极 著
54 实分析导论 1998.2 丁传松等 著
55 对称性分岔理论基础 1998.3 唐 云 著
56 Gel'fond-Baker 方法在丢番图方程中的应用 1998.10 乐茂华 著
57 半群的 S-系理论 1999.2 刘仲奎 著
58 有限群导引(下册) 1999.5 徐明曜等 著
59 随机模型的密度演化方法 1999.6 史定华 著
60 非线性偏微分复方程 1999.6 闻国椿 著
61 复合算子理论 1999.8 徐宪民 著
62 离散鞅及其应用 1999.9 史及民 编著
63 调和分析及其在偏微分方程中的应用 1999.10 苗长兴 著

64　惯性流形与近似惯性流形　2000.1　戴正德　郭柏灵　著
65　数学规划导论　2000.6　徐增堃　著
66　拓扑空间中的反例　2000.6　汪　林　杨富春　编著
67　拓扑空间论　2000.7　高国士　著
68　非经典数理逻辑与近似推理　2000.9　王国俊　著
69　序半群引论　2001.1　谢祥云　著
70　动力系统的定性与分支理论　2001.2　罗定军　张　祥　董梅芳　编著
71　随机分析学基础(第二版)　2001.3　黄志远　著
72　非线性动力系统分析引论　2001.9　盛昭瀚　马军海　著
73　高斯过程的样本轨道性质　2001.11　林正炎　陆传荣　张立新　著
74　数组合地图论　2001.11　刘彦佩　著
75　光滑映射的奇点理论　2002.1　李养成　著
76　动力系统的周期解与分支理论　2002.4　韩茂安　著
77　神经动力学模型方法和应用　2002.4　阮炯　顾凡及　蔡志杰　编著
78　同调论—— 代数拓扑之一　2002.7　沈信耀　著
79　金兹堡-朗道方程　2002.8　郭柏灵等　著
80　排队论基础　2002.10　孙荣恒　李建平　著
81　算子代数上线性映射引论　2002.12　侯晋川　崔建莲　著
82　微分方法中的变分方法　2003.2　陆文端　著
83　周期小波及其应用　2003.3　彭思龙　李登峰　谌秋辉　著
84　集值分析　2003.8　李　雷　吴从炘　著
85　数理逻辑引论与归结原理　2003.8　王国俊　著
86　强偏差定理与分析方法　2003.8　刘　文　著
87　椭圆与抛物型方程引论　2003.9　伍卓群　尹景学　王春朋　著
88　有限典型群子空间轨道生成的格(第二版)　2003.10　万哲先　霍元极　著
89　调和分析及其在偏微分方程中的应用(第二版)　2004.3　苗长兴　著
90　稳定性和单纯性理论　2004.6　史念东　著
91　发展方程数值计算方法　2004.6　黄明游　编著
92　传染病动力学的数学建模与研究　2004.8　马知恩　周义仓　王稳地　靳　祯　著
93　模李超代数　2004.9　张永正　刘文德　著
94　巴拿赫空间中算子广义逆理论及其应用　2005.1　王玉文　著
95　巴拿赫空间结构和算子理想　2005.3　钟怀杰　著
96　脉冲微分系统引论　2005.3　傅希林　闫宝强　刘衍胜　著
97　代数学中的 Frobenius 结构　2005.7　汪明义　著

98 生存数据统计分析 2005.12 王启华 著

99 数理逻辑引论与归结原理(第二版) 2006.3 王国俊 著

100 数据包络分析 2006.3 魏权龄 著

101 代数群引论 2006.9 黎景辉 陈志杰 赵春来 著

102 矩阵结合方案 2006.9 王仰贤 霍元极 麻常利 著

103 椭圆曲线公钥密码导引 2006.10 祝跃飞 张亚娟 著

104 椭圆与超椭圆曲线公钥密码的理论与实现 2006.12 王学理 裴定一 著

105 散乱数据拟合的模型方法和理论 2007.1 吴宗敏 著

106 非线性演化方程的稳定性与分歧 2007.4 马 天 汪守宏 著

107 正规族理论及其应用 2007.4 顾永兴 庞学诚 方明亮 著

108 组合网络理论 2007.5 徐俊明 著

109 矩阵的半张量积:理论与应用 2007.5 程代展 齐洪胜 著

110 鞅与 Banach 空间几何学 2007.5 刘培德 著

111 非线性常微分方程边值问题 2007.6 葛渭高 著

112 戴维-斯特瓦尔松方程 2007.5 戴正德 蒋慕蓉 李栋龙 著

113 广义哈密顿系统理论及其应用 2007.7 李继彬 赵晓华 刘正荣 著

114 Adams 谱序列和球面稳定同伦群 2007.7 林金坤 著

115 矩阵理论及其应用 2007.8 陈公宁 著

116 集值随机过程引论 2007.8 张文修 李寿梅 汪振鹏 高 勇 著

117 偏微分方程的调和分析方法 2008.1 苗长兴 张 波 著

118 拓扑动力系统概论 2008.1 叶向东 黄 文 邵 松 著

119 线性微分方程的非线性扰动(第二版) 2008.3 徐登洲 马如云 著

120 数组合地图论(第二版) 2008.3 刘彦佩 著

121 半群的 S-系理论(第二版) 2008.3 刘仲奎 乔虎生 著

122 巴拿赫空间引论(第二版) 2008.4 定光桂 著

123 拓扑空间论(第二版) 2008.4 高国士 著

124 非经典数理逻辑与近似推理(第二版) 2008.5 王国俊 著

125 非参数蒙特卡罗检验及其应用 2008.8 朱力行 许王莉 著

126 Camassa-Holm 方程 2008.8 郭柏灵 田立新 杨灵娥 殷朝阳 著

127 环与代数(第二版) 2009.1 刘绍学 郭晋云 朱 彬 韩 阳 著

128 泛函微分方程的相空间理论及应用 2009.4 王 克 范 猛 著

129 概率论基础(第二版) 2009.8 严士健 王隽骧 刘秀芳 著

130 自相似集的结构 2010.1 周作领 瞿成勤 朱智伟 著

131 现代统计研究基础 2010.3 王启华 史宁中 耿 直 主编

132　图的可嵌入性理论(第二版)　2010.3　刘彦佩　著
133　非线性波动方程的现代方法(第二版)　2010.4　苗长兴　著
134　算子代数与非交换 L_p 空间引论　2010.5　许全华　吐尔德别克　陈泽乾　著
135　非线性椭圆型方程　2010.7　王明新　著
136　流形拓扑学　2010.8　马　天　著
137　局部域上的调和分析与分形分析及其应用　2011.6　苏维宜　著
138　Zakharov 方程及其孤立波解　2011.6　郭柏灵　甘在会　张景军　著
139　反应扩散方程引论(第二版)　2011.9　叶其孝　李正元　王明新　吴雅萍　著
140　代数模型论引论　2011.10　史念东　著
141　拓扑动力系统——从拓扑方法到遍历理论方法　2011.12　周作领　尹建东　许绍元　著
142　Littlewood-Paley 理论及其在流体动力学方程中的应用　2012.3　苗长兴　吴家宏
章志飞　著
143　有约束条件的统计推断及其应用　2012.3　王金德　著
144　混沌、Mel'nikov 方法及新发展　2012.6　李继彬　陈凤娟　著
145　现代统计模型　2012.6　薛留根　著
146　金融数学引论　2012.7　严加安　著
147　零过多数据的统计分析及其应用　2013.1　解锋昌　韦博成　林金官　编著
148　分形分析引论　2013.6　胡家信　著
149　索伯列夫空间导论　2013.8　陈国旺　编著
150　广义估计方程估计方法　2013.8　周　勇　著
151　统计质量控制图理论与方法　2013.8　王兆军　邹长亮　李忠华　著
152　有限群初步　2014.1　徐明曜　著
153　拓扑群引论(第二版)　2014.3　黎景辉　冯绪宁　著
154　现代非参数统计　2015.1　薛留根　著
155　三角范畴与导出范畴　2015.5　章　璞　著
156　线性算子的谱分析(第二版)　2015.6　孙　炯　王　忠　王万义　编著
157　双周期弹性断裂理论　2015.6　李　星　路见可　著
158　电磁流体动力学方程与奇异摄动理论　2015.8　王　术　冯跃红　著
159　算法数论(第二版)　2015.9　裴定一　祝跃飞　编著
160　偏微分方程现代理论引论　2016.1　崔尚斌　著
161　有限集上的映射与动态过程——矩阵半张量积方法　2015.11　程代展　齐洪胜
贺风华　著
162　现代测量误差模型　2016.3　李高荣　张　君　冯三营　著
163　偏微分方程引论　2016.3　韩丕功　刘朝霞　著
164　半导体偏微分方程引论　2016.4　张凯军　胡海丰　著
165　散乱数据拟合的模型、方法和理论(第二版)　2016.6　吴宗敏　著
166　交换代数与同调代数(第二版)　2017.3　李克正　著